AF274009

Replanteo y funcionamiento de las instalaciones solares fotovoltaicas

UF0150

Ángel Torrescusa Valero

cano⫼pina

1.ª edición - 2024

© 2024, Editorial Cano Pina

       www.canopina.com

       ediciones@canopina.com

© el autor

ISBN: 978-84-18430-81-7

DL MU 671-2024

Impreso en España

Utilización de imágenes y vectores de Freepik y Pixabay

Este producto está protegido por las leyes de propiedad intelectual. Reservados todos los derechos. Ninguna parte de esta publicación puede ser reproducida, total o parcialmente, almacenada o transmitida en manera alguna ni por ningún medio, ya sea mecánico, eléctrico, químico, óptico, de grabación o de fotocopia, sin permiso previo del editor.

Índice

5. Proyectos y memorias técnicas de instalaciones solares fotovoltaicas

Anexos

Prólogo

En 1905 Albert Einstein era un joven físico empleado en la Oficina de Patentes de Berna. Su rutinario trabajo administrativo le proporcionaba suficiente tiempo libre para dedicarse a su pasión científica; ese año publicaba cuatro artículos en la revista Annalen der Physik. Los cuatro artículos se convirtieron en fundamentales en el desarrollo de la física del recién estrenado siglo y 1905 es conocido como el *annus mirabilis*, el año milagroso que supondría el principio de su popularidad como físico.

El primer artículo versaba sobre la producción y transformación de la luz y en él se desarrollaba una explicación científica sobre el ya entonces conocido fenómeno de transformación de esta en electrones libres. Se basó para ello en la idea de quantos de luz. El concepto de quanto evolucionó posteriormente al de fotón y el efecto de transformación de luz en electrones pasó a denominarse efecto fotoeléctrico. Einstein recibió el Premio Nobel de Física en 1921 por este trabajo.

La explicación física del principio facilitó su posterior utilización en el proceso fotovoltaico de producción de una corriente eléctrica a partir de los electrones libres producidos. Se desarrollaron las primeras células solares fotovoltaicas, pero quedaron relegadas al olvido por falta de utilidad práctica, hasta que la carrera espacial entre la Unión Soviética y Estados Unidos las rescató para su aplicación en satélites y naves espaciales.

En los años 70 del pasado siglo, el empleo de nuevos materiales supuso un aumento en la eficiencia y una reducción en los costes de las células solares, lo que permitió llevar su aplicación a grandes plantas solares o a instalaciones aisladas en las cuales no era posible el acceso a la red eléctrica.

El Protocolo de Kyoto del año 1997 marcó el punto de partida de las cumbres sobre cambio climático y la sensibilización sobre la necesidad de reducción de las emisiones de gases de efecto invernadero y el consumo de combustibles fósiles. Ello se tradujo en el desarrollo de directivas y legislaciones encaminadas a promover energías renovables respetuosas con el medio ambiente. Como consecuencia, la llegada del nuevo siglo trajo consigo un incremento en la aplicación de la energía solar fotovoltaica.

En nuestro país, en el año 2019 la energía solar fotovoltaica experimentó un crecimiento del 83 % respecto al año anterior y desde entonces ha crecido a un ritmo cercano al 30 % cada año. El Plan Nacional Integrado de Energía y Clima 2021-2030 establece que el 81 % de la electricidad producida en España en el año 2030 deber ser de origen renovable triplicando la potencia fotovoltaica instalada en la fecha de inicio del plan.

Un mapa de Europa de las horas solares anuales nos muestra de manera clara que nuestro país dispone de una fuente de energía solar muy superior a la de nuestros vecinos del norte. España cuenta con más de 2.500 horas anuales de luz que se traduce en más de 8 horas diarias de energía renovable y gratuita para su conversión en energía.

El abanico de posibilidades en la aplicación de la energía solar fotovoltaica es muy amplio, desde instalaciones aisladas sin acceso a la red eléctrica en las cuales pueden abastecerse los consumos eléctricos de los electrodomésticos de una vivienda, sistemas de bombeo y regadío o maquinaria para instalaciones ganaderas, hasta viviendas, centros comerciales, deportivos o industrias conectadas a red en las cuales se desee reducir la dependencia energética.

Desde el punto de vista de ubicación, su empleo es habitual en grandes extensiones de terreno conformando huertos solares, en cubiertas de naves industriales, en edificios de viviendas, integrándose en algunos casos como elementos constructivos, o incluso sobre superficies acuáticas que pueden ser utilizadas de este modo para un fin de enorme utilidad.

El presente libro tiene por objeto desarrollar los contenidos formativos incluidos en el programa de montaje y mantenimiento de instalaciones solares fotovoltaicas para la certificación de profesionalidad de operadores, montadores e instaladores en este tipo de instalaciones. Se ha pretendido también que pueda servir de guía para todos aquellos que precisen adentrarse desde un punto de vista técnico en los conceptos principales, componentes, esquemas y dimensionado de una instalación solar fotovoltaica.

El uso de fuentes de energía renovables ha pasado de ser una opción responsable a una obligación normativa en muchos casos, y el uso de energías de origen fósil está dando paso de manera paulatina a su sustitución por nuevas tecnologías sostenibles o a su hibridación con sistemas que permitan reducir su huella de carbono y nivel de emisiones. La energía solar fotovoltaica constituye una de las mejores alternativas en todos los casos, en un planeta que deberá ser necesariamente sostenible, o no será.

1

Funcionamiento general de las instalaciones solares fotovoltaicas

1.1. La energía solar. Conceptos físicos básicos

Energía

De modo genérico, la energía se define como la capacidad de realizar un trabajo para cualquier cosa que implique un cambio o transformación, como un movimiento, un cambio de temperatura, un desplazamiento, etc. La energía puede manifestarse de maneras diversas, algunos ejemplos son:

- **Energía cinética:** es la asociada a los cuerpos que se encuentran en movimiento, dependiendo de la masa y de la velocidad del cuerpo.
- **Energía eléctrica:** es la obtenida a partir del movimiento de los electrones en el interior de materiales conductores como consecuencia de una diferencia de potencial.
- **Energía térmica o energía calorífica:** es la manifestación en forma de calor. En todos los materiales, las partículas que lo conforman están en continuo movimiento ya sea trasladándose o vibrando. Este movimiento implica que tengan una determinada energía cinética que se manifiesta en forma de calor, energía térmica o energía calorífica.
- **Energía solar:** es la que llega a la Tierra en forma de radiación electromagnética procedente del Sol.

Sabemos que la energía ni se crea ni se destruye, sino que se transforma o convierte entre sus diferentes formas.

Desde un punto de vista práctico debemos distinguir entre los conceptos de energía útil, energía final y energía primaria, así como entre energía renovable y no renovable:

- La **energía útil** es aquella que precisamos realmente para una aplicación concreta, como la térmica necesaria para calentar un ambiente o la luminosa para iluminar un espacio.
- La **energía final** es aquella utilizada en el punto de consumo. Es la comprada por los consumidores, utilizada directamente en forma de electricidad o de combustibles como biomasa, gas o gasóleo. No toda la energía final consumida se convertirá en energía útil para una aplicación concreta, ya que siempre existirán unas pérdidas. Así, la energía útil de un sistema será siempre menor que la energía final consumida en la instalación debido a la existencia de pérdidas en la misma, en la distribución, etc.
- La **energía primaria** es aquella que no ha sufrido ningún proceso previo de conversión o transformación. Es la energía contenida en los combustibles y otras fuentes de energía, correspondiente a la energía necesaria para generar la energía

final consumida, incluyendo las pérdidas por transformación, transporte, distribución, almacenamiento, etc.

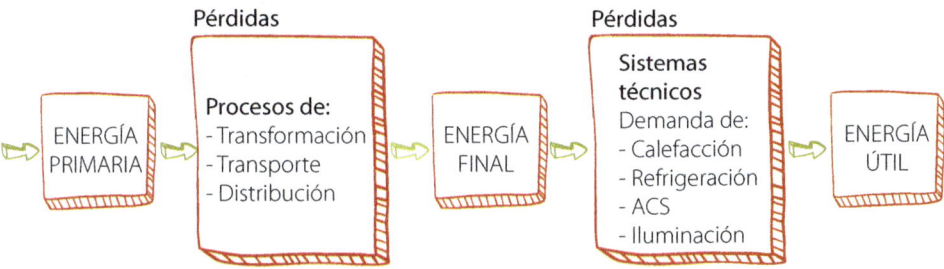

Concepto de energía primaria, final y útil

El concepto de energía primaria resulta de utilidad para poder comparar diferentes consumos energéticos utilizando una misma base. El IDAE estableció en 2016 los factores de conversión de energía final a energía primaria para distintas fuentes de energía, desglosando además los conceptos de energía renovable y no renovable. Como puede apreciarse en la tabla siguiente, para consumir 1 kWh de electricidad a nivel nacional deberemos consumir 2,403 kWh de energía primaria total, de los cuales 0,396 kWh son de origen renovable y el resto no renovable.

Tabla 1.1 Factores de conversión de energía final a primaria

	Valores aprobados		
	kWh Energía primaria renovable/ kWh Energía final	kWh Energía primaria no renovable/ kWh Energía final	kWh Energía primaria total/ kWh Energía final
Electricidad convencional nacional	0,396	2,007	2,403
Electricidad convencional peninsular	0,414	1,954	2,368
Electricidad convencional extrapeninsular	0,075	2,937	3,011
Electricidad convencional Baleares	0,082	2,968	3,049
Electricidad convencional Canarias	0,070	2,921	2,994
Electricidad convencional Ceuta y Melilla	0,072	2,718	2,790
Gasóleo calefacción	0,003	1,179	1,182
GLP	0,003	1,201	1,204
Gas natural	0,005	1,190	1,195
Carbón	0,002	1,082	1,084
Biomasa no densificada	1,003	0,034	1,037
Biomasa densificada (pellets)	1,028	0,085	1,113

- La **energía renovable** es aquella que no es obtenida a partir de fuentes fósiles, sino de fuentes naturales que consideramos inagotables debido a que son capaces de regenerarse más rápido de lo que son consumidas, como la luz solar, la fuerza del agua y el viento. Consideramos como tales la energía eólica, solar (térmica o fotovoltaica), aerotérmica, geotérmica, oceánica, hidroeléctrica o bioenergía. Debe considerarse que no toda la energía obtenida partir de fuentes renovables puede ser considerada como totalmente renovable, ya que puede tener una parte de consumo que sea no renovable. Así, por ejemplo, la energía aerotérmica (fuente renovable), utiliza para su producción energía eléctrica que incluye una parte de energía no renovable.

- En contraposición a la anterior, la **energía no renovable** es aquella procedente de recursos disponibles en la naturaleza en cantidades limitadas, la cuales, una vez consumidas en su totalidad, no pueden sustituirse. Forman parte de las energías no renovables aquellas procedentes de combustibles fósiles, como el carbón, el petróleo o el gas natural.

El concepto de energías renovables está ligado al concepto de sostenibilidad y de lucha contra el cambio climático, basado en la reducción de emisiones de CO_2 y de gases de efecto invernadero. El concepto sostenible o verde puede en algunos casos admitir diferentes interpretaciones o estar sujeto a grados en su clasificación como más o menos sostenible. Por ello, la Unión Europea elaboró en 2020 un Reglamento de taxonomía que establece una clasificación de las actividades permitiendo determinar si está o no alineada con los objetivos medioambientales de sostenibilidad de Europa (si puede considerarse o no sostenible). Este reglamento es de aplicación desde 2023 y considera el gas natural y la energía nuclear como sostenibles al entender que son energías de transición hacia las energías limpias.

Calor

El calor (o energía térmica o energía calorífica) es también una forma de energía, en este caso la que posee un cuerpo debido a la agitación de sus partículas y que se manifiesta por su temperatura. Cuando dos cuerpos que están a diferente temperatura se ponen en contacto, el de mayor temperatura cede calor al de menor, tendiendo a equilibrarse sus temperaturas.

El trabajo, el calor y la energía se miden en julios o joules (J) en el SI, equivaliendo un julio al trabajo realizado por la fuerza de un newton en un desplazamiento de un metro:

$$1 J = 1 \times N \times m$$

El julio (J) es una energía muy pequeña, por lo que es más frecuente el uso del kJ.

En el ámbito del calor (energía calorífica) se han empleado tradicionalmente como unidades la caloría (cal) y la kilocaloría (kcal), que aunque no pertenecen al SI, tienen una amplia aceptación al situarse en los orígenes de la medición del calor.

Una kilocaloría (kcal) equivale a la cantidad de calor que es necesario aportar a 1 kg de agua pura a 15 ºC para aumentar su temperatura en 1 ºC (la caloría será lo mismo aplicado a 1 g de agua). La equivalencia con el kJ es:

1 kcal = 4,1868 kJ

Potencia

Relacionada con la energía, la podemos definir como la cantidad de energía transmitida por unidad de tiempo.

Dependiendo del tipo de energía transmitida, hablaremos de potencia eléctrica, mecánica o calorífica, cuando se trata de la cantidad de energía eléctrica, mecánica o calorífica transmitida por unidad de tiempo.

La unidad de potencia empleada en el SI es el vatio (W), equivalente a 1 J/s, y más ampliamente su múltiplo, el kilovatio (kW).

Derivado del empleo de la kilocaloría (kcal) como unidad de calor, pero también sin estar incluida en ningún sistema de unidades, encontraremos asiduamente el uso de la kcal/h como unidad de potencia. La equivalencia con el kW es:

1 kW ≈ 860 kcal/h

En el Sistema Inglés, la unidad de potencia es el caballo vapor métrico o caballo de fuerza métrico (CV), cuya equivalencia es:

1 kW = 1,359 CV.

Que difiere ligeramente del horse power (USA) (hp), cuya equivalencia es:

1 kW = 1,34 hp

Como consecuencia del uso del kilovatio (kW) como unidad de potencia, encontramos la unidad kilovatio-hora (kWh) como unidad de energía, correspondiendo 1 kWh a la energía desarrollada por una potencia de 1 kW durante 1 hora.

No debe, por tanto, confundirse entre kW y kWh:

kW = Unidad de potencia = (1 kJ)/s ≈ 860 kcal/h

kWh = Unidad de energía = 3.600 kJ ≈ 860 kcal

Tabla 1.2 Factores de conversión de energía y potencia

Energía (Calor y trabajo)					
kilojulio kJ	kilovatio · hora kW h	horse power·hora (USA 550 ft·lbf/s) hp·h	caballo vapor · hora (75 m.kgf/s) CV·h	kilocaloría kcal	British Thermal Unit Btu
1	0,0002777	0,000372506	0,000377673	0,2388459	0,9478171
3.600	1	1,3410221	1,3596216	859,84523	3.412,1416
2.684,5195	0,7456999	1	1,0138697	641,18648	2.544,4336
2.647,7955	0,7354988	0,9863201	1	632,41509	2.509,6259
4,1868	0,001163	0,00155961	0,00158124	1	3,9683207
1,0550559	0,000293071	0,00039301	0,000398466	0,2519958	1

1 termia = 1.000 kcal
1 therm = 100.000 Btu
1 Btu = 1.055,0558 J
1 kilogramo fuerza · metro (m · kgf) = 0,00980665 kJ

Macrounidades energéticas					
terajulio TJ	gigavatio·hora GW h	teracalorías Tcal	tonelada equivalente de carbón Tec	tonelada equivalente de petróleo Tep	barril de petróleo día bd
1	0,2777	0,2388459	34,1208424	23,8845897	0,4955309
3,6	1	0,8598452	122,8350326	85,9845228	1,7839113
4,1868	1,163	1	142,8571429	100	2,0746888
0,0293076	0,008141	0,007	1	0,7	0,0145228
0,041868	0,01163	0,01	1,4285714	1	0,0207469
2,0180376	0,560566	0,482	68,8571429	48,2	1

Potencia					
kilowatio kW	kilocaloría por hora kcal / h	Btu por hora Btu/h	horse power (USA) hp	caballo vapor (métrico) CV	tonelada de refrigeración
1	859,84523	3.412,1416	1,3410221	1,3596216	0,2843494
0,001163	1	3,9683207	0,0015596	0,0015812	0,0003307
0,00029307	0,2519958	1	0,00039301	0,00039847	0,000083335
0,7456999	641,18648	2.544,4336	1	1,0138697	0,2120393
0,7354988	632,41509	2.509,6259	0,9863201	1	0,2091386
3,5168	3.023,9037	11.999,82	4,7161065	4,7815173	1

1 caballo vapor(métrico) = 75 m kgf/s = 735,499 W
1 horse power (USA) mecánico = 550 ft lbf/s

1.2. Transmisión de la energía solar

El Sol

El Sol es una estrella que se encuentra en el centro del sistema solar, el sistema planetario que liga gravitacionalmente a un conjunto de objetos astronómicos que giran de manera directa o indirecta en una órbita alrededor de él. Dentro de los objetos astronómicos del sistema solar se encuentran ocho planetas (objetos que orbitan alrededor de una estrella, con suficiente masa para ser redondeados por su gravedad y que no emiten luz propia) En este conjunto de planetas se encuentra La Tierra, en el tercer lugar en cuanto a proximidad al Sol (unos 150 millones de kilómetros)

El Sol es la única estrella de nuestro sistema solar que a su vez forma parte de una galaxia (conjunto de estrellas, planetas y otros elementos unidos gravitacionalmente en una estructura) llamada Vía Láctea. Se estima que el Universo del que formamos parte está constituido por miles de millones de galaxias.

Algunos datos significativos del Sol son:

- Diámetro: 1.390.000 km (109 veces el de la Tierra).
- Masa relativa: $1,99 \times 1.030$ kg (332.500 veces la masa de la Tierra).
- Tiempo medio de rotación: 25 días en el ecuador solar.
- Edad aproximada: 4.600 millones de años.
- Vida estimada aproximada: 5.000 millones de años.
- Distancia Sol-Tierra: 150 millones de kilómetros.

El Sol está compuesto principalmente por hidrógeno en aproximadamente tres cuartas partes en masa y una cuarta parte de helio. El resto son pequeñas cantidades de oxígeno, carbono, neón y hierro, entre otros. Esta composición lo convierte en un inmenso horno de fusión termonuclear que cada segundo transforma unos 600 millones de toneladas de hidrógeno en helio y energía. Se estima que de ellas, unos 4 millones de toneladas del hidrógeno de partida se transforman en energía; un equivalente a $3,8 \times 1.023$ kW por segundo.

Esta energía es generada en el Sol mediante reacciones nucleares, se manifiesta en elevadas temperaturas de millones de grados, y es a su vez irradiada al espacio, emitiendo ondas electromagnéticas en todas direcciones.

Las partes principales que componen la estructura del Sol son:

- **Núcleo.** Constituye aproximadamente una cuarta parte del radio total y es la zona en la cual se producen las reacciones de fusión nuclear que proporcionan toda la energía que el Sol irradia. Esta energía generada en el núcleo tarda más de 100.000 años en alcanzar la superficie del Sol. La temperatura media en el núcleo se estima en 15 millones de grados Kelvin.

- **Zonas radiante y convectiva.** Envuelven el núcleo y son zonas de transición en donde la energía producida en el interior es transmitida por radiación y convección respectivamente, disminuyendo la temperatura hasta unos 6.000 K en su zona límite.
- **Fotosfera.** Considerada como la superficie solar, es la zona visible donde se emite la luz. Tiene unos 300 kilómetros de espesor y se trata de una masa gaseosa en continua ebullición que se presenta formada por gránulos. La mayor parte de la radiación solar que nos llega proviene de esta capa que se encuentra a una temperatura de unos 5.800 K. Las conocidas como manchas solares son zonas de la fotosfera que se encuentran a una temperatura más baja que sus alrededores (unos 3.800 K).
- **Cromosfera.** Es una capa de gases de unos 10.000 km de espesor, mucho más transparente que la anterior.
- **Corona.** Zona más externa del Sol. Formada por las capas más tenues de la atmósfera superior. Se extiende más de un millón de kilómetros sobre la cromosfera y solamente es visible cuando hay eclipse total de Sol.
- **Heliosfera.** Es la región que se encuentra bajo la influencia del viento solar (corriente de partículas liberadas desde la corona solar) y el campo magnético solar. Se extiende desde el Sol hasta más allá del último planeta del sistema solar.

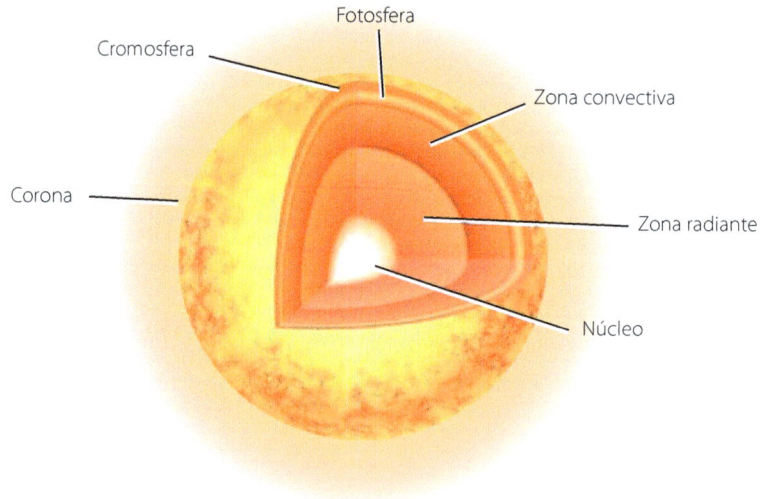

Estructura del Sol

El **ciclo solar** o ciclo de actividad magnética solar es un cambio que se produce con una periodicidad de unos 11 años en la actividad del Sol y que se traduce en variaciones y fluctuaciones en el número de manchas solares observadas en su superficie, así como en las erupciones solares. El ciclo se ha observado durante siglos por cambios en la apariencia del Sol y por fenómenos terrestres como las auroras.

Radiación electromagnética

La radiación es la emisión de energía o de partículas que producen algunos cuerpos y que se propaga a través del espacio. La radiación electromagnética se compone tanto de campos eléctricos como magnéticos y se propaga en forma de onda tanto a través de un medio material como del vacío. La radiación electromagnética incluye formas tan diversas como las ondas de radio, las microondas, la luz visible, la radiación infrarroja y ultravioleta, los rayos X o los rayos gamma.

En el electromagnetismo clásico se hace referencia a la propagación de la radiación en forma de onda. En general, una onda es una perturbación que se propaga a través de un medio material o inmaterial, como el aire, el agua o el espacio vacío.

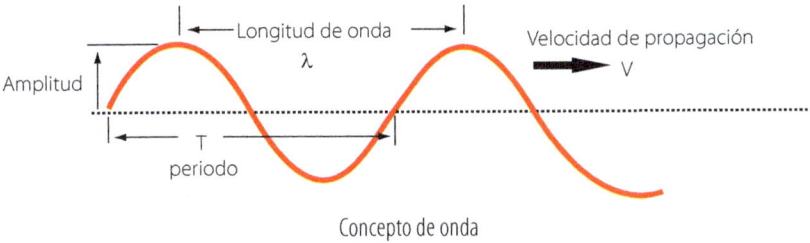

Concepto de onda

Las ondas pueden ser mecánicas o electromagnéticas, dependiendo de la naturaleza del medio a través del cual se propagan. Las ondas mecánicas, como las ondas sonoras o las ondas en una cuerda tensada, requieren de un medio material para propagarse, mientras que las ondas electromagnéticas, como la luz o las ondas de radio, pueden propagarse a través del espacio vacío. Una onda queda definida por una serie de parámetros:

- La **frecuencia (f)** de una onda es la cantidad de veces que se repite la perturbación en un periodo de tiempo determinado. Se mide en Hertz (Hz) y se puede entender como el número de ciclos que la onda completa en un segundo. Por ejemplo, una onda de 500 Hz completará 500 ciclos en un segundo.
- El **periodo (T)** de una onda es el tiempo que tarda en completarse un ciclo completo de la perturbación. El periodo es el inverso de la frecuencia y se mide en segundos (s). Por ejemplo, si una onda tiene una frecuencia de 60 Hz, su periodo es de 1/60 s = 0,0167 s.
- La **velocidad de la onda (v)** es la velocidad de propagación de la onda en el medio. En el caso de la luz sabemos que su velocidad (C) es 300.000 km/s en el vacío.
- La **longitud de onda (λ)** es la distancia entre dos puntos consecutivos de la onda que están en la misma fase, es decir, que tienen el mismo valor de la perturbación. Por ejemplo, en una onda sonora, la longitud de onda sería la distancia entre dos máximos consecutivos de presión sonora. La longitud de onda está relacionada con la frecuencia de la onda y con la velocidad de propagación de la misma. A igualdad

de velocidad de propagación, cuanto más pequeña sea la longitud de onda, más alta será la frecuencia y viceversa.

$$f = \frac{1}{T} \qquad \lambda = \frac{v}{f}$$

A principios del siglo XX, la mecánica cuántica ofreció una descripción diferente aunque complementaria de la radiación electromagnética introduciendo el concepto de fotón. Un **fotón** es una partícula elemental de la luz y del campo electromagnético, y es el portador de todas las formas de radiación electromagnética. Los fotones no tienen masa ni carga eléctrica y viajan a la velocidad de la luz en el vacío. Se crean y se destruyen constantemente en todo el universo a medida que las partículas cargadas emiten y absorben radiación electromagnética. Los fotones tienen una energía asociada a ellos, que depende de la frecuencia de la luz que están transportando.

Según la mecánica cuántica, la radiación electromagnética no se considera únicamente como una onda, sino también como un haz o flujo de partículas llamados fotones. Estas dos descripciones, sin embargo, son complementarias y no difieren para fenómenos macroscópicos, pudiendo considerar la radiación electromagnética como un fenómeno dual onda-partícula.

La energía de un fotón depende de su frecuencia. Según la ley de Planck, la energía de un fotón es igual a su frecuencia multiplicada por una constante, que se conoce como constante de Planck (h). Matemáticamente, se puede expresar como:

$$E = h \times f$$

Donde:

E es la energía del fotón

h es la constante de Planck

f es la frecuencia de la radiación.

Vemos que la energía proporcionada aumenta con la frecuencia (o disminuye con la longitud de onda). La constante de Planck es una cantidad muy pequeña, con un valor aproximado de $6,62607015 \cdot 10^{-34}$ julios · s.

Irradiancia e irradiación

Distinguimos entre la **irradiancia (I)**, considerada como la radiación incidente sobre una superficie por unidad de tiempo, es decir la potencia de radiación por unidad de superficie (expresada, por ejemplo en W/m^2) y la **irradiación (G)** considerada como la irradiancia integrada durante un periodo de tiempo (por ejemplo una hora, un día o un mes) Es decir la irradiancia es el valor instantáneo de la radiación sobre una superficie y la irradiación es la radiación total sobre una superficie en un periodo de tiempo determinado expresado en unidades de energía referidas a un tiempo y dividido por superficie, por ejemplo Wh/m^2, $W/m^2 \cdot$ día o kJ/m^2.

Se define como **constante solar (G_{sc})** al flujo de energía recibida por unidad de superficie (m^2) perpendicular a los rayos del sol en el exterior de la atmósfera. La energía solar recibida sobre la capa exterior de nuestra atmósfera no permanece constante a lo largo del año, pero se acepta un valor promedio de irradiancia de 1.367 W/m^2.

Podemos considerar el Sol como un foco energético a una elevadísima temperatura (unos 5.777 K) y que nos hace llegar un promedio de 1.367 W por cada m^2 de una superficie que situáramos en el exterior de nuestra atmósfera de manera perpendicular a la radiación recibida. A pesar de denominarse constante, su valor no es fijo, sino que varía aproximadamente en un ± 3 % en función de la variación de la distancia Tierra-Sol a lo largo del año, así como del ciclo solar.

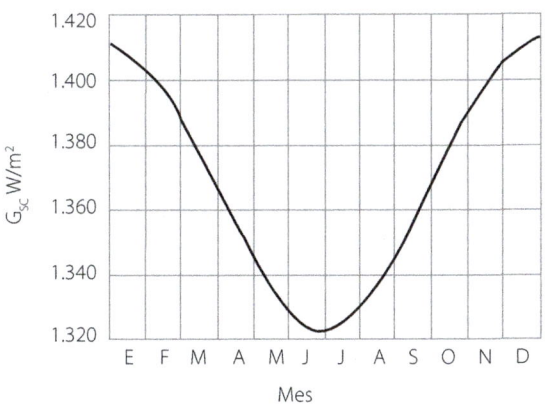

Variación de la constante solar a lo largo del año

Espectro solar

La radiación solar es la forma de energía electromagnética emitida por la superficie del Sol en todas direcciones producto de las reacciones de fusión que se producen en su núcleo. Esta energía viaja a la velocidad de la luz y tarda algo más de 8 minutos en llegar a la superficie de la Tierra.

La radiación solar es de hecho un conjunto de radiaciones de diferentes frecuencias (o longitudes de onda) El 99 % de la radiación solar que llega a la superficie de la Tierra se encuentra en un rango de longitudes de onda entre 200 y 3.000 nm.

El espectro de una radiación electromagnética es la descomposición en sus diferentes radiaciones y puede representarse de manera gráfica proporcionando información sobre la distribución de longitudes de onda y la energía proporcionada. Si descomponemos la luz del Sol obtendremos el **espectro solar** que nos permite ver la distribución de las distintas radiaciones que componen la luz solar, ordenadas en función de sus longitudes de onda. La luz solar no tiene color y se conoce como luz blanca, pero su descomposición da lugar a siete colores visibles: violeta, añil, azul, verde, amarillo, anaranjado y rojo (de menor longitud de onda a mayor)

El espectro solar se divide en tres zonas principales: ultravioleta (UV), región visible e infrarrojo (IR), pudiendo la primera subdividirse en tres adicionales (Ultravioleta A, B y C) La región ultravioleta se refiera a una radiación con frecuencia mayor a la luz violeta y la infrarroja a una radiación con frecuencia inferior al rojo, ambas no visibles para el ojo humano:

- **Ultravioleta C (UVC):** en el intervalo 100-280 nm. Se corresponde a la zona de menores longitudes de onda. Debido a la absorción por la atmósfera solo una pequeña parte de esta radiación llega a la superficie terrestre.
- **Ultravioleta B (UBC):** en el intervalo 280-315 nm, es también absorbida en parte por la atmósfera, siendo responsable de las reacciones que conllevan la producción de la capa de ozono.
- **Ultravioleta A (UVA):** en el intervalo 315-400 nm.
- **Región visible:** en el rango 400-700 nm. La luz visible es la que nuestros ojos pueden detectar y es la que nos permite ver los colores.
- **Infrarrojo (IR):** se extiende por encima de los 700 nm. La radiación infrarroja es conocida popularmente como radiación térmica y a ella se debe principalmente el calentamiento de la Tierra. Aunque la energía transportada es menor (tiene menor frecuencia) la radiación infrarroja es mejor absorbida por el agua y también por el cuerpo humano (que es transparente a longitudes de onda mucho mayores), siendo también la responsable de provocar el movimiento de las partículas y por tanto de subir la temperatura. La radiación infrarroja es, por tanto, la responsable de la sensación de calor. Cualquier cuerpo con una temperatura superior al cero absoluto emite radiación. Esta radiación está relacionada con su temperatura, de manera que la longitud de onda en el pico de emisión está relacionada inversamente con su temperatura. Esto quiere decir que para temperaturas más bajas el máximo de emisión estará desplazado hacia longitudes de onda mayores (como el infrarrojo) De este modo, la mayoría de objetos a temperaturas cotidianas (como el cuerpo humano y los objetos que nos rodean) emiten gran radiación en el infrarrojo.

En la figura adjunta se muestra el espectro solar correspondiente a la radiación fuera de la atmósfera terrestre (la correspondiente a la constante solar) junto al espectro de emisión correspondiente a un cuerpo negro a una temperatura similar a la de la superficie solar.

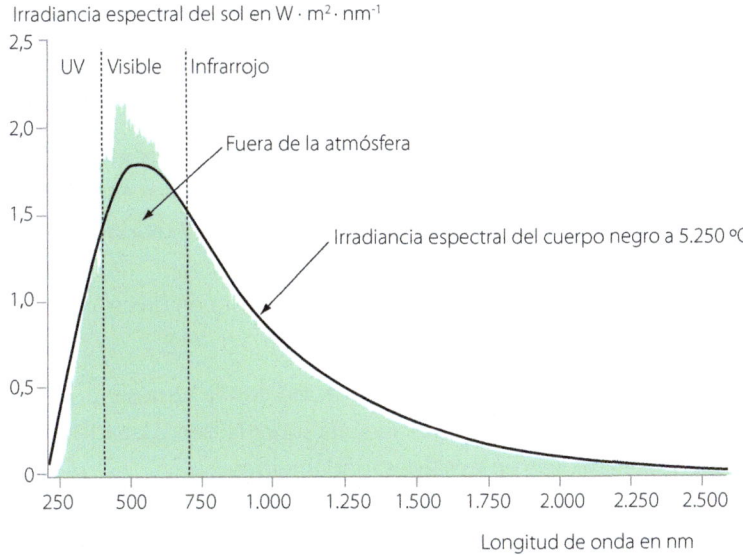

Irradiancia espectral del sol en W · m² · nm⁻¹

Distribución espectral de la radiación solar fuera de la atmósfera

La siguiente figura muestra de manera gráfica de la división de la radiación solar en las tres regiones principales con su correspondiente aporte de energía.

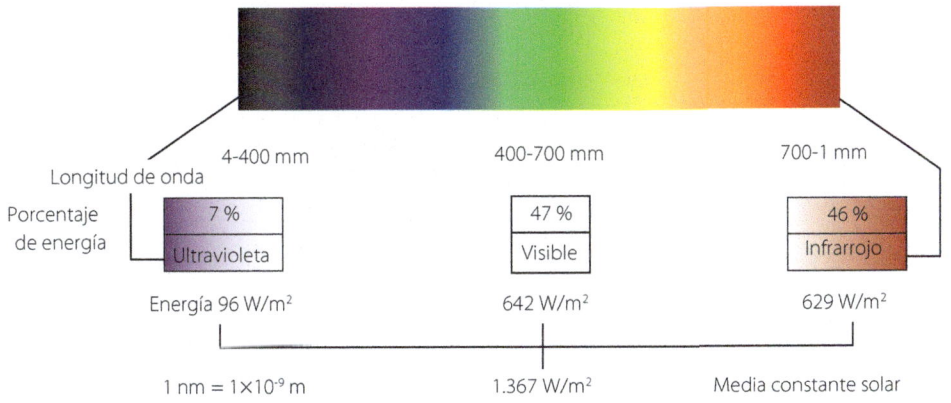

Distribución energía de la radiación solar

Rudiación solar a nivel terrestre

La atmósfera terrestre es una capa gaseosa que envuelve la Tierra solidaria a ella por efecto de la gravedad. Está constituida por gases, nubes (vapor de agua) y partículas sólidas en suspensión. Antes de llegar a la superficie terrestre, la radiación solar debe atravesar la atmósfera, viéndose sometida a los siguientes fenómenos:

- **Reflexión:** parte de la radiación solar es reflejada por la atmósfera y devuelta al espacio. La cantidad de radiación solar reflejada depende de la cantidad y el tipo de elementos presentes en la atmósfera.
- **Absorción:** parte de la radiación solar extraterrestre es absorbida por la atmósfera. Las radiaciones de onda corta son absorbidas en la ionosfera por el nitrógeno (N_2) y el oxígeno (O_2); la mayor parte de la radiación ultravioleta sufre el efecto del ozono y algunas longitudes de onda mayores son absorbidas por el dióxido de carbono (CO_2) y el vapor de agua.
- **Difracción:** parte de la radiación solar es descompuesta en diversas trayectorias a su paso por las nubes.

Como consecuencia de la interacción de la radiación con la atmósfera, así como de los fenómenos posteriores derivados de su incidencia sobre la Tierra, la radiación que llega a la superficie puede subdividirse en tres tipos fundamentes.

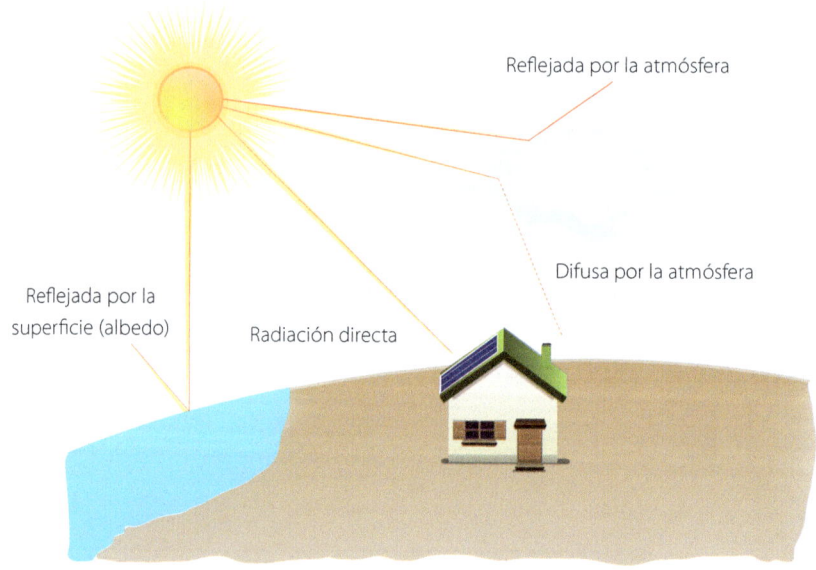

Reflejada por la atmósfera

Difusa por la atmósfera

Reflejada por la superficie (albedo)

Radiación directa

Tipos de radiación a nivel de la superficie de la Tierra

La suma de las tres es la **radiación total** o **global**:

- La **radiación solar directa** es la parte de la radiación solar que llega directamente a la superficie terrestre sin ser dispersada por la atmósfera. Esta radiación es la más intensa y es la que proporciona mayor cantidad de energía.
- La **radiación solar de albedo** es la parte de la radiación solar reflejada por una superficie. El albedo de la Tierra se refiere a la cantidad de luz solar incidente que es reflejada por la superficie terrestre. El albedo puede variar según la superficie

y el tipo de material que refleja la luz. Suele expresarse en forma de porcentaje de radicación reflejada respecto a la incidente o por una cifra entre 0 y 1 como indicación de fracción reflejada. El albedo más alto corresponde a la nieve (0,8-0,9) Obteniéndose valores de 0,25 para la hierba verde, 0,4 para la arena del desierto o 0,12 para el asfalto.

- La **radiación solar difusa** es la parte de la radiación solar que es dispersada por la atmósfera y que llega a la superficie terrestre de manera indirecta. Esta radiación es producida por la dispersión de la luz por las nubes y por otros elementos de la atmósfera y supone aproximadamente 1/3 de la radiación total. La radiación solar difusa es menos intensa que la radiación solar directa y proporciona menos energía.

El porcentaje en la radiación total de una u otra componente no es un valor fijo. La componente de albedo vendrá determinada por las características del terreno, mientras que las componentes directa y difusa dependerán de las condiciones meteorológicas. En días nublados la componente difusa será más importante y en días despejados la componente directa será mayoritaria.

Un parámetro relacionado con las componentes directa y difusa es el llamado **índice de claridad (K_{Tm})** que es una medida de la transparencia de la atmósfera y se define como el porcentaje de irradiancia global en superficie de la Tierra respecto del valor sobre una superficie situada fuera de la atmósfera.

Debido a estos fenómenos, la radiación solar es atenuada en su paso a través de la atmósfera, disminuyendo el valor de su intensidad. Se considera que en las condiciones más óptimas en lo relativo a la transmisión atmosférica, aproximadamente un 25 % de la radiación es atenuada antes de llegar a la superficie terrestre. Por ello se acepta un valor de irradiancia solar aproximada recibida a nivel de suelo de unos **1.000 W/m²**.

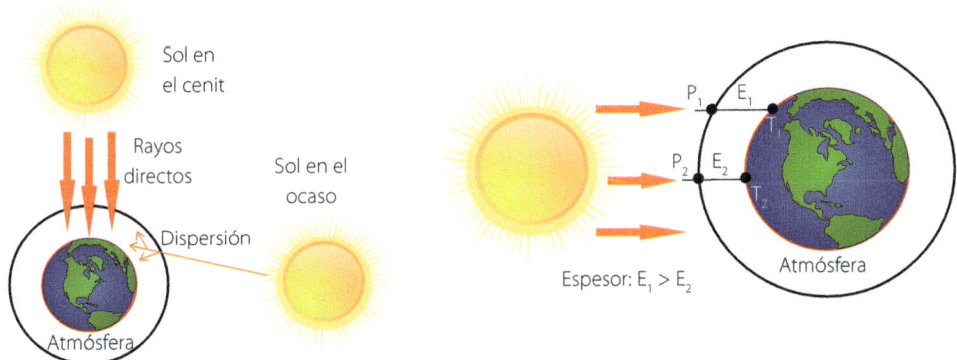

Atenuación de la radiación incidente a lo largo del día y latitud

Debe notarse que el espesor de la capa atmosférica que han de atravesar los rayos solares influye en la energía final disponible a nivel de suelo. Este espesor varía a lo largo de la superficie terrestre y también a lo largo del día. El espesor a atravesar será mayor cuando el Sol sale y se pone (orto y ocaso, con menor radiación incidente), que cuando está en posición cenit (máximo de radiación incidente). En cuanto a la latitud, el espesor será menor en el ecuador (mayor radiación) y mayor a medida que nos acercamos a los Polos (menor radiación incidente).

En este sentido, la posición relativa del Sol con respecto a un punto de la superficie terrestre determina el valor del espesor de la capa de aire que debe atravesar. Para tener una noción comparativa de estas condiciones se define el concepto de **masa de aire (AM)**, que se corresponde a la longitud del camino tomado por la radiación solar a través de la atmósfera, normalizado a la ruta más corta posible (cuando el Sol está directamente vertical). Se define como:

$$AM = \frac{1}{\cos(\theta)}$$

Donde:

θ es el ángulo con respecto a la vertical. Cuando el Sol está en la vertical ($\theta = 0°$) y la masa de aire (AM) es **1** (notación abreviada AM1)

La masa de aire (AM) puede determinarse de manera sencilla a partir de la sombra (s) generada por un poste de altura (h) conocida.

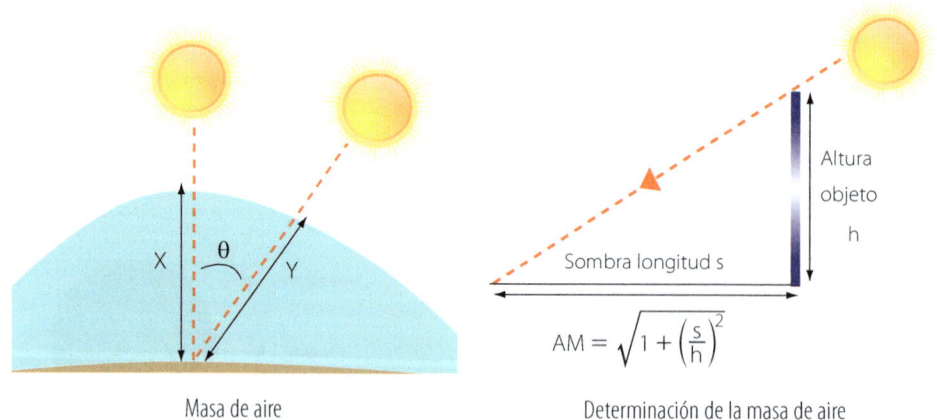

Masa de aire   Determinación de la masa de aire

La radiación solar resulta atenuada tras atravesar la atmósfera, disminuyendo el valor de su irradiancia y modificándose la distribución de las longitudes de onda de su espectro. En la figura adjunta vemos el espectro de la radiación solar a nivel del mar, considerando una masa de aire (AM) de 1,5 (esto es un ángulo de incidencia de 48,2° con respecto a la vertical) así como el espectro correspondiente a la radiación extraterrestre previo al paso por la atmósfera.

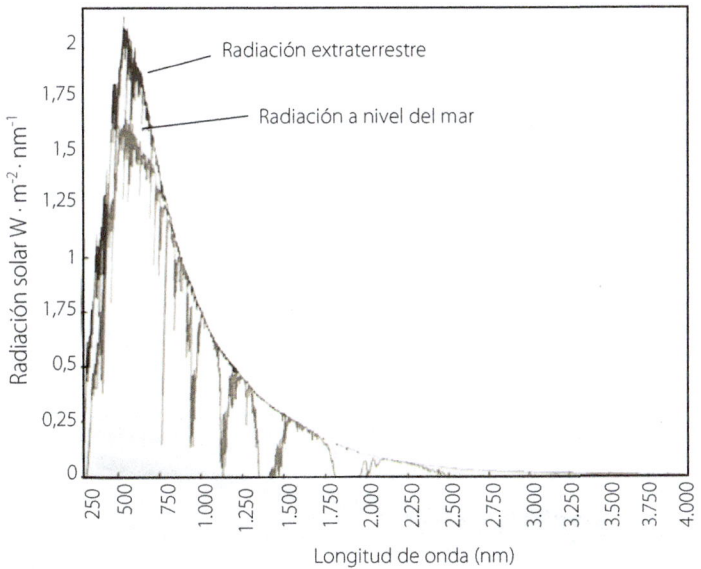

Espectro de la radiación extraterrestre y a nivel de mar

Medición de la radiación solar

Podemos medir con cierta exactitud la radiación solar incidente. Se indican a continuación los aparatos de medición más utilizados.

- **Piranómetro o solarímetro.** Es el instrumento más usado en la medición de la radiación solar. Mide el flujo de radiación total incidente en un campo de 180º y mediante un dispositivo que obstaculiza la radiación directa puede medir también la componente difusa.

  Existen dos tipos de piranómetros que se diferencian en el principio de funcionamiento:

  ✓ **Piranómetro térmico:** se basa en una pila termoeléctrica contenida en un alojamiento con dos semiesferas de vidrio. La pila termoeléctrica está constituida por una serie de termopares dispuestos horizontalmente cuya unión caliente está recubierta por una pintura de alta absortividad. El cuerpo del instrumento está formado por un cilindro de bronce protegido por un disco pintado para reducir la absortividad y que sirve de conexión para la unión fría de la pila termoeléctrica. El calor producido por la radiación transmitido a la pila genera una tensión eléctrica proporcional a la diferencia de temperatura entre las uniones fría y caliente de los termopares.

Una variante muy utilizada y también basada en el principio de la termopila consiste en emplear un disco pintado de blanco (menos absorbente) y negro (más absorbente) como receptor conectado a las uniones frías y calientes del termopar respectivamente.

✓ **Piranómetro fotovoltaico:** se basa en el efecto fotoeléctrico. Consta de un fotodiodo como elemento sensible sobre el cual incide la radiación solar que es convertida en una señal eléctrica que es medida por la electrónica del aparato y traducida a valores de radiación incidente. Este tipo de piranómetros son más sensibles a pequeños cambios debido a que no tienen la inercia térmica de los piranómetros térmicos.

Los piranómetros, como se ha mencionado con anterioridad, pueden medir también la radiación difusa. Para ello hay que incorporar un disco o parasol que suprime la radiación directa.

Piranómetro

- **Pirheliómetro.** Empleado para la medición de la radiación solar directa. Básicamente consta de un tubo cromado con un visor de cuarzo pulido que ofrece una apertura con un ángulo de habitualmente 5º. El instrumento se enfoca con el visor hacia el Sol, la radiación directa entra a través de la ventana y es dirigida a una termopila que la convierte en una señal eléctrica que puede ser leída. Suele utilizarse junto con un sistema de seguimiento solar para mantener el aparato orientado directamente al Sol.

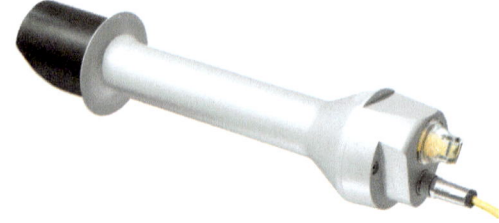

Pirheliómetro. Fuente: Kipp y Zonen

- **Albedómetro.** Instrumento para medir la relación entre la radiación total y el albedo del suelo (radiación reflejada por la tierra). Se basa en el funcionamiento del piranómetro. De hecho, el instrumento está compuesto por dos piranómetros iguales, uno orientado hacia el cielo y otro hacia el suelo. El primero mide la radiación total (directa + difusa) y el segundo mide la reflejada por el terreno.
- **Pirgeómetro.** Instrumento para la medición de la radiación infrarroja (onda larga) excluyendo el espectro de onda corta solar. Consta de un sensor de termopila, una cúpula o ventana de silicio con filtro solar y un sensor de temperatura.
- **Radiómetro o pirradiómetro neto.** Instrumento que mide el balance entre la radiación incidente procedente del Sol y el cielo y la radiación reflejada por la superficie terrestre. Esta medición neta puede hacerse mediante la combinación de piránometros y pirgenómetros, pero el radiómetro neto facilita esta lectura en un único aparato. Incluye un detector de termopila fijado a unos elementos de absorción de color negro con orientación superior e inferior. La señal de salida es la diferencia entre la radiación procedente del Sol y el cielo y la radiación terrestre.
- **Radiómetro UV.** Radiómetro diseñado para la medición de la radiación ultravioleta. Tiene un diseño similar al piranómetro, incorporando un filtro óptico para asegurar la sensibilidad a la radiación UV. El elemento sensible genera una salida de voltaje proporcional a la intensidad de la radiación.

Además de la medición de los niveles de radiación incidente, resulta necesario en algunos caso la medición de las horas de sol en un determinado emplazamiento. La duración solar suele definirse como el tiempo durante el cual la radiación solar directa es superior a 120 W/m^2 y se mide en horas. Los instrumentos utilizados para la medición de las horas solares son:

- **Heliógrafo.** Consiste en una esfera de vidrio que actúa como una lente concentradora de la luz solar sobre una banda de papel. Mientras que la radiación solar no es interceptada por las nubes, la banda que tiene una escala graduada en horas se va quemando a lo largo de una línea. Posteriormente, y en forma manual, se evalúa el periodo diario con insolación. Con el uso de estaciones automáticas que permiten registrar en forma continua la radiación solar, este equipo ha caído en desuso.
- **Sensor de duración solar.** Consiste en un tubo de vidrio en cuyo interior se alojan unos fotodiodos cuya combinación detecta la presencia o no de luz solar por encima del nivel de radiación fijado. El dispositivo proporciona una señal de salida on-off.

Coordenadas geográficas

El nivel de radiación incidente varía en función de la posición sobre la superficie de la Tierra. Se recogen a continuación aquellos conceptos y parámetros básicos que definen la posición geográfica:

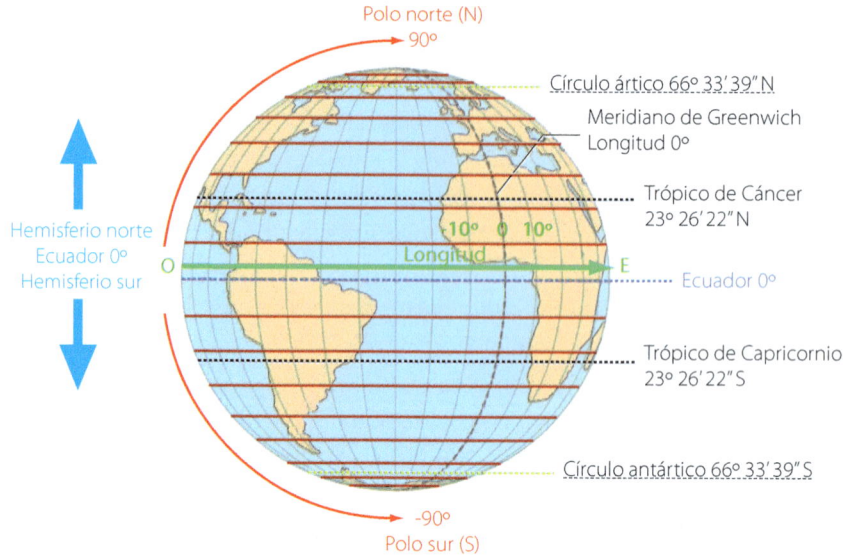

Coordenadas terrestres

- **Paralelo:** círculo imaginario perpendicular al eje terrestre. El paralelo principal es el ecuador que divide la Tierra en dos hemisferios (norte y sur). Otros paralelos notables son el Trópico de Cáncer y el Círculo Polar Ártico (en el hemisferio norte) y el Trópico de Capricornio y el Círculo Polar Antártico (en el hemisferio sur).

- **Latitud terrestre (ϕ):** ángulo imaginario que forma la vertical del punto geográfico que se considere y el plano del ecuador terrestre (0º). La latitud se mide en grados sexagesimales entre 0º (ecuador) y 90º (polos) con la notación N o + para el hemisferio norte y S o – para el hemisferio sur. Los trópicos de Cáncer y Capricornio se sitúan en la latitud 23,45º N y 23,45º S respectivamente. Este ángulo se corresponde con el ángulo de inclinación del eje de giro de la Tierra respecto al plano de traslación alrededor del Sol. Esta posición relativa proporciona unas características climatológicas particulares en esta zona comprendida entre estos dos paralelos (zona tropical). Los círculos polares se encuentran a una latitud 66º 33' N y S. Su posición relativa hace que en estas latitudes se produzcan 24 horas seguidas de luz u oscuridad una vez al año, aumentando hasta el máximo de 3 meses de luz u oscuridad seguidos en los polos (90º N y S).

- **Meridiano:** círculo imaginario que pasa por los polos norte y sur. El meridiano principal es el Meridiano de Greenwich.

- **Longitud terrestre (λ):** ángulo imaginario que forma la vertical del punto geográfico que se considere con el meridiano de Greenwich (0º). Se mide en grados sexagesimales entre 0º (Greenwich) y 360º, entre 0º y 180º con notación oeste-este (W-E) o bien entre 0º y +180º (este) y 0º y -180º (oeste).

- **Coordenadas terrestres:** combinando los dos ángulos (latitud y longitud) podemos definir cualquier posición sobre la superficie de la Tierra. La notación es "latitud, longitud". Por ejemplo, las coordenadas geográficas de la ciudad de Oviedo serían (43º 21′ 37″ N, 5º 50′ 41″ O) o bien (+43,36º, -5,84º).

Parámetros de la posición Tierra-Sol

La Tierra describe dos movimientos simultáneos a nivel astronómico:

- **Movimiento de rotación** sobre sí misma alrededor de un eje imaginario que pasa por los polos norte-sur. La velocidad aproximada de giro es de 1.674 km/h (1 día de duración).
- **Movimiento de traslación** alrededor del Sol siguiendo una trayectoria elíptica con una excentricidad del 3 %. La Tierra se mueve a una velocidad de unos 107.280 km/h en un giro que dura 365 días y 5 horas, 48 minutos y 46 segundos (razón por la cual cada cuatro años es bisiesto).

Debido a la baja excentricidad de la elipse, la distancia Tierra-Sol no se mantiene constante a lo largo de todo movimiento de traslación. La distancia media es de unos 149.597.870 km y a esta distancia se la denomina **unidad astronómica (ua)**. El punto más cercano de la Tierra con respecto al Sol se denomina **perihelio**; en ese punto la distancia equivale a 0,983 ua. El punto más alejado se denomina **afelio**, siendo la distancia 1,017 ua.

Perihelio y afelio

La trayectoria seguida por la Tierra en su movimiento alrededor del Sol se denomina **eclíptica** y al plano que la contiene **plano de la eclíptica**.

El eje de rotación de la Tierra en un eje imaginario que pasa por los polos norte-sur perpendicular al ecuador terrestre. Este eje de giro forma un ángulo medio casi constante de 23,45º con la normal al plano de la eclíptica.

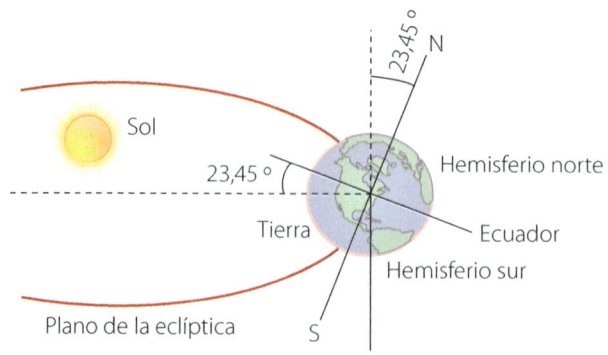

Ángulo del eje de la Tierra con respecto a la normal a la eclíptica

Para facilitar la visión de la posición variable de la Tierra con respecto al Sol, se suele recurrir a la figura imaginaria siguiente, en la que se posiciona a la Tierra en el centro de una esfera de diámetro infinito, denominada **esfera celeste**, cuyo eje y ecuador coinciden con el de la Tierra. Vemos que el plano del ecuador de la esfera celeste, denominado **ecuador celeste**, forma un ángulo de 23,45° con el plano de la trayectoria que sigue el Sol (eclíptica).

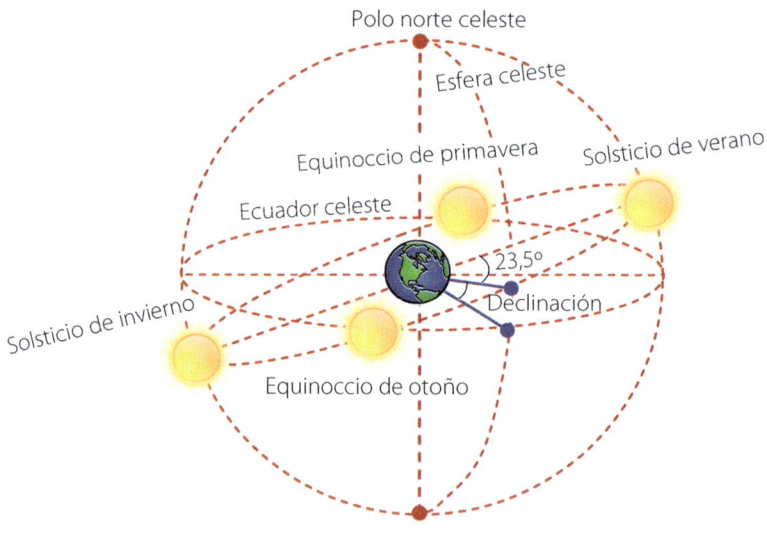

Esfera celeste con eclíptica

En el transcurso del año, el Sol se traslada sobre la eclíptica, siendo su posición más alta en el hemisferio norte el **solsticio de verano** (21-22 de junio), y la más baja el **solsticio de invierno** (21-22 de diciembre). Las intersecciones de la eclíptica con el ecuador se corresponden con los **equinoccios de primavera y de otoño** (20-21 de marzo y 22-23 de septiembre aproximadamente)

Movimiento de traslación de la Tierra

El ángulo que forma la línea Tierra-Sol con el plano del ecuador celeste (o el ángulo entre el plano ecuatorial de la Tierra con el plano de la eclíptica) se conoce como **declinación solar** (δ). Este ángulo varía a medida que la Tierra efectúa su movimiento de traslación alrededor del Sol y puede calcularse mediante la fórmula:

$$\text{Declinación}(\delta) = 23,5° \text{sen}\left(360\frac{284 + n}{365}\right)$$

Donde: **n** es el número de días del año transcurridos (n = 1 para el 1 de enero y n = 365 para el 31 de diciembre).

En los equinoccios de otoño y primavera la declinación es cero. En el solsticio de invierno la declinación es -23,5° en el hemisferio norte (+23,5° en el sur). En el solsticio de verano la declinación es +23,5° en el hemisferio norte (-23,5° en el sur)

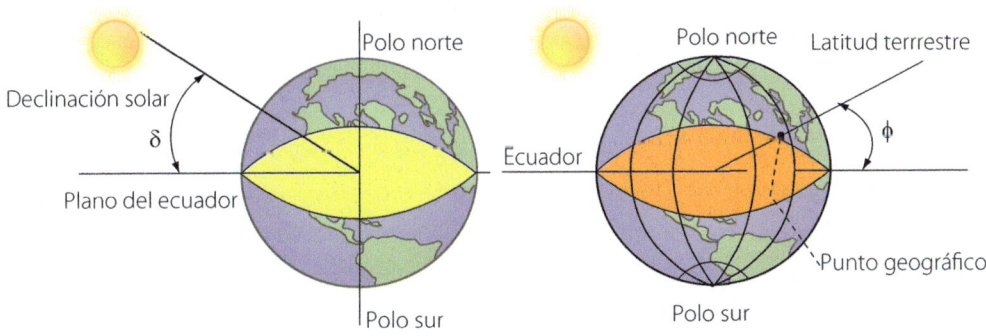

Declinación solar y latitud terrestre

Dado que la radiación solar varía a lo largo del día, la hora tomada es un dato relevante a efectos de cálculo. No obstante, debe considerarse que la hora solar marcada por un reloj de Sol y que refleja el movimiento real del Sol, no coincide con nuestra medición de hora local. El **tiempo solar verdadero (TSV)** se basa en el día solar verdadero, que es el intervalo entre dos retornos sucesivos del Sol a un meridiano local. La duración del día solar no es uniforme y varía a lo largo del año, produciendo variaciones de hasta 17 minutos como consecuencia de la forma elíptica de la órbita terrestre que provoca diferencias en la velocidad de traslación en función de la posición Tierra-Sol y debido a la inclinación del eje de la Tierra (eclíptica) que provoca diferencias temporales en los días en función del periodo del año. Estas diferencias se corrigen mediante **la ecuación de tiempo** que adopta la forma gráfica siguiente, con el día del año en abscisas y el tiempo en minutos de desviación a aplicar en ordenadas.

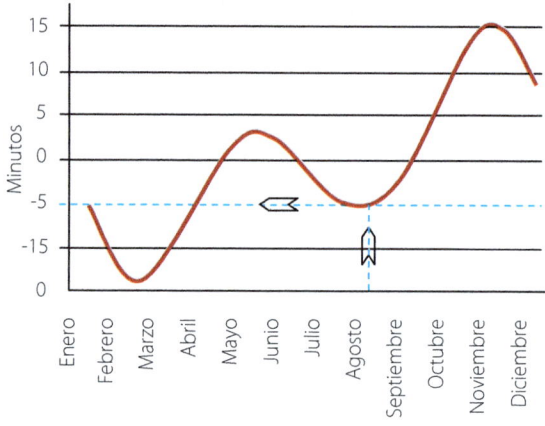

Gráfico de ecuación de tiempo

Adicionalmente, para convertir la hora local al tiempo solar verdadero (TSV), debemos considerar la longitud del lugar, así como la diferencia horaria con respecto al meridiano oficial (Greenwich) debida a ajustes horarios locales.

TSV = hora oficial local–adelanto respecto hora solar ± longitud del lugar ± ecuación del tiempo

La expresión para convertir la hora local (H_{loc}) a tiempo solar verdadero (TSV) es:

TSV = H_{loc} –Ajuste horario * ±Longitud del lugar ** ±Ecuación de tiempo

*El ajuste horario se corresponde con la diferencia horaria establecida a nivel local con respecto al tiempo universal coordinado (UTC). Por ejemplo, en España se adopta UTC + 1 durante el periodo de octubre a marzo y UTC + 2 de marzo a octubre

** Expresada en minutos. Se aplican 4 min/grado.

EJEMPLO. Vamos a calcular el tiempo solar verdadero (TSV) en Barcelona (longitud 2° este) el día 15 de agosto a las 11 horas.

Concepto	Tiempo
Hora oficial	11 horas 0 minutos
Adelanto respecto UTC	2 horas
Longitud del lugar (2.º E / 4 min / grado)	0 horas 8 minutos
Ecuación de tiempo (según gráfico)	0 horas 5 minutos
TSV	8 horas 47 minutos

Coordenadas polares del Sol

En la representación de la esfera celeste podemos determinar el recorrido aparente y posición del Sol para un determinado lugar de observación en función de las coordenadas geográficas y de la declinación correspondiente al día y hora en cuestión. La esfera celeste sitúa al observador en el centro y determina la posición y recorrido del Sol en la bóveda celeste con base en las siguientes coordenadas:

- **Cenit:** punto más alto de la bóveda celeste sobre el observador. El ángulo cenital está formado por la vertical del lugar y la línea entre el observador y el Sol.
- **Nadir:** punto diametralmente opuesto al anterior.
- **Plano del horizonte:** plano que pasa por el observador y es perpendicular a su vertical. La intersección de este plano con la esfera celeste es el horizonte. El plano del horizonte se divide en cuatro sectores determinados por las orientaciones principales N, S, E y W.

- **Ángulo horario (w):** convierte la hora solar local (TSV) en el número de grados del posicionamiento solar, tomando 0° al mediodía. Dado que la Tierra gira 15° por hora, cada hora del día solar corresponde a un movimiento angular de 15° en el cielo. Por convención se toma en el hemisferio norte un ángulo horario negativo por la mañana, cero al mediodía solar y un ángulo horario positivo por la tarde.

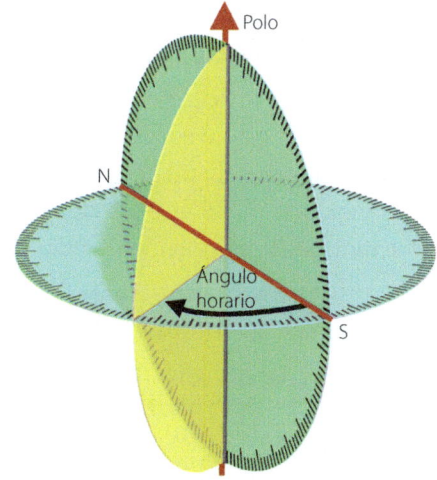

Ángulo horario

Por ejemplo, tres horas después del mediodía solar, el tiempo solar verdadero es 15:00 horas y el ángulo horario es de 45°. Dos horas antes del mediodía solar, la hora solar es 10 horas y el ángulo horario es -30°

$$w = 15° \, (TSV - 12)$$

- **Orto y ocaso:** el Sol recorre un círculo completo a lo largo de la esfera celeste durante un día. El orto se corresponde con el amanecer y sería el momento en el cual Sol atraviesa el plano del horizonte y entra en campo visual del observador. Por el contrario, el ocaso coincidiría con la puesta de Sol y correspondería al instante en que atraviesa el plano del horizonte para salir de su campo visual. Podemos calcular el ángulo horario a la salida del Sol (w_0) mediante la expresión:

$$w_0 = \arccos \left[- \tan (\phi) \times \tan (\delta) \right]$$

El ángulo de puesta de Sol sería igual a $-w_0$

- **Altura solar (h):** es la distancia vertical desde el horizonte hasta el Sol medida en grados. La **altura solar máxima** (α) es la altura más alta que alcanza el Sol en la bóveda celeste durante el día.

La altura solar (h) de cada hora del día puede calcularse a partir de la expresión siguiente en la que deben conocerse la latitud (ϕ), la declinación (δ) y el ángulo horario (**w**):

$$\text{sen } h = \text{sen } \phi \times \text{sen } \delta + \cos \phi \times \cos \delta \times \cos w$$

En el mediodía solar el Sol alcanza su altura máxima (α), esta puede calcularse mediante la fórmula simplificada:

$$\alpha = 90° - \phi + \delta$$

- **Azimut o ángulo azimutal (Z):** es la medida en grados de la posición del Sol con respecto al sur hacia el este o el oeste. Este ángulo se toma positivo si es considerado en sentido oeste y negativo en el sentido este (aunque en algunos casos el ángulo azimutal utiliza el norte como referencia 0°). Al mediodía solar el Sol está en el sur y el ángulo azimutal es 0°. Podemos determinar el azimut solar (Z) en un momento determinado conociendo la altura solar (h), la declinación (δ) y la latitud (ϕ):

$$\cos Z = \frac{\text{sen } \phi \times \text{sen } h - \text{sen} \delta}{\cos \phi \times \cos h}$$

- **Duración del día solar (Ds):** se corresponde con el número de horas de Sol para un día determinado. Lo calcularemos partiendo del dato del ángulo horario a la salida y puesta de Sol (w_0).

$$Ds = \frac{2}{15} \times w_0$$

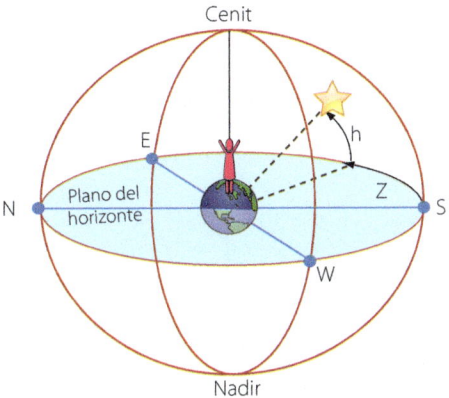

Puntos de la esfera celeste

En el transcurso de las 24 horas del día el Sol recorre un círculo completo a lo largo de la esfera celeste en sentido E-W. Las coordenadas de esa trayectoria dependen del día y la latitud y el recorrido diario en el hemisferio celeste del observador se inicia en el orto, alcanza su altura máxima al mediodía solar (12 h hora solar) cuando el Sol se halla sobre el sur con azimut (Z) = 0°, y formando con el cenit un ángulo igual a la latitud (ϕ). En ese punto, la altura (h) se corresponde con la altura máxima (α) ($\alpha = 90° - \phi + \delta$)

Durante los equinoccios de marzo y septiembre, el orto coincide con el este y el ocaso con el oeste y el día solar dura 12 horas (al igual que la noche). Recordemos que la declinación solar (δ) es 0, por lo que la altura máxima (α) será:

$$\alpha = 90° - \phi$$

En este punto, en el Ecuador terrestre (latitud $\phi = 0°$) al mediodía solar, el Sol se situará en el cenit (90°).

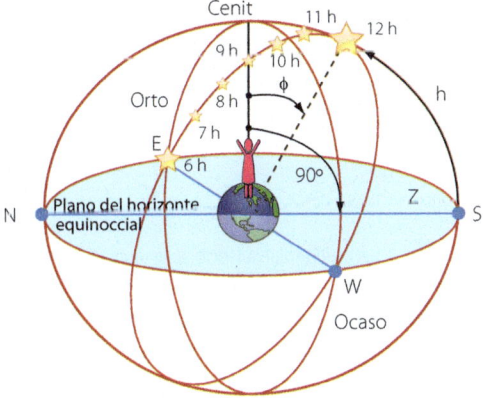

Recorrido solar durante los equinoccios

Durante los solsticios de junio y diciembre el plano del horizonte se encuentra inclinado respecto al plano del horizonte equinoccial (el que tiene durante los equinoccios) debido al ángulo de inclinación del eje de la Tierra respecto al plano de la eclíptica, siendo la declinación (δ) = -23,5° en el solsticio de invierno en el hemisferio norte.

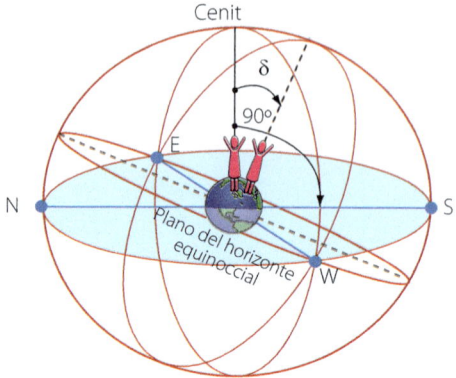

Recorrido solar durante los solsticios

Durante el solsticio de verano, el Sol recorre a lo largo de un día un círculo paralelo al recorrido equinoccial (el que recorre durante los equinoccios). Este recorrido, al estar más elevado sobre el horizonte, será mayor, provocando que el día solar tenga una duración superior a 12 horas. La altura máxima en el hemisferio norte será:

$$\alpha = 90° - \phi + 23,5°$$

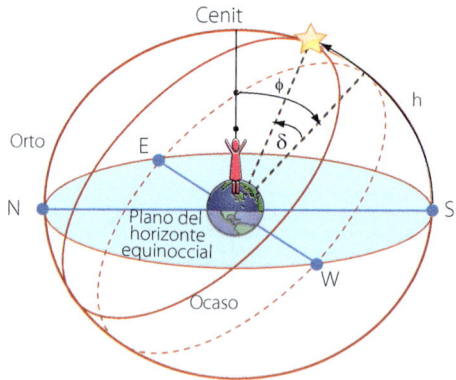

Recorrido solar solsticio de verano

Durante el solsticio de invierno, el Sol recorre a lo largo de un día un círculo paralelo al recorrido equinoccial (el que recorre durante los equinoccios). Este recorrido, al estar menos elevado sobre el horizonte, será mayor, provocando que el día solar tenga una duración inferior a 12 horas. La altura máxima en el hemisferio norte será:

$\alpha = 90° - \phi - 23,5°$

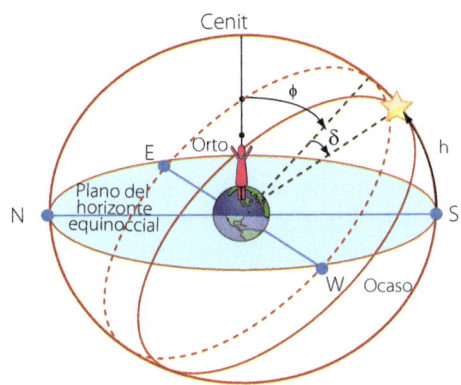

Recorrido solar solsticio de invierno

EJEMPLO. Vamos a calcular las coordenadas polares solares principales para un emplazamiento en latitud $(\phi) = 42°$ el día 3 de septiembre.

Calculamos la declinación (δ) correspondiente al día 3 de septiembre (día número 246 del año)

$$\text{Declinación}(\delta) = 23,5°\text{sen}\left(360\frac{284 + n}{365}\right) = 23,5°\text{sen}\left(360\frac{284 + 246}{365}\right) = 6,96°$$

Calculamos el ángulo horario de salida del Sol (w_0)

$$w_0 = \arccos\left[-\tan(\phi) \times \tan(\delta)\right] = \arccos\left[-\tan(42°) \times \tan(6,96°)\right] = 96,3°$$

Calculamos la altura solar máxima (α): $\alpha = 90° - \phi + \delta = 90°-42° + 6,96° = 54,96°$

Calculamos la duración del día solar (Ds): $Ds = \frac{2}{15} \times w_0 = \frac{2}{15} \times 96,3 = 12,84\,h$

Cartas solares

Una carta solar es un gráfico en dos dimensiones que representa la trayectoria del Sol sobre la superficie terrestre para un emplazamiento determinado. En ordenadas se representa la altura solar (h) y en abscisas los valores de azimut (Z). En una misma carta suelen representarse las curvas para diferentes días del año representativos.

Es posible elaborar una carta solar a partir de las fórmulas de determinación de la altura solar y del azimut correspondientes a una declinación y latitud determinados partiendo de las fórmulas correspondientes. Es posible también obtener estos datos por medición práctica sobre una superficie plana y horizontal según:

- Localizar el sur geográfico y marcar la dirección norte-sur sobre el plano.
- Situar una varilla en posición perpendicular sobre la línea norte-sur.

- Medir el azimut correspondiente al ángulo formado por la sombra proyectada por la varilla y el norte.
- Obtener la altura geográfica a partir de la longitud de la varilla y la medida de la longitud de la sombra proyectada (tan (h) = longitud/sombra).

Existen programas de simulación disponibles para obtener una carta solar sin la necesidad de realizar cálculos o mediciones sobre el terreno, simplemente partiendo del dato de las coordenadas geográficas y la zona horaria UTM. Mediante el QR adjunto puede accederse a una página de la Universidad de Oregón que ofrece la posibilidad de elaborar una carta solar partiendo de estos datos.

En la imagen siguiente se incluye una carta solar obtenida para la ciudad de Barcelona, introduciendo los datos de latitud y longitud (41,39º y 2,16º) y zona horaria (UTM+1).

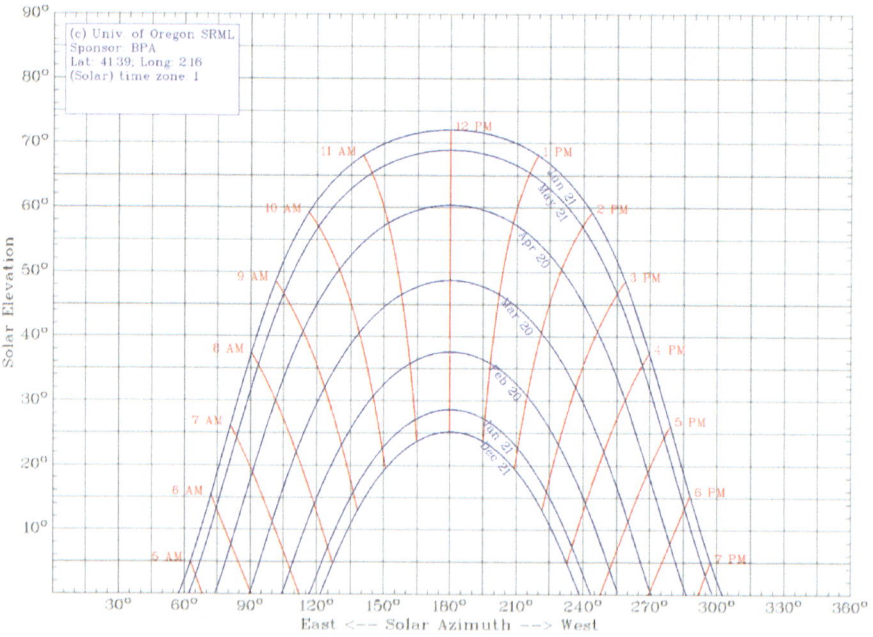

Carta solar ejemplo-Barcelona

Parámetros de la posición Sol-captador

Un **captador solar** es un dispositivo que se utiliza para captar la energía radiante del Sol y convertirla en otra forma de energía, como electricidad o calor. Los captadores solares se dividen en dos categorías principales: térmicos y fotovoltaicos. Los captadores solares térmicos utilizan la radiación solar para calentar un fluido, como el agua, que luego se utiliza para producir energía térmica para calefacción o agua caliente sanitaria. Los captadores solares fotovoltaicos, por otro lado, utilizan células fotovoltaicas para convertir la luz solar directamente en electricidad. La cantidad de radiación captada es función, entre otras, de la superficie de captación, por lo que un captador será habitualmente un objeto plano con una superficie dimensionada al efecto, siendo conocido también como panel solar térmico o fotovoltaico.

Además de su superficie de captación, la posición relativa del captador con respecto al Sol determinará también la cantidad de radiación absorbida. Los parámetros que definen la posición Sol-captador son los siguientes:

- **Inclinación (β):** ángulo que forma el plano de la superficie captadora y la horizontal del punto de apoyo.
- **Incidencia (θ):** ángulo que forma la radiación directa sobre la superficie del captador. Es decir, la línea Sol-captador y la perpendicular al captador.
- **Azimut (γ):** ángulo que forman la proyección horizontal de la línea perpendicular a la superficie del captador y la línea que pasa por esta y el sur geográfico, llamado meridiano del lugar. La orientación sur del captador se corresponde con el origen y toma valor 0°. La orientación oeste vale 90°, la norte 180° y la este 270°.

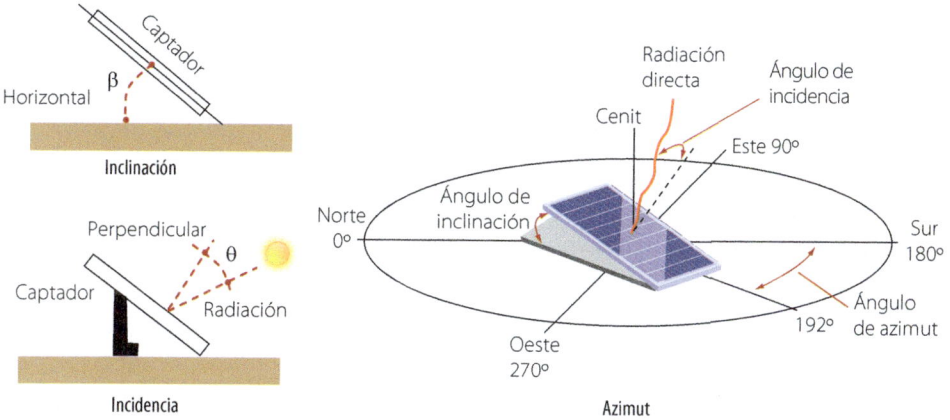

Parámetros Sol-captador

Cálculo de la radiación directa y difusa sobre superficies horizontales

La determinación de la radiación solar a nivel de suelo puede hacerse por medición directa mediante los instrumentos descritos anteriormente o bien a partir de datos disponibles en bases de datos y mapas solares, como veremos más adelante. Partiendo de los datos de constante solar (G_{sc}) que tomaremos igual a 1.367 W/m², ángulo de salida del Sol (w_0), declinación (δ) y latitud (ϕ) podemos hacer un cálculo de las componentes directa y difusa. Para ello determinaremos la irradiación solar extraterrestre sobre superficie horizontal (G_{od}) según:

$$G_{0d} = \frac{24}{\pi} \times G_{sc} \times E_0 \left[w_s \times \text{sen } \delta \times \text{sen } \phi + \cos \delta \times \cos \phi \times \text{sen } w_0 \right]$$

Donde: E_0 es la corrección de excentricidad de la órbita que se calcula partiendo del número de día (n) según:

$$E_0 = \left[1 + 0,33 \times \cos \left(\frac{2 \times \pi \times n}{365} \right) \right]$$

El cálculo de la componente de radiación difusa (D_d) de la radiación incidente puede hacerse partiendo del dato medido de la radiación global (G_d) y del cálculo anterior de G_{0d}:

$$D_d = G_d \left[1,39 - 4.027 \times K_d + 5.531 \times K_d^2 - 3.108 \times K_d^3 \right]$$

Donde: K_d es el índice de transparencia o claridad atmosférica igual a G_d/G_{0d}

Por diferencia podemos obtener la radiación directa:

$$I_d = G_d - D_d$$

Cálculo de radiación sobre plano inclinado

Partiendo del dato de radiación sobre superficie horizontal a nivel de suelo podemos determinar la radiación incidente sobre una superficie inclinada. Para ello determinaremos el factor de corrección geométrico ($R_b(\beta)$) correspondiente al ángulo de inclinación β suponiendo un azimut (γ) igual a 0, es decir, orientación sur.

$$R_b(\beta) = \frac{w_0 \times \text{sen } \delta(\phi - \beta) + \cos \delta \times \cos(\phi - \beta) \times \text{sen } w_0}{w_0 \times \text{sen } \delta \times \cos \phi + \cos \delta \times \cos \phi \times \text{sen } w_0}$$

La radiación directa sobre plano inclinado ($I_d(\beta)$) se determinará a partir del dato de radiación directa sobre superficie horizontal (I_d) multiplicado por el factor de corrección geométrico ($R_b(\beta)$)

$$I_d(\beta) = I_d \times R_b(\beta)$$

La radiación difusa sobre plano inclinado ($D_d(\beta)$) puede igualmente determinarse a partir de la expresión siguiente:

$$D_d(\beta) = D_d \left[(G_d - D_d) \frac{R_b(\beta)}{G_{0d}} + \frac{1}{2}(1 + \cos \beta) \frac{G_d - D_d}{G_{0d}} \right]$$

La radiación global sobre plano inclinado $G_d(\beta)$ será la suma de las componentes directa y difusa.

$$G_d(\beta) = I_d(\beta) + D_b(\beta)$$

Orientación e inclinación óptima

El nivel máximo de energía sobre un captador se alcanzará cuando esté orientado hacia el sur (azimut 0º) y la radiación sea totalmente perpendicular al mismo.

Si tenemos un captador fijo y orientado al sur (azimut cero), simplificando podemos determinar la incidencia (θ) según la expresión:

Incidencia (θ) = Latitud (ϕ) – Inclinación (β) – Declinación (δ)

La máxima radiación sobre el captador se conseguirá cuando los rayos solares incidan de manera totalmente perpendicular a este, es decir, cuando el ángulo de incidencia (θ) sea 0. En este caso:

0 = Latitud (ϕ) – Inclinación (β) – Declinación solar (δ)
Inclinación (β) = Latitud (ϕ) – Declinación solar (δ)

A título ilustrativo, en la tabla adjunta se recoge la declinación solar (δ) para cada mes a las 12 horas (TSV), pudiéndose obtener a partir de aquí el grado de inclinación óptimo en función del periodo de funcionamiento del captador solar.

Tabla 1.3 Declinaciones solares

Días	Enero	Febrero	Marzo	Abril	Mayo	Junio
1	-23,03º	-17,26º	-7,42º	+4,70º	+15,02º	+22,11º
10	-21,78º	-14,53º	-3,68º	+8,22º	+17,37º	+23,04º
20	-20,24º	-10,83º	-0,00º	+12,33º	+20,07º	+23,43º
30	-17,80º	(día 28) -8,18º	+3,55º	+14,90º	+21,39º	+23,14º
Días	Julio	Agosto	Septiembre	Octubre	Noviembre	Diciembre
1	+23,08º	+17,91º	+8,12º	-3,35º	-14,57º	-21,87º
10	+22,11º	+15,44º	+4,78º	-6,81º	-17,18º	-22,95º
20	+20,58º	+12,31º	+0,93º	-10,49º	-19,78º	-23,44º
30	+18,41º	+8,84º	-2,97º	-13,92º	-21,71º	-23,14º

El ángulo de inclinación (β) del captador no siempre podrá ser variable para adaptarse a la posición diaria (u horaria) óptima, por lo que deberá verificarse cuál es el periodo de utilización durante el año para definir el ángulo de inclinación que asegure el máximo de radiación incidente.

La inclinación óptima (β_{opt}) dependerá, por tanto, del mes de utilización. Para un uso limitado a los meses de invierno o de verano tomaremos a efectos prácticos:

Inclinación (β_{opt}) para meses de invierno = Latitud (ϕ) + 10°

Inclinación (β_{opt}) para meses de verano = Latitud (ϕ) - 20°

Para un uso anual podemos tomar la expresión siguiente:

Inclinación (β_{opt}) para uso anual = 3,7 + 0,60 × |Latitud (ϕ)|

Comprobación de la respuesta de diversos materiales y tratamiento superficial frente a la radiación solar

A nivel físico, todo cuerpo puede actuar como receptor o emisor de energía radiante.

Cuando un cuerpo recibe energía en forma de radiación, una parte de esta es absorbida, otra parte es reflejada y el resto se transmite a través suyo. Por otro lado, todo cuerpo emite energía radiante, tanto más intensa cuanto más elevada es su temperatura. A igualdad de temperatura, la energía emitida depende de las características físicas del cuerpo, así como del estado y características de su superficie.

Un **cuerpo negro** es un objeto físico teórico definido como aquel que absorbe toda la energía radiante que incide sobre él, sin reflejar o dejar pasar nada a través suyo. El concepto de cuerpo negro nos ayuda a definir el comportamiento de un cuerpo real frente a la radiación incidente. Los parámetros que definen este comportamiento son:

- **Absortancia (α):** relación entre la cantidad de energía radiante que absorbe un cuerpo y la que absorbería el cuerpo negro sometido a la misma radiación. Un cuerpo real nunca absorbe o refleja toda la radiación, por lo que el valor de la absortancia (α) suele estar comprendido entre 0,03 y 0,97.
  Las temperaturas más altas son alcanzadas por superficies que presentan una absortancia mayor, mientras que los cuerpos pulidos y transparentes que reflejan casi la totalidad de la radiación se calentarán poco. En consecuencia, los elementos destinados a captar la energía solar serán preferiblemente de color negro mate, puesto que una superficie de este color es más eficiente para captar la radiación que reciba.

- **Emitancia (ε):** relación entre la cantidad de energía radiada que emite un cuerpo a una temperatura determinada y la que emitiría el cuerpo negro a la misma temperatura.
  Si se desean alcanzar altas temperaturas, es necesario disponer de superficies que tengan una alta absortancia y una emitancia reducida.

La **efectividad** es la relación entre absortancia y emitancia. Es la característica que evalúa la calidad de una superficie con relación a la radiación solar; así un cuerpo que tenga como características una elevada absortancia para la radiación solar, y una baja emitancia en la banda de los infrarrojos, presentará una superficie con propiedades selectivas, adecuada para captación solar (superficie selectiva).

$$\text{Efectividad} = \frac{\alpha}{\varepsilon}$$

Una superficie selectiva ideal es aquella que absorbe toda la radiación y no la emite. En algunos modelos de captadores solares, la superficie absorbedora negra recibe un tratamiento especial, denominado selectivo, con el propósito de reducir las pérdidas energéticas y mejorar el rendimiento del captador.

En lo relativo a la respuesta frente a la radiación, los materiales pueden clasificarse en:

- **Transparentes:** son aquellos que permiten el paso de radiación electromagnética de determinadas longitudes de onda.
- **Opacos:** impiden el paso de la luz.
- **Translúcidos:** permiten parcialmente la transmisión de la luz.

El coeficiente de transmisión o transmitancia (T) es una medida de la cantidad de radiación (luz) que deja pasar un cuerpo y es característico de cada material.

$$\text{Coeficiente de transmisión}(T) = \frac{\text{Radiación transmitida}(I')}{\text{Radiación incidente}(I)}$$

La radiación transmitida (I') será la diferencia entre la radiación inicial incidente (I) menos la radiación reflejada y la absorbida por el propio cuerpo.

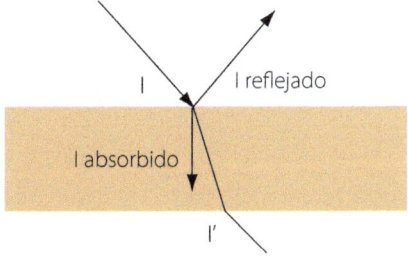

Coeficiente de transmisión

La mayor parte de los cuerpos transparentes lo son de forma selectiva, es decir, que su transmitancia es función de la longitud de onda de la radiación incidente.

El valor de la transmitancia (T) depende del ángulo de incidencia de la radiación respecto a la superficie, aunque dicha variación es pequeña hasta que el ángulo alcance un valor de unos 60° (para el vidrio), a partir del cual la transmitancia disminuye rápidamente hasta valer 0 para un ángulo de 90°. De todo esto, se deduce que el vidrio dejará pasar eficientemente la radiación que provenga de un cono de 120° (60º + 60º) de abertura.

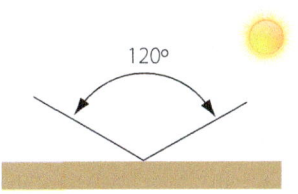

Ángulo de incidencia

El **índice de refracción (n)** de un medio se define como la relación entre la velocidad de la luz (c) en el vacío y la velocidad de transmisión de la luz en dicho medio. Cuanto mayor sea el índice de refracción menor será la velocidad de la luz al atravesarlo.

$$n = \frac{c}{\text{Velocidad en el medio}}$$

La transmitancia (T) disminuye proporcionalmente al índice de refracción (n). A efectos de aplicaciones de energía solar, conviene que el índice de refracción (n) de los materiales transparentes sea lo más reducido posible, a fin de aumentar la eficacia de la transmisión y tener el mínimo de pérdidas por reflexión.

En las tablas siguientes se recogen valores de absortancia, emitancia, efectividad e índice de refracción de algunos materiales de uso común. Las absortancias se refieren a valores medios correspondientes entre 0,3 y 3 μm. Las emitancias corresponden a temperaturas de unos 100 ºC.

Tabla 1.4 Valores de las propiedades principales frente a la radiación de distintos materiales

Material	Absortancia, α	Emitancia, ε	Efectividad
Aluminio pulido	0,1	0,1	1
Aluminio anodizado	0,14	0,77	0,18
Hierro	0,44	0,1	4,4
Oro	0,21	0,03	7
Pintura acrílica de negro de humo	0,94	0,83	1,13
Pintura acrílica	0,25	0,9	0,28
"Níquel negro" (electrodeposición de níquel, zinc y otros materiales)	0,91	0,12	7,58
Óxido de cobre sobre aluminio (tratamiento químico)	0,93	0,11	8,45
Óxido de cobre sobre cobre (tratamiento químico)	0,89	0,17	5,23
Sulfuro de plomo sobre aluminio	0,88	0,2	4,4
Carbono sobre cobre (etanol)	0,9	0,16	5,63

Índices de refracción de distintos materiales transparentes, n	
Vacío	1
Aire	1,03
Vidrio	1,51
Silicona	4
Diamante	2,42

Cálculo de pérdidas por inclinación y orientación

En el apartado anterior se ha definido cuál será el posicionado óptimo de un captador para recibir el máximo de energía incidente. Para un uso anual este se corresponde con un ángulo de inclinación (β_{opt}) y un ángulo azimut de desviación cero (orientación sur) En estas condiciones la radiación recibida será máxima.

No siempre resulta posible ubicar un captador en estas condiciones. Para una orientación (γ) y una inclinación (β) distintas a las indicadas, la radiación captada no llegará al máximo y tendremos lo que denominamos pérdidas por inclinación y orientación, entendidas como la diferencia entre la radiación real recibida y la que tendríamos para una orientación $\gamma = 0°$ y una inclinación (β_{opt}).

Para determinar estas pérdidas con respecto a la posición óptima puede emplearse el **factor de irradiación (FI)** que se expresa en porcentaje (%) del nivel de radiación recibida respecto al máximo posible. Este factor de pérdidas puede determinarse de manera sencilla basándonos en el gráfico circular siguiente válido para una latitud (ϕ) = 41° en el cual podemos obtener el porcentaje de radiación incidente sobre el total óptimo partiendo del ángulo azimut (γ) real del captador y de su inclinación (β). La línea de intersección entre ambos nos sitúa en un área que se corresponde en el porcentaje de radiación correspondiente a la posición real; la diferencia respecto al 100 % óptimo será el porcentaje de pérdidas. Vemos que para un azimut (γ) = 0° (sur) y una inclinación (β) = β_{opt} = 41°, el porcentaje obtenido es del 100 %.

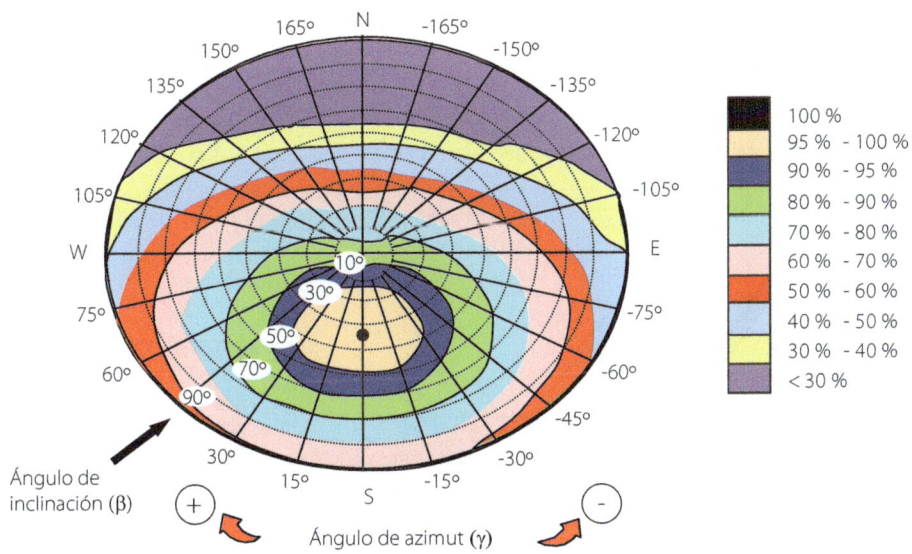

Pérdidas por orientación e inclinación

En las zonas límite del gráfico podemos calcular el valor del factor de irradiación (FI) en base a las fórmulas siguientes:

$$FI\ (\%)=\ 100\ [\ 1{,}2 \cdot 10^{-4}\ (\beta - \beta_{opt})^2 + 3{,}5 \cdot 10^{-5}\ \gamma^2]\quad \text{para } 15° < \beta < 90°$$

$$FI\ (\%)=\ 100\ [\ 1{,}2 \cdot 10^{-4}\ (\beta - \beta_{opt})^2]\quad \text{para } \beta \leq 15°$$

Cálculo de sombreamiento

La sombra aplicada sobre un captador solar se traduce en una reducción de la radiación incidente que comportará una disminución en su producción de energía o incluso en defectos de funcionamiento asociados en el caso de captadores fotovoltaicos.

Distinguimos dos tipos de sombras incidentes sobre captadores:

- sombras producidas por el propio captador debido a la distancia entre filas de los mismos, y
- sombras debidas a objetos o accidentes geográficos cercanos (muros, árboles, edificios, antenas, etc.).

A la hora de diseñar el sistema de captación deberá prestarse especial atención a la distancia entre filas de captadores para evitar la proyección de sombras entre ellas. El efecto de las sombras será mayor en invierno que en verano, ya que la altura solar es menor, siendo más pronunciada la sombra producida. Por ello, como criterio general, se efectuará el cálculo de sombras para ese periodo al ser más desfavorable (en el caso de uso en invierno).

Distancia mínima entre captadores y un obstáculo y entre filas de captadores

Como criterio se toma el que la distancia mínima entre una fila de captadores y un obstáculo de altura h debe garantizar un mínimo de 4 horas de Sol en torno al mediodía del solsticio de invierno. Para asegurar este criterio puede tomarse la distancia indicada a continuación.

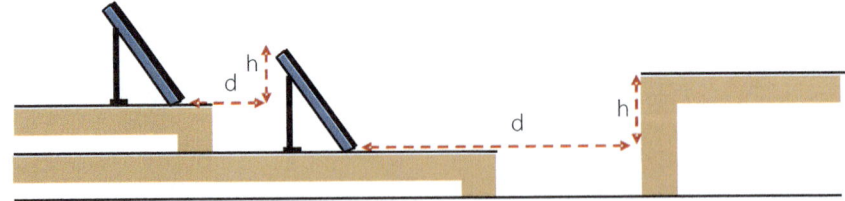

Distancia mínima de un captador a un objeto cercano

$$d = h \times k \qquad \text{siendo } k = \frac{1}{\tan\big(61° - \text{latitud}(\phi)\big)}$$

En la tabla siguiente se indican algunos valores del factor k en función de la latitud del lugar.

Tabla 1.5 Valores significativos del factor k

Latitud	29º	37º	39º	41º	43º	45º
k	1,6	2,246	2,475	2,747	3,078	3,487

El cálculo anterior está basado en el criterio de garantizar un mínimo de cuatro horas de Sol en el mediodía del solsticio de invierno. Sin embargo, podemos optar por definir una distancia entre filas de dos o más de captadores para minimizar el efecto del sombreado entre ellas.

Para el cálculo de la sombra (S) que proyecta un captador necesitamos conocer su inclinación (β), su longitud (L) y la altura solar máxima (α) para el día en cuestión.

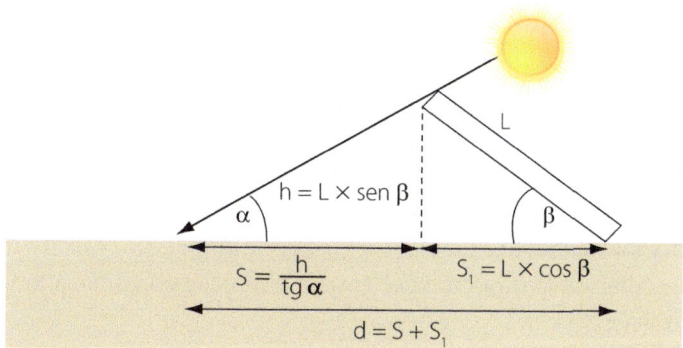

Distancia entre captadores

La sombra (S) proyectada por un captador de longitud (L) será igual a:

$$S = \frac{h}{\tan \alpha} = \frac{L \times sen\, \beta}{\tan \alpha}$$

La distancia entre captadores será d = S + S1

$$d = \frac{L \times sen\, \beta}{\tan \alpha} + L \times \cos \beta = L\left(\frac{L \times sen\, \beta}{\tan \alpha} + \cos \beta\right)$$

En el caso de filas de captadores que se instalen sobre una superficie inclinada un ángulo γ, la distancia mínima (d) será igual a:

$$d = L\left[\frac{sen(\beta - \gamma)}{\tan(\alpha + \gamma)} + \cos(\beta - \gamma)\right]$$

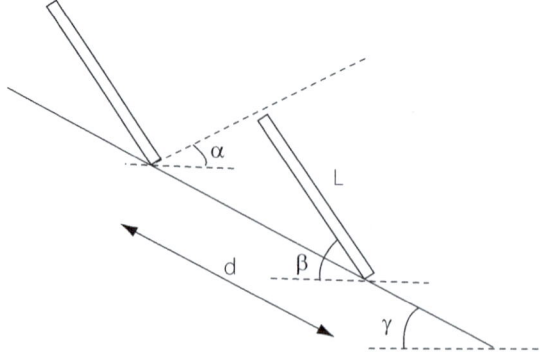

Distancia entre captadores en superficie inclinada

La altura solar máxima (α) más desfavorable corresponderá, para una instalación de uso durante todo el año, al solsticio de invierno. Recordemos que ese día la declinación solar es -23,5°, siendo la altura solar (α) al mediodía solar:

$$\alpha = 90° - \phi - 23,5°$$

Cálculo de sombreamiento externo

Para la determinación de la sombra producida por un obstáculo cercano al sistema de captación se emplea el **factor de sombra (FS)** que corresponde a un porcentaje de pérdida de radiación incidente anual. Para el cálculo se emplea un gráfico a modo de carta solar con representación la trayectoria solar para distintas épocas del año y hora solar. El procedimiento sería:

- **Obtención del perfil de objetos cercanos:** se localizan aquellos objetos cercanos que pueden proyectar sombra sobre el captador o captadores. Para cada uno de los objetos deben obtenerse las coordenadas de su posición (ángulo azimut y ángulo de inclinación) medidas desde el captador.
- **Representación del perfil de objetos cercanos:** se representa sobre el gráfico. Este se divide en secciones delimitadas por líneas correspondientes a la trayectoria solar para distintas épocas del año y de la hora solar. Cada sección está identificada con una letra y un número.
- **Selección de la tabla de referencia:** cada uno de los sectores del gráfico representan la trayectoria solar horaria durante varios días y reciben una cantidad de radiación determinada. Cuando un objeto se interpone entre el Sol y el captador, se cubren algunas porciones total o parcialmente, dando lugar a unas pérdidas de radiación solar. Para el cálculo del factor de sombra (FS) debe escogerse la tabla correspondiente en función de la inclinación del captador (β) y del azimut (γ) del mismo.

Tabla 1.5 Datos de referencia para el cálculo del factor de sombra

	$\beta=35°;\alpha=0°$				$\beta=0°;\alpha=0°$				$\beta=90°;\alpha=0°$				$\beta=35°;\alpha=30°$			
	A	B	C	D	A	B	C	D	A	B	C	D	A	B	C	D
13	0,00	0,00	0,00	0,00	0,00	0,00	0,00	0,18	0,00	0,00	0,00	0,15	0,00	0,00	0,00	0,10
11	0,00	0,01	0,12	0,44	0,00	0,01	0,18	1,05	0,00	0,01	0,02	0,15	0,00	0,00	0,03	0,06
9	0,13	0,41	0,62	1,49	0,05	0,32	0,70	2,23	0,23	0,50	0,37	0,10	0,02	0,10	0,19	0,56
7	1,00	0,95	1,27	2,76	0,52	0,77	1,32	3,56	1,66	1,06	0,93	0,78	0,54	0,55	0,78	1,80
5	1,84	1,50	1,83	3,87	1,11	1,26	1,85	4,66	2,76	1,62	1,43	1,68	1,32	1,12	1,40	3,06
3	2,70	1,88	2,21	4,67	1,75	1,60	2,20	5,44	3,83	2,00	1,77	2,36	2,24	1,60	1,92	4,14
1	3,17	2,12	2,43	5,04	2,10	1,81	2,40	5,78	4,36	2,23	1,98	2,69	2,89	1,98	2,31	4,87
2	3,17	2,12	2,33	4,99	2,11	1,80	2,30	5,73	4,40	2,23	1,91	2,66	3,16	2,15	2,40	5,20
4	2,70	1,89	2,01	4,46	1,75	1,61	2,00	5,19	3,82	2,01	1,62	2,26	2,93	2,08	2,23	5,02
6	1,79	1,51	1,65	3,63	1,09	1,26	1,65	4,37	2,68	1,62	1,30	1,58	2,14	1,82	2,00	4,46
8	0,98	0,99	1,08	2,55	0,51	0,82	1,11	3,28	1,62	1,09	0,79	0,74	1,33	1,36	1,48	3,54
10	0,11	0,42	0,52	1,33	0,05	0,33	0,57	1,98	0,19	0,49	0,32	0,10	0,18	0,71	0,88	2,26
12	0,00	0,02	0,10	0,40	0,00	0,02	0,15	0,96	0,00	0,02	0,02	0,13	0,00	0,06	0,32	1,17
14	0,00	0,00	0,00	0,02	0,00	0,00	0,00	0,17	0,00	0,00	0,00	0,13	0,00	0,00	0,00	0,22

	$\beta=90°;\alpha=30°$				$\beta=35°;\alpha=60°$				$\beta=90°;\alpha=60°$				$\beta=35°;\alpha=-30°$			
	A	B	C	D	A	B	C	D	A	B	C	D	A	B	C	D
13	0,10	0,00	0,00	0,33	0,00	0,00	0,00	0,14	0,00	0,00	0,00	0,43	0,00	0,00	0,00	0,22
11	0,06	0,01	0,15	0,51	0,00	0,00	0,08	0,16	0,00	0,01	0,27	0,78	0,00	0,03	0,37	1,26
9	0,56	0,06	0,14	0,43	0,02	0,04	0,04	0,02	0,09	0,21	0,33	0,76	0,21	0,70	1,05	2,50
7	1,80	0,04	0,07	0,31	0,02	0,13	0,31	1,02	0,21	0,18	0,27	0,70	1,34	1,28	1,73	3,79
5	3,06	0,55	0,22	0,11	0,64	0,68	0,97	2,39	0,10	0,11	0,21	0,52	2,17	1,79	2,21	4,70
3	4,14	1,16	0,87	0,67	1,55	1,24	1,59	3,70	0,45	0,03	0,05	0,25	2,90	2,05	2,43	5,20
1	4,87	1,73	1,49	1,86	2,35	1,74	2,12	4,73	1,73	0,80	0,62	0,55	3,12	2,13	2,47	5,20
2	5,20	2,15	1,88	2,79	2,85	2,05	2,38	5,40	2,91	1,56	1,42	2,26	2,88	1,96	2,19	4,77
4	5,02	2,34	2,02	3,29	2,86	2,14	2,37	5,53	3,59	2,13	1,97	3,60	2,22	1,60	1,73	3,91
6	4,46	2,28	2,05	3,36	2,24	2,00	2,27	5,25	3,35	2,43	2,37	4,45	1,27	1,11	1,25	2,84
8	3,54	1,92	1,71	2,98	1,51	1,61	1,81	4,49	2,67	2,35	2,28	4,65	0,52	0,57	0,65	1,64
10	2,26	1,19	1,19	2,12	0,23	0,94	1,20	3,18	0,47	1,64	1,82	3,95	0,02	0,10	0,15	0,50
12	1,17	0,12	0,53	1,22	0,00	0,09	0,52	1,96	0,00	0,19	0,97	2,93	0,00	0,00	0,03	0,05
14	0,22	0,00	0,00	0,24	0,00	0,00	0,00	0,55	0,00	0,00	0,00	1,00	0,00	0,00	0,00	0,08

	$\beta = 90°; \alpha = -30°$				$\beta = 35°; \alpha = -60°$				$\beta = 90°; \alpha = -60°$			
	A	B	C	D	A	B	C	D	A	B	C	D
13	0,00	0,00	0,00	0,24	0,00	0,00	0,00	0,56	0,00	0,00	0,00	1,01
11	0,00	0,05	0,60	1,28	0,00	0,04	0,60	2,09	0,00	0,08	1,10	3,08
9	0,43	1,17	1,38	2,30	0,27	0,91	1,42	3,49	0,55	1,60	2,11	4,28
7	2,42	1,82	1,98	3,15	1,51	1,51	2,10	4,76	2,66	2,19	2,61	4,89
5	3,43	2,24	2,24	3,51	2,25	1,95	2,48	5,48	3,36	2,37	2,56	4,61
3	4,12	2,29	2,18	3,38	2,80	2,08	2,56	5,68	3,49	2,06	2,10	3,67
1	4,05	2,11	1,93	2,77	2,78	2,01	2,43	5,34	2,81	1,52	1,44	2,22
2	3,45	1,71	1,41	1,81	2,32	1,70	2,00	4,59	1,69	0,78	0,58	0,53
4	2,43	1,14	0,79	0,64	1,52	1,22	1,42	3,46	0,44	0,03	0,05	0,24
6	1,24	0,54	0,20	0,11	0,62	0,67	0,85	2,20	0,10	0,13	0,19	0,48
8	0,40	0,03	0,06	0,31	0,02	0,14	0,26	0,92	0,22	0,18	0,26	0,69
10	0,01	0,06	0,12	0,39	0,02	0,04	0,03	0,02	0,08	0,21	0,28	0,68
12	0,00	0,01	0,13	0,45	0,00	0,01	0,07	0,14	0,00	0,02	0,24	0,67
14	0,00	0,00	0,00	0,27	0,00	0,00	0,00	0,12	0,00	0,00	0,00	0,36

- **Cálculo del factor de sombra (FS):** el factor de sombra (FS) se obtiene sumando las contribuciones parciales de cada una de las porciones total o parcialmente ocultas por la sombra proyectada. En las porciones totalmente ocultas se considera un factor de 1. En las porciones parcialmente ocultas se emplea el factor más próximo a los valores 0,25-0,5-0,75-1. El valor del factor de sombra (FS) será igual a la suma del producto del factor parcial por el coeficiente obtenido en la tabla correspondiente.

EJEMPLO. Debemos realizar un estudio sobre una zona de sombras, para un posterior proyecto de instalación. Se trata de unas viviendas situadas en una zona residencial en la Manga del Mar Menor (Murcia) con latitud de 37°59'. Las viviendas unifamiliares en las que hay que realizar el estudio tienen cubierta a dos aguas, el hotel que es el objeto de las sombras tiene una cubierta a un agua. La orientación de los colectores solares es $\alpha = 25°$ (oeste). La altura del edificio es de 23 m.

Vamos a comprobar las pérdidas de orientación e inclinación. Elegimos el sistema por superposición, cuyas pérdidas máximas permitidas por orientación e inclinación son un 20 %.

Caso	Orientación e inclinación	Sombras	Total
General	10 %	10 %	15 %
Superposición	20 %	15 %	30 %
Integración arquitectónica	40 %	20 %	50 %

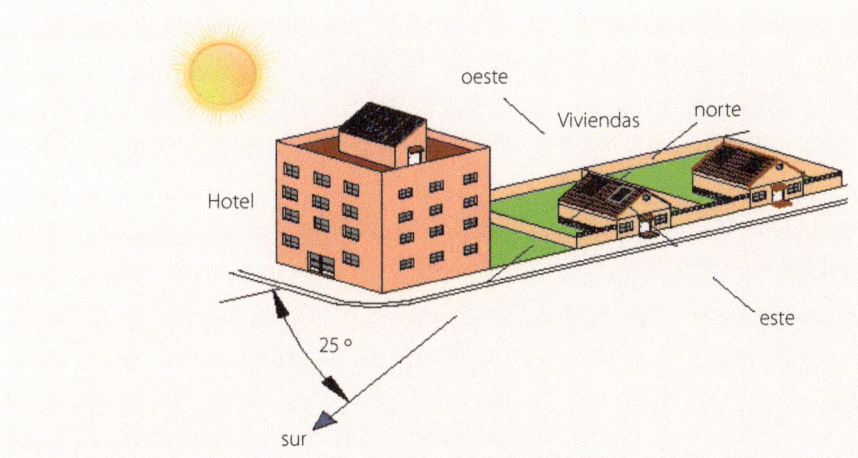

Situación del hotel y las viviendas

El ángulo de orientación siguiendo los ejes principales del edificio donde se van a instalar los módulos solares fotovoltaicos es $\alpha = 25°$ (oeste).

La inclinación será la que tiene la cubierta del hotel y las viviendas, que es de $\beta = 45°$, por supuesto, los colectores solares conservan la misma inclinación por superposición:

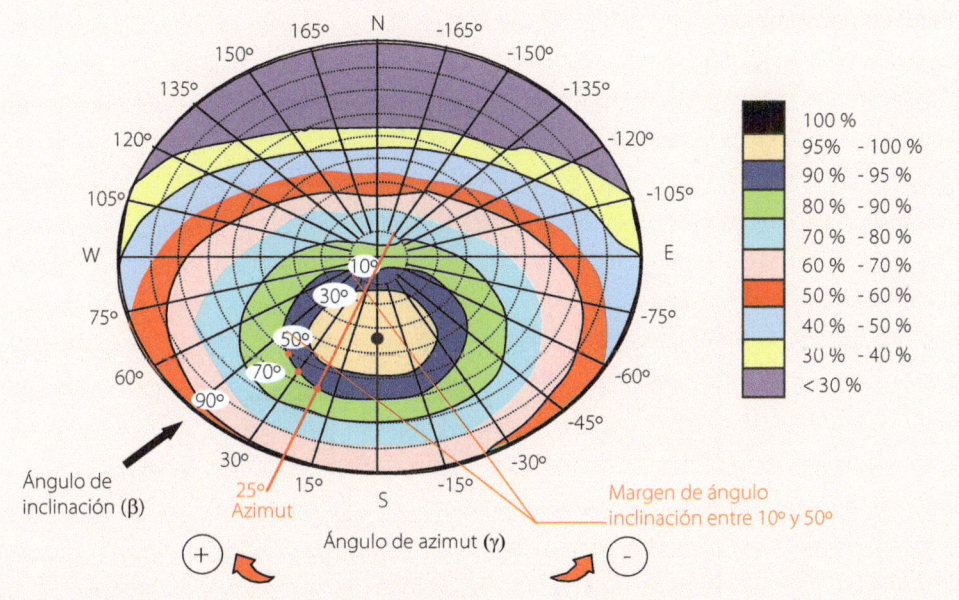

Se comprueba que para la latitud de 37°59', las pérdidas máximas por inclinación son de un 10 % (90-95 %), el límite por superposición es del 20 % para la orientación (azimut) de $\alpha = 25°$, por tanto, están dentro del margen considerado.

A continuación trasladamos este resultado para la latitud del lugar, que en este caso es Murcia ($\phi = 37°59'$). Siendo los márgenes de utilización $\beta_{máx} = 50°$ y $\beta_{mín} = 10°$, tenemos:

$\beta_{máx} = 50° - (41° - 37,59°) = 46,59°$ $\qquad\qquad$ $\beta_{mín} = 10° - (41° - 37,59°) = 6,59°$

Como los resultados de la $\beta_{máx}$ y $\beta_{mín}$ están dentro de los márgenes (50° y 10°) decimos que las pérdidas son admisibles.

También comprobaremos las pérdidas de orientación de forma analítica según el procedimiento HE-4 para pérdidas entre $15° < \beta < 90°$:

Pérdidas (%) = $100 \times (1,2 \cdot 10^{-4} \times (\beta - \beta_{OPT})^2 + 3,5 \cdot 10^{-5} \times \alpha^2)$

β_{OPT}; latitud geográfica del lugar, siendo la demanda constante y anual 37,59°

β; ángulo inclinación del módulo 45°

α; ángulo de orientación o azimut 25°

Pérdidas (%) = $100 \times (1,2 \cdot 10^{-4} \times (45 - 37,59)^2 + 3,5 \cdot 10^{-5} \times (25)^2) =$

$= 100 \times (1,2 \cdot 10^{-4} \times 7,41^2 + 3,5 \cdot 10^{-5} \times 625) = 100 \times (65,8 \cdot 10^{-4} + 218,75 \cdot 10^{-4}) =$

$= 100 \cdot 10^{-4} \times (65,8 + 218,75) = 10^{-2} \cdot 284,55 = 2,84\ \%$

Como 2,84 % es inferior al 20 % cumple en todos los casos la orientación e inclinación (10 %, 20 %, 40 %).

Pérdidas por sombras

Vamos a analizar los obstáculos desde 120° hasta -120°. Hemos dividido el caso en dos supuestos: en la suposición 1 calcularemos la primera vivienda después del hotel y en la segunda, calcularemos la segunda vivienda.

Se observa que las viviendas están ubicadas de tal forma que pueden producirse sombras en nuestra instalación de colectores solares térmicos:

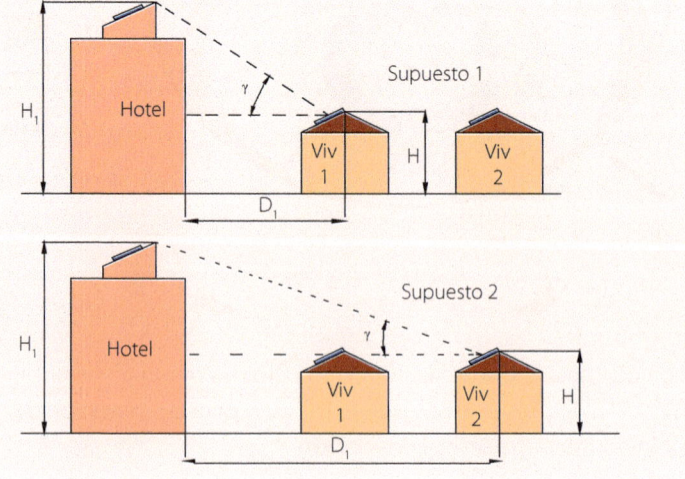

Supuesto 1

Punto 1: El ángulo de elevación (º) γ = arctan (H_1 - H/D_1) = arctan [(23 - 8)/10] = arctan 1,5 = 56,30º

Siendo: H_1 = 23 m; H = 8 m; D_1 = 10 m

Punto 2: El ángulo de elevación (º) γ = arctan (H_1 - H/D_1) = arctan [(23 - 8)/12] = arctan 1,25 = 51,34º

Siendo: H_1 = 23 m; H = 8 m; D_1 = 12 m

Supuesto 2

Punto 1: El ángulo de elevación (º) γ = arctan (H_1 - H/D_1) = arctan [(23 - 8)/20] = arctan 0,75 = 36,86º

Siendo: H_1 = 23 m; H = 8 m; D_1 = 20 m

Punto 2: El ángulo de elevación (º) γ = arctan (H_1 - H/D_1) = arctan [(23 - 8)/18] = arctan $0,8\overline{33}$ = 39,80º

Siendo: H_1 = 23 m; H = 8 m; D_1 = 18 m

Coordenadas de los puntos del supuesto 1

Punto	α (azimut)	γ (elevación)
1	15º	56,30º
2	36º	51,34º

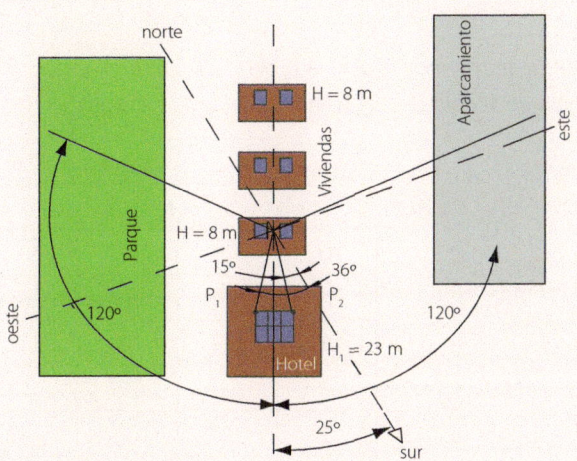

Coordenadas del supuesto 1

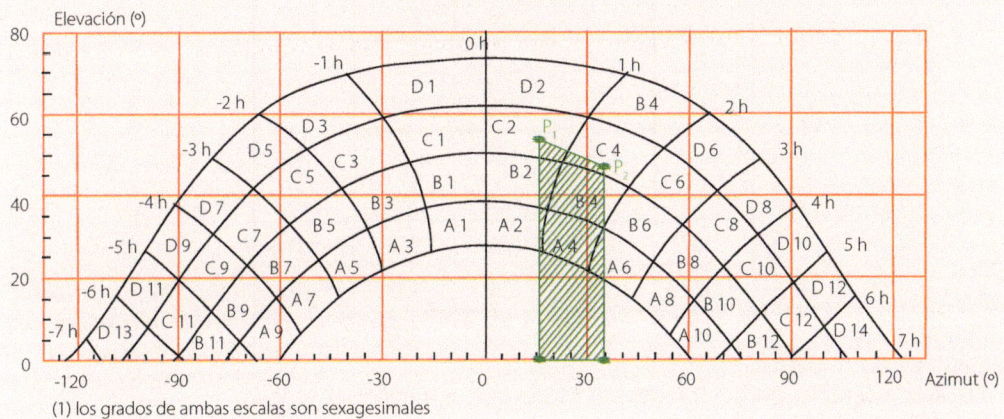

(1) los grados de ambas escalas son sexagesimales

Las bandas afectadas son: A2, A4, A6, B2, B4, C2, C4, a continuación asignamos un valor comprendido en % aproximadamente, obteniendo el resultado siguiente:

Porción	% Ocupación	Coeficiente	% Pérdidas
A2	5	3,16	0,158
A4	100	2,93	2,93
A6	7	2,14	0,149
B2	10	2,15	0,215
B4	80	2,08	1,66
C2	5	2,40	0,12
C4	5	2,23	0,111
		Total	5,33

La tabla de referencia, será la tabla para una inclinación β comprendida entre 10° y 50°, con ángulo de azimut de 25°, tomamos la tabla C.1, para $\beta = 35°$ y $\alpha = 30°$ por ser la más semejante.

	$\beta = 35°; \alpha = 30°$			
	A	B	C	D
13	0,00	0,00	0,00	0,10
11	0,00	0,00	0,03	0,06
9	0,02	0,10	0,19	0,56
7	0,54	0,55	0,78	1,80
5	1,32	1,12	1,40	3,06
3	2,24	1,60	1,92	4,14
1	2,89	1,98	2,31	4,87
2	3,16	2,15	2,40	5,20
4	2,93	2,08	2,23	5,02
6	2,14	1,82	2,00	4,46
8	1,33	1,36	1,48	3,54
10	0,18	0,71	0,88	2,26
12	0,00	0,06	0,32	1,17
14	0,00	0,00	0,00	0,22

El total de pérdidas por sombras es del 5,33 % que es menor que el 15 %.

Coordenadas de los puntos del supuesto 2

Punto	α (azimut)	γ (elevación)
1	31º	36,86º
2	20º	39,80º

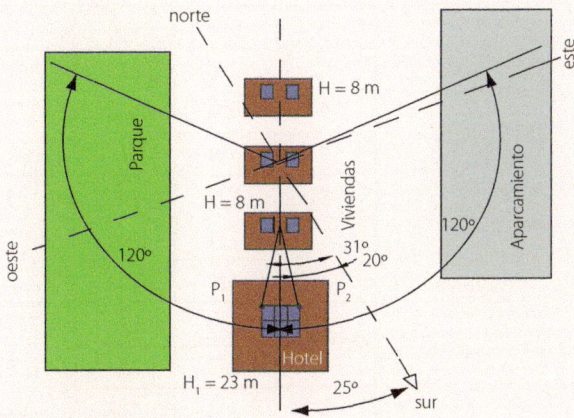

Coordenadas del supuesto 2

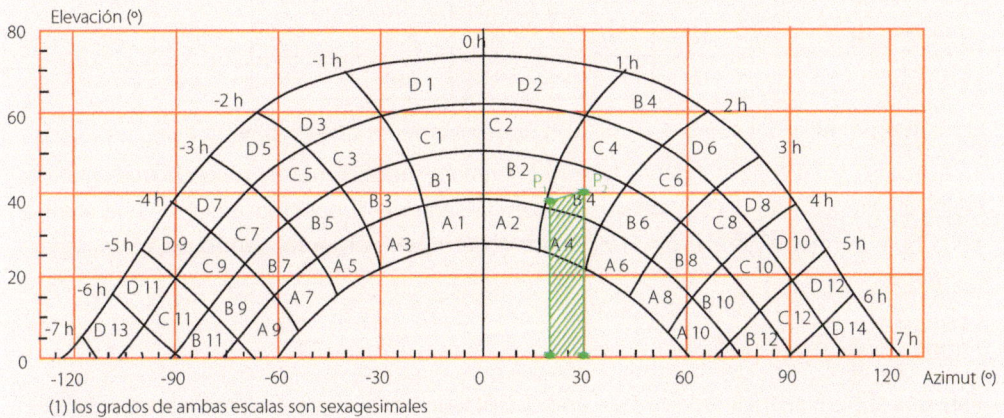

(1) los grados de ambas escalas son sexagesimales

Las bandas afectadas son: A4, B2, a continuación asignamos un valor comprendido en % aproximadamente, obteniendo el resultado siguiente:

Porción	% Ocupación	Coeficiente	% Pérdidas
A4	80	2,93	2,93
B2	5	2,15	0,215
		Total	3,14

La tabla de referencia será la tabla para una inclinación β comprendida entre 10º y 50º, con ángulo de azimut de 25º, tomamos la tabla C.1, para β = 35º y α = 30º por ser la más semejante.

	β = 35°; α = 30°			
	A	B	C	D
13	0,00	0,00	0,00	0,10
11	0,00	0,00	0,03	0,06
9	0,02	0,10	0,19	0,56
7	0,54	0,55	0,78	1,80
5	1,32	1,12	1,40	3,06
3	2,24	1,60	1,92	4,14
1	2,89	1,98	2,31	4,87
2	3,16	2,15	2,40	5,20
4	2,93	2,08	2,23	5,02
6	2,14	1,82	2,00	4,46
8	1,33	1,36	1,48	3,54
10	0,18	0,71	0,88	2,26
12	0,00	0,06	0,32	1,17
14	0,00	0,00	0,00	0,22

El total de pérdidas por sombras es de 3,14 %, que es menor que el 15 %.

En este caso práctico, observamos que en la primera suposición es la vivienda que está más cerca al hotel con un 5,33 % de sombras; en la segunda suposición tenemos una sombra del 3,14 %. Ambas viviendas están por debajo del 15 %, por tanto, dentro de los márgenes permitidos.

Hora solar pico (HSP)

Para una superficie inclinada con un ángulo (β) y un azimut (γ) se define la hora solar pico (HSP) como el número de horas de un día con una irradiancia ficticia de 1.000 W/m² que tendría la misma irradiación total que la irradiación real de ese día.

Para obtener las HSP de un día, se divide la irradiación de dicho día (Wh/m²día) por 1.000 W/m², utilizándose en general el valor medio de la irradiación diaria:

$$(HSP)_{(\gamma, \beta)} = \frac{Gd(\gamma, \beta)}{1.000 \ W/m^2}$$

Donde:

Gd (γ, β) se corresponde con la irradiación media diaria sobre una superficie inclinada un ángulo β con una orientación γ

(HSP)$_{(\gamma, \beta)}$ se corresponderá con el número de horas solares pico para una superficie con el mismo posicionado.

En la figura siguiente puede verse el concepto de HSP a partir del gráfico que muestra en ordenadas la irradiancia frente a la hora del día. El área rectangular corresponde a la integración para un valor de irradiancia 1.000 W/m². La base de ese rectángulo se corresponderá con las horas solar pico del día.

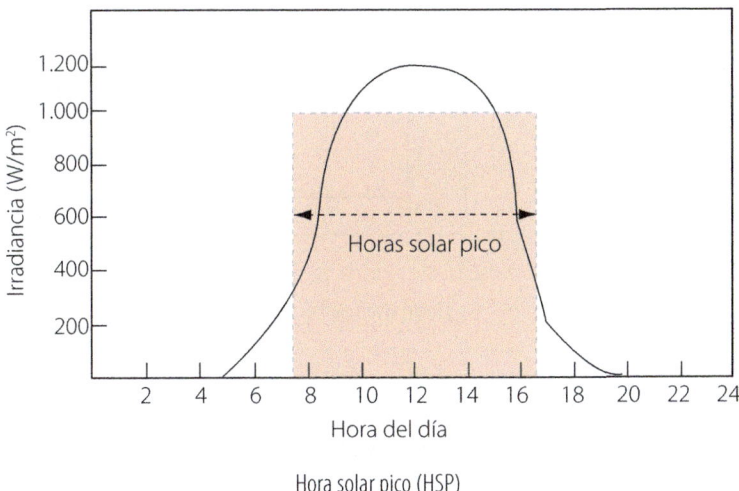

Hora solar pico (HSP)

Efecto invernadero en captadores solares

A efectos prácticos, un invernadero es un lugar cerrado por una cubierta de vidrio o plástico. La radiación solar incidente atraviesa la cubierta calentando el ambiente y los objetos del interior. Estos emiten posteriormente radiación infrarroja, que con una longitud de onda mayor no puede atravesar de nuevo la cubierta, sobrecalentando el ambiente. Este efecto de sobrecalentamiento debido a la energía radiante atrapada es conocido como efecto invernadero.

El efecto invernadero natural consiste en que la parte de radiación solar incidente a nivel de la superficie terrestre que es reflejada hacia el exterior es absorbida por los llamados gases de efecto invernadero (CO_2, gases fluorados, etc.) siendo posteriormente irradiada en todas direcciones incrementando la temperatura superficial media.

En el caso de un captador solar (particularmente en el caso de captadores térmicos), la radiación solar incidente es reflejada en una pequeña parte (en función de su espesor) atravesando el resto el mismo para incidir sobre la superficie interna (superficie absorbedora) que se calienta y al mismo tiempo emite radiación infrarroja con una longitud de onda entre los 4,5 y 7,2 μm.

El vidrio resulta opaco para estas longitudes de onda, reflejando la misma hacia el interior y provocando el aumento de temperatura (efecto invernadero).

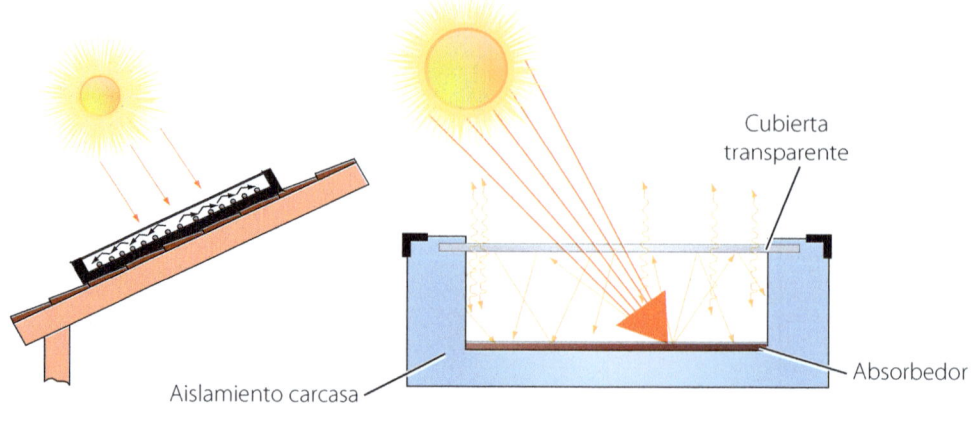

Efecto invernadero

1.3. Datos de radiación solar

Atlas solares

A la hora de dimensionar un sistema de captación solar precisaremos los datos de radiación solar recibida a nivel de suelo en el emplazamiento seleccionado para el periodo de tiempo de utilización del mismo. Para ello deberemos acudir a bases de datos confeccionadas a partir de la toma de mediciones de radiación en estaciones próximas al emplazamiento. Podemos encontrar múltiples bases de datos para determinar la radiación solar recibida en distintos puntos del planeta, sin embargo, encontraremos diferencias entre ellas para una misma ubicación debido a incertidumbres de medición, diferencias de medición o diferencias en el periodo de toma de datos.

Los datos suelen tomarse en estaciones radiométricas dotadas de aparatos de medición calibrados (piranómetros, pirgeómetros, pirheliómetros) estableciendo lecturas de irradiancia que son posteriormente tratadas e integradas a lo largo de un periodo (día, mes, año) Suelen facilitarse datos de radiación directa, difusa y global sobre superficie horizontal en forma de tablas. Estos datos pueden posteriormente tratarse y presentarse de manera gráfica sobre un mapa de la zona en formato de atlas solar que permite una visualización sencilla de los niveles de radiación.

Algunas bases de datos y atlas solares disponibles para consulta son:

- Atlas de radiación solar en España utilizando datos del SAF de Clima de EUMETSAT.
- Sistema de Información Geográfica Fotovoltaica (*Photovoltaic Geographical Information System* – PVGIS).

- Atlas solares elaborados a nivel de las CCAA, como el "Atlas de radiació solar a Catalunya" (ICAEN, 2000), Atlas de radiación solar del País Vasco (EVE, 1998) o el Atlas de radiación solar de Galicia (Xunta de Galicia, 2011).

Atlas de radiación solar de España utilizando datos del SAF de Clima de EUMETSAT

Publicado en el año 2012 por la Agencia Estatal de Meteorología (AEMET) empleando como datos de partida los obtenidos por el CM-SAF (*Climate Satellite Application Facilities*) de la agencia para la explotación de los satélites meteorológicos europeos (EUMETSAT) Estos datos se validan frente al conjunto de estaciones radiométricas de la Red Radiométrica Nacional de AEMET (59 puntos de medición) en el periodo 1983-2005.

Partiendo de la base datos se elaboran diversos mapas de irradiancia global interanual y mensual, incluyendo valores máximos y mínimos. La figura siguiente muestra el mapa para la irradiancia global media (periodo 1983-2005).

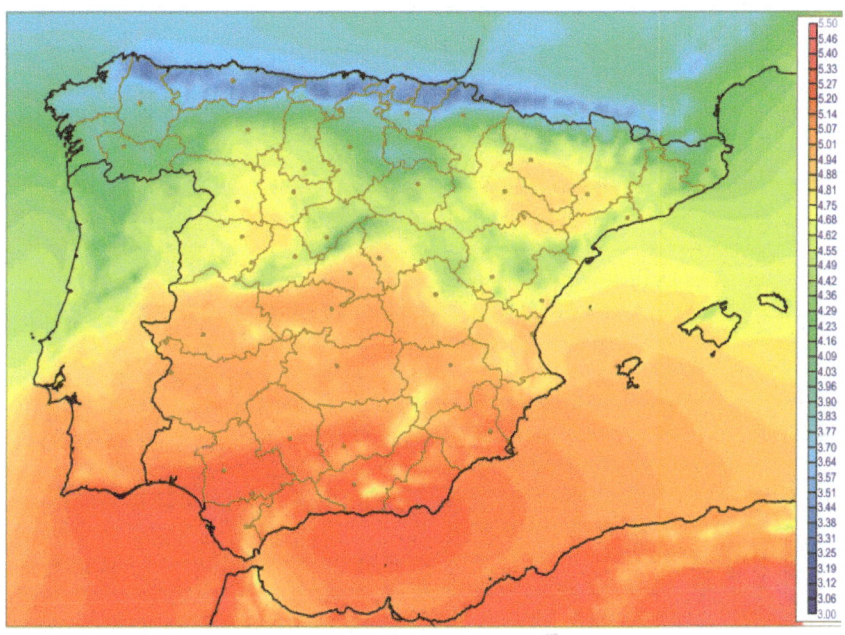

Mapa irradiancia global media (1983-2005) (kWh/m²·día)

El atlas presenta los datos tabulados por capital de provincia de irradiancia diaria global, directa y difusa en kWh/m²·día, para los distintos meses del año y el global anual. En la tabla siguiente se recoge el resumen mensual.

Tabla 1.6 Radiación solar diaria media mensual para las capitales de provincia

kWh · m⁻² · día⁻¹	Medias		Enero		Febrero		Marzo		Abril		Mayo		Junio	
	Glob.	Dir.	Glob.	Dir.	Glob.	Dir.	Glob.	Dir.	Glob.	Dir.	Glob.	Dir.	Glob.	Dir.
A Coruña	3.86	2.25	1.60	0.78	2.34	1.18	3.62	2.02	4.62	2.54	5.64	3.23	6.36	3.98
Albacete	4.98	3.39	2.49	1.54	3.39	2.22	4.72	3.14	5.97	4.10	6.65	4.31	7.65	5.41
Alicante	5.05	3.44	2.61	1.66	3.49	2.31	4.70	3.03	6.13	4.30	6.92	4.65	7.65	5.40
Almería	5.29	3.71	2.84	1.89	3.72	2.52	4.93	3.24	6.52	4.81	7.21	5.10	7.94	5.80
Ávila	4.63	3.05	2.13	1.26	3.06	1.87	4.44	2.79	5.45	3.37	6.15	3.75	7.31	5.08
Badajoz	5.02	3.54	2.43	1.54	3.34	2.20	4.80	3.16	5.84	3.92	6.80	4.60	7.84	5.81
Barcelona	4.56	2.99	2.18	1.36	3.14	2.09	4.34	2.80	5.69	3.85	6.47	4.17	7.10	4.73
Bilbao	3.54	1.98	1.56	0.81	2.23	1.18	3.43	1.89	4.30	2.34	5.17	2.87	5.55	3.20
Burgos	4.31	2.72	1.69	0.83	2.55	1.38	4.08	2.44	4.96	2.88	6.04	3.57	7.22	4.93
Cáceres	4.99	3.50	2.39	1.54	3.34	2.22	4.79	3.15	5.86	3.91	6.82	4.58	7.81	5.72
Cádiz	5.28	3.71	2.77	1.83	3.71	2.48	5.03	3.25	6.37	4.55	7.29	5.21	7.90	5.77
Castellón	4.76	3.19	2.43	1.61	3.34	2.29	4.53	2.99	5.88	4.07	6.52	4.20	7.24	4.92
Ceuta	4.91	3.21	2.57	1.56	3.31	2.01	4.41	2.62	5.97	4.10	6.74	4.55	7.64	5.31
Ciudad Real	5.03	3.46	2.36	1.42	3.39	2.22	4.85	3.23	5.92	3.98	6.70	4.36	7.81	5.64
Córdoba	5.12	3.59	2.62	1.73	3.53	2.38	4.91	3.26	5.92	4.00	6.76	4.51	7.85	5.74
Cuenca	4.73	3.14	2.24	1.40	3.18	2.06	4.49	2.91	5.40	3.42	6.26	3.80	7.44	5.13
Girona	4.36	2.79	2.14	1.34	3.04	2.00	4.27	2.76	5.29	3.42	5.99	3.64	6.56	4.09
Granada	5.20	3.63	2.77	1.86	3.64	2.48	4.92	3.27	5.98	4.15	6.88	4.67	7.90	5.72
Guadalajara	4.82	3.31	2.20	1.38	3.17	2.05	4.58	3.01	5.66	3.72	6.54	4.22	7.70	5.56
Huelva	5.22	3.70	2.69	1.78	3.63	2.43	4.97	3.21	6.12	4.22	7.01	4.86	7.92	5.87
Huesca	4.76	3.25	2.06	1.23	3.25	2.21	4.67	3.19	5.82	3.98	6.68	4.40	7.48	5.23
Jaén	5.18	3.58	2.68	1.74	3.57	2.37	4.94	3.27	6.06	4.13	6.86	4.57	7.95	5.77
Las Palmas	5.06	2.85	3.50	2.00	4.14	2.14	5.03	2.53	5.95	3.61	6.51	3.96	6.22	3.19
León	4.49	2.96	1.86	1.06	2.86	1.76	4.28	2.69	5.35	3.33	6.21	3.81	7.39	5.14
Lleida	4.79	3.29	1.98	1.15	3.25	2.21	4.73	3.26	6.03	4.29	6.81	4.54	7.60	5.37

kWh · m⁻² · día⁻¹	JULIO		AGOSTO		SEPTIEMBRE		OCTUBRE		NOVIEMBRE		DICIEMBRE	
	GLOB.	DIR.	GLOB.	DIR.	GLOB.	DIR.	GLOB.	DIR.	GLOB.	DIR.	GLOB.	DIR.
A Coruña	6.30	4.00	5.71	3.65	4.39	2.73	2.71	1.42	1.74	0.81	1.34	0.63
Albacete	7.96	5.92	6.91	4.84	5.51	3.90	3.75	2.41	2.64	1.65	2.11	1.26
Alicante	7.73	5.56	6.82	4.65	5.45	3.79	3.99	2.69	2.81	1.84	2.27	1.44
Almeria	7.89	5.74	7.02	4.91	5.71	4.11	4.15	2.81	3.02	2.02	2.46	1.59
Avila	7.72	5.77	6.66	4.75	5.17	3.60	3.37	2.08	2.29	1.33	1.81	1.01
Badajoz	8.06	6.36	7.12	5.41	5.61	4.17	3.79	2.51	2.63	1.65	1.98	1.12
Barcelona	7.33	5.25	6.12	3.90	4.78	3.09	3.33	2.05	2.31	1.43	1.91	1.20
Bilbao	5.49	3.20	4.87	2.69	4.08	2.46	2.72	1.52	1.70	0.86	1.38	0.74
Burgos	7.42	5.37	6.44	4.43	4.96	3.35	3.05	1.77	1.92	0.96	1.45	0.72
Cáceres	8.08	6.37	7.07	5.33	5.54	4.07	3.66	2.39	2.56	1.58	1.98	1.14
Cádiz	7.96	5.90	7.11	5.10	5.80	4.22	4.13	2.78	2.96	1.94	2.38	1.51
Castellón	7.48	5.31	6.38	4.14	5.03	3.36	3.63	2.36	2.55	1.67	2.08	1.35
Ceuta	7.61	5.28	6.72	4.45	5.38	3.61	3.69	2.24	2.68	1.61	2.15	1.22
Ciudad Real	8.09	6.18	7.13	5.20	5.62	4.05	3.80	2.47	2.61	1.61	2.01	1.14
Córdoba	8.12	6.23	7.19	5.28	5.70	4.17	3.88	2.56	2.79	1.80	2.23	1.39
Cuenca	7.85	5.82	6.83	4.76	5.30	3.66	3.45	2.13	2.38	1.46	1.90	1.14
Girona	7.03	4.86	5.93	3.75	4.71	3.04	3.25	1.99	2.27	1.40	1.86	1.17
Granada	8.07	5.98	7.18	5.13	5.73	4.17	4.05	2.72	2.92	1.93	2.37	1.53
Guadalajara	7.95	6.09	6.96	5.04	5.41	3.87	3.52	2.24	2.34	1.43	1.85	1.09
Huelva	8.07	6.26	7.20	5.39	5.78	4.31	4.04	2.73	2.92	1.92	2.28	1.42
Huesca	7.69	5.74	6.58	4.51	5.24	3.71	3.47	2.24	2.33	1.45	1.79	1.04
Jaén	8.12	6.11	7.18	5.15	5.69	4.07	3.95	2.57	2.82	1.81	2.29	1.41
Las Palmas	6.06	2.95	6.05	3.22	5.64	3.39	4.70	2.94	3.71	2.28	3.24	1.94
León	7.58	5.60	6.57	4.69	4.99	3.44	3.13	1.91	2.09	1.17	1.56	0.85
Lleida	7.72	5.77	6.61	4.51	5.29	3.78	3.55	2.30	2.29	1.39	1.64	0.88

kWh · m⁻² · día⁻¹	MEDIAS		ENERO		FEBRERO		MARZO		ABRIL		MAYO		JUNIO	
	GLOB.	DIR.	GLOB.	DIR.	GLOB.	DIR.	GLOB.	DIR.	GLOB.	DIR.	GLOB.	DIR.	GLOB.	DIR.
Logroño	4.22	2.66	1.77	0.93	2.66	1.51	4.07	2.48	4.98	2.99	5.85	3.51	6.80	4.51
Lugo	3.83	2.20	1.65	0.81	2.37	1.21	3.64	2.03	4.49	2.37	5.32	2.85	6.27	3.86
Madrid	4.88	3.39	2.27	1.44	3.25	2.13	4.65	3.08	5.75	3.80	6.60	4.30	7.74	5.65
Málaga	5.20	3.63	2.78	1.84	3.60	2.38	4.85	3.12	6.15	4.35	7.00	4.87	7.87	5.73
Melilla	5.09	3.45	2.86	1.91	3.70	2.52	4.82	3.15	6.32	4.57	6.76	4.54	7.29	4.99
Murcia	5.13	3.52	2.72	1.81	3.60	2.47	4.80	3.17	6.29	4.49	6.96	4.66	7.73	5.42
Ourense	4.11	2.54	1.74	0.90	2.56	1.41	3.82	2.25	4.72	2.67	5.69	3.29	6.80	4.53
Oviedo	3.57	1.95	1.77	0.98	2.43	1.29	3.60	1.97	4.46	2.40	4.99	2.60	5.34	2.92
Palencia	4.61	3.04	1.89	1.01	2.96	1.77	4.44	2.81	5.46	3.41	6.38	3.93	7.51	5.28
P. de Mallorca	4.77	3.11	2.32	1.36	3.13	1.91	4.46	2.77	5.86	3.94	6.68	4.25	7.51	5.17
Pamplona	4.04	2.44	1.62	0.79	2.49	1.38	3.80	2.22	4.58	2.56	5.66	3.26	6.62	4.20
Pontevedra	4.08	2.52	1.74	0.95	2.53	1.40	3.82	2.25	4.76	2.67	5.77	3.38	6.73	4.42
Salamanca	4.72	3.17	2.08	1.18	3.09	1.89	4.49	2.82	5.56	3.50	6.44	4.08	7.60	5.45
San Sebastian	3.55	2.01	1.53	0.78	2.22	1.19	3.49	1.97	4.39	2.48	5.18	2.90	5.62	3.26
S. C de Tenerife	5.40	3.38	3.47	2.00	4.22	2.33	5.04	2.63	6.11	3.93	6.59	4.12	7.22	4.47
Santander	3.66	2.07	1.60	0.82	2.34	1.23	3.60	2.02	4.60	2.61	5.33	2.97	5.80	3.39
Segovia	4.55	2.99	2.00	1.13	2.90	1.73	4.32	2.71	5.26	3.23	6.09	3.72	7.30	5.08
Sevilla	5.23	3.71	2.72	1.83	3.66	2.49	5.03	3.33	6.14	4.28	6.99	4.79	7.88	5.80
Soria	4.48	2.88	1.96	1.11	2.92	1.75	4.33	2.72	5.27	3.24	6.12	3.62	7.15	4.81
Tarragona	4.65	3.08	2.26	1.43	3.25	2.20	4.46	2.94	5.76	3.95	6.51	4.17	7.26	4.92
Teruel	4.73	3.13	2.31	1.41	3.27	2.12	4.56	2.96	5.63	3.67	6.39	3.97	7.27	4.98
Toledo	5.00	3.49	2.38	1.49	3.35	2.22	4.81	3.22	5.94	4.03	6.71	4.43	7.85	5.73
Valencia	4.92	3.41	2.52	1.69	3.40	2.35	4.68	3.18	6.07	4.36	6.78	4.54	7.48	5.26
Valladolid	4.66	3.10	1.92	1.04	3.01	1.81	4.47	2.82	5.53	3.50	6.48	4.10	7.55	5.36
Vitoria	3.80	2.21	1.56	0.76	2.32	1.20	3.58	2.03	4.46	2.47	5.40	3.02	6.11	3.74
Zamora	4.71	3.16	1.93	1.04	3.06	1.87	4.53	2.87	5.60	3.58	6.53	4.16	7.67	5.53
Zaragoza	4.78	3.30	2.05	1.22	3.21	2.15	4.66	3.17	5.82	3.99	6.75	4.54	7.56	5.42

kWh · m⁻² · día⁻¹	JULIO		AGOSTO		SEPTIEMBRE		OCTUBRE		NOVIEMBRE		DICIEMBRE	
	GLOB.	DIR.	GLOB.	DIR.	GLOB.	DIR.	GLOB.	DIR.	GLOB.	DIR.	GLOB.	DIR.
Logroño	7.05	5.04	6.13	4.09	4.76	3.16	3.07	1.83	1.97	1.06	1.54	0.80
Lugo	6.33	4.01	5.71	3.64	4.35	2.71	2.71	1.43	1.79	0.84	1.40	0.66
Madrid	8.04	6.25	7.00	5.13	5.47	3.97	3.56	2.28	2.43	1.51	1.87	1.10
Málaga	7.97	5.89	7.05	4.97	5.76	4.20	4.07	2.77	2.92	1.93	2.36	1.50
Melilla	7.35	4.98	6.66	4.42	5.55	3.85	4.13	2.74	3.04	2.03	2.57	1.72
Murcia	7.89	5.67	6.87	4.67	5.51	3.83	3.99	2.65	2.88	1.91	2.35	1.54
Ourense	6.96	4.90	6.18	4.26	4.66	3.10	2.87	1.61	1.84	0.89	1.44	0.68
Oviedo	5.29	2.90	4.80	2.64	4.10	2.44	2.74	1.49	1.87	0.97	1.49	0.79
Palencia	7.72	5.77	6.74	4.87	5.19	3.64	3.29	2.01	2.14	1.17	1.61	0.84
P. de Mallorca	7.58	5.39	6.63	4.45	4.98	3.16	3.60	2.16	2.50	1.48	2.05	1.23
Pamplona	6.86	4.66	5.95	3.80	4.60	2.97	2.96	1.70	1.87	0.98	1.47	0.75
Pontevedra	6.76	4.67	6.05	4.11	4.64	3.05	2.90	1.67	1.88	0.98	1.44	0.74
Salamanca	7.82	5.96	6.84	5.05	5.27	3.71	3.43	2.14	2.28	1.28	1.78	0.96
San Sebastián	5.59	3.34	4.93	2.77	4.11	2.52	2.59	1.38	1.66	0.81	1.33	0.67
S. C de Tenerife	7.60	5.12	7.02	4.66	5.90	3.93	4.79	3.13	3.70	2.32	3.17	1.90
Santander	5.71	3.38	5.04	2.87	4.18	2.55	2.69	1.45	1.69	0.82	1.36	0.67
Segovia	7.70	5.74	6.67	4.73	5.15	3.59	3.29	2.01	2.16	1.22	1.72	0.96
Sevilla	8.10	6.24	7.20	5.33	5.78	4.28	4.02	2.71	2.92	1.94	2.33	1.48
Soria	7.48	5.43	6.43	4.34	4.98	3.36	3.23	1.94	2.16	1.23	1.72	0.97
Tarragona	7.44	5.36	6.14	3.88	4.87	3.18	3.42	2.12	2.41	1.51	1.98	1.27
Teruel	7.59	5.53	6.54	4.43	5.22	3.59	3.57	2.26	2.44	1.48	1.93	1.13
Toledo	8.09	6.29	7.08	5.24	5.57	4.08	3.72	2.43	2.55	1.59	1.95	1.12
Valencia	7.68	5.60	6.62	4.49	5.28	3.70	3.78	2.55	2.67	1.79	2.13	1.40
Valladolid	7.75	5.81	6.79	4.92	5.26	3.69	3.36	2.09	2.18	1.21	1.64	0.85
V.toria	6.28	4.07	5.49	3.36	4.37	2.72	2.83	1.60	1.79	0.90	1.38	0.68
Zamora	7.80	5.91	6.85	5.05	5.24	3.68	3.39	2.11	2.21	1.22	1.67	0.86
Zaragoza	7.76	5.90	6.64	4.66	5.25	3.74	3.52	2.30	2.35	1.47	1.79	1.06

Photovoltaic Geographical Information System – PVGIS

Se trata de una herramienta gratuita desarrollada por la EU Science Hub de la Unión Europea. Proporciona datos de irradiación solar para cualquier ubicación de Europa y África, así como gran parte de Asia y América. La herramienta es ampliamente utilizada no únicamente para determinar los datos de irradiación, sino también para calcular la producción fotovoltaica. En el QR adjunto se accede a la herramienta en la versión en español.

Una vez dentro de la aplicación, vemos que la pantalla de trabajo se divide en tres secciones: tenemos el mapa a la izquierda, selección de parámetros a la derecha y visualización de datos en la zona inferior.

La selección de la localización podemos hacerla directamente sobre el mapa o bien introduciendo el dato de la dirección (por ejemplo, el nombre de la localidad y del país) o bien las coordenadas geográficas (latitud / longitud).

En la selección de parámetros podemos acceder a datos de irradiación mensuales, diarios y horarios. Lo habitual es seleccionar la opción "Datos mensuales".

La aplicación utiliza tres bases de datos de radiación solar desarrolladas a partir de satélite, pudiendo seleccionarse:

- PVGIS-SARAH2. Esta base de datos está basada en el algoritmo desarrollado por CM SAF. Se encuentra disponible en Europa, África, Asia y partes de América del Sur. Intervalo temporal: 2005-2020.
- PVGIS-NSRDB. Resultado de la colaboración con el Laboratorio Nacional de Energías Renovables, NREL (USA). Intervalo temporal: 2005-2015.
- PVGIS-ERA5. Generado por el Centro Europeo de Previsiones Meteorológicas a Medio Plazo (ECMWF). Intervalo temporal: 2005-2020.

La aplicación da por defecto la primera de ellas, que resulta válida. A continuación debemos indicar el año de inicio y el año final del intervalo temporal de los datos. Seleccionando todo el intervalo disponible, tendremos todo el histórico de datos para todos los años.

Podemos seleccionar irradiación global horizontal, irradiación directa normal, irradiación global con el ángulo óptimo e irradiación global con un ángulo determinado. Podemos también seleccionar la determinación del ratio radiación difusa/global y la temperatura media. Una vez seleccionados los datos deseados, clicamos sobre la opción "Visualizar resultados" y obtenemos en la zona inferior la representación gráfica de los datos seleccionados.

Podemos descargar los datos en formato imagen o bien imprimir un informe completo de los datos en formato pdf. En la figura adjunta se muestra un ejemplo de selección de datos en la herramienta PVGIS de la ciudad de Valencia, para el periodo 2020 con la selección de datos de irradiación global horizontal, irradiación global con el ángulo óptimo e irradiación global con un ángulo de inclinación de 30º.

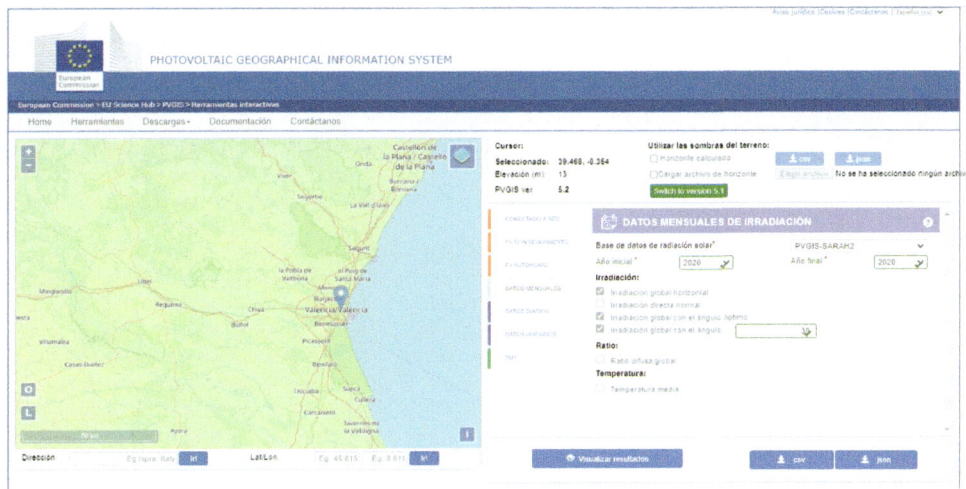

Ejemplo selección de datos en PVGIS

Los datos se visualizarían en pantalla de la manera gráfica siguiente:

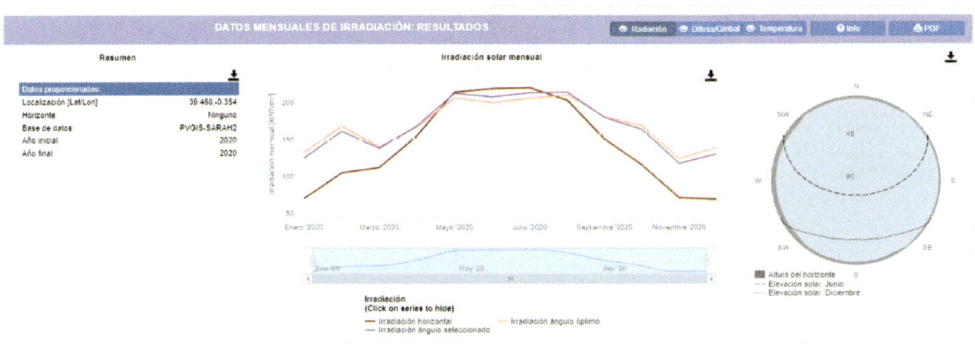

Ejemplo visualización de datos en PVGIS

Y podemos obtener un informe completo en formato pdf en el cual se incluirá adicionalmente una tabla de datos.

European Commission

Informe creado el

PVGIS-5 base de datos de irradiación geoespacial

Datos proporcionados
Latitud/Longitud:	39.468,-0.354
Horizonte:	Ninguno
Base de datos	PVGIS-SARAH2
Año inicial:	2020
Año final:	2020

Variables incluidas en este informe:
Irradiación global horizontal:	Si
Irradiación directa normal:	No
Irradiación global con el ángulo óptimo:	Si
Irradiación global con el ángulo 30°	Si
Ratio difusa/global	No
Temperatura media	No

Irradiación solar mensual

Irradiación
— Irradiación horizontal   — Irradiación ángulo óptimo   — Irradiación ángulo seleccionado

Irradiación global horizontal		Irradiación global con el ángulo óptimo		Irradiación global con el ángulo	
Mes	2020	Mes	2020	Mes	2020
Enero	74.88	Enero	137.65	Enero	129.62
Febrero	109.98	Febrero	173.12	Febrero	165.95
Marzo	117.18	Marzo	144.85	Marzo	142.97
Abril	159.8	Abril	171.54	Abril	173.08
Mayo	218.87	Mayo	211.15	Mayo	217.09
Junio	223.6	Junio	204.58	Junio	212.29
Julio	224.76	Julio	210.6	Julio	217.87
Agosto	207.77	Agosto	215.16	Agosto	218.73
Septiembre	155.63	Septiembre	185.54	Septiembre	184.34
Octubre	121.07	Octubre	174.02	Octubre	168.51
Noviembre	75.91	Noviembre	129.1	Noviembre	122.56
Diciembre	73.94	Diciembre	144.39	Diciembre	135.16

La Comisión Europea mantiene esta web para facilitar el acceso público a la información sobre sus iniciativas y las políticas de la Unión Europea en general. Nuestro propósito es mantener la información precisa y al día. Trataremos de corregir los errores que se nos señalen. No obstante, la Comisión declina toda responsabilidad en relación con la información incluida en esta web.

Aunque hacemos lo posible por reducir al mínimo los errores técnicos, algunos datos o informaciones contenidos en nuestra web pueden haberse creado o estructurado en archivos o formatos no exentos de dichos errores, y no podemos garantizar que ello no interrumpa o afecte de alguna manera al servicio. La Comisión no asume ninguna responsabilidad por los problemas que puedan surgir al utilizar este sitio o sitios externos con enlaces al mismo.

Para obtener más información, por favor visite https://ec.europa.eu/info/legal-notice_es

PVGIS ©Unión Europea, 2001-2023.
Reproduction is authorised, provided the source is acknowledged, save where otherwise stated.

Informe creado el 2023/01/22

Joint Research Centre

Ejemplo informe de datos en PVGIS

2

Componentes que conforman las instalaciones solares fotovoltaicas

2.1. Generador fotovoltaico

Efecto fotoeléctrico y efecto fotovoltaico

Diversos científicos a lo largo del siglo XIX observaron fenómenos que relacionaban luz y electricidad. El físico francés Edmond Becquerel dedicó su carrera al estudio de la espectroscopia de la luz, la fosforescencia y la luminiscencia, así como a las reacciones químicas producidas en los semiconductores cuando eran expuestos a la luz. En 1839 descubrió experimentalmente el fenómeno de aparición de tensión en bornes de un semiconductor expuesto a la luz (de hecho, la primera célula fotovoltaica) y años más tarde, empleando métodos fotográficos, obtuvo el primer espectro solar. Edmond Becquerel obtuvo el Premio Noble de Física en 1903 junto al matrimonio Curie por el descubrimiento de la radioactividad.

Avanzado el siglo, en 1864, el físico escocés James Clerk Maxwell unificó matemáticamente las teorías eléctrica y magnética (hasta entonces fenómenos distintos) sentando la base del electromagnetismo mediante una serie de ecuaciones que describían la interacción entre campos eléctricos y magnéticos. Demostró que ambos viajaban a través del espacio en forma de ondas que se desplazaban a la velocidad de la luz.

Veinte años más tarde, las teorías de Maxwell fueron demostradas experimentalmente por Heinrich Hertz mediante ensayos con un emisor y un receptor de ondas; estos experimentos le sirvieron también para establecer la velocidad de propagación de la luz en unos 300.000 km/s tal y como la teoría había predicho.

En uno de sus experimentos, Hertz descubrió que una descarga eléctrica entre dos electrodos ocurría más fácilmente cuando sobre uno de ellos incidía luz ultravioleta que cuando se dejaba en la oscuridad, en lo que era una interacción entre radiación y electricidad. En aquella época se desconocía la existencia del electrón y Hertz fue incapaz de explicar teóricamente aquel fenómeno.

En 1899, tres años después de descubrir el electrón a partir del estudio de los rayos catódicos, el físico inglés Joseph John Thomson sugirió que las partículas emitidas en los experimentos de Hertz como consecuencia de la radiación ultravioleta eran en realidad electrones. La comunidad científica aceptó sus conclusiones y bautizó estas partículas emitidas con el nombre de fotoelectrones.

En 1902, el ayudante de Hertz, Philipp Lenard, profundizó en los experimentos demostrando que cuando la radiación ultravioleta incidía en el vacío sobre ciertos metales era capaz de arrancar electrones de estos (fotoelectrones). El fenómeno se conoció como **efecto fotoeléctrico**, y se vio que la energía transmitida a los fotoelectrones aumentaba con la frecuencia de la radiación incidente (a mayor frecuencia de radiación, mayor intensidad de corriente generada) existiendo una frecuencia umbral incidente por debajo de la cual no se observaba emisión de fotoelectrones. El fenómeno era conocido desde un punto de vista experimental, pero no resultaba posible encontrar una explicación basada en la teoría electromagnética establecida por Maxwell, que consideraba la radiación incidente como una onda.

 En 1905, un joven y entonces desconocido físico alemán, empleado de la Oficina de Patentes de Berna, proporcionó la explicación teórica al efecto fotoeléctrico. Se trataba de **Albert Einstein** que en su artículo "Sobre un punto de vista heurístico concerniente a la producción y transformación de la luz" ofreció una nueva interpretación de la interacción entre radiación y materia, eliminando los obstáculos de la teoría física clásica.

Einstein supuso que la energía de la luz no estaba distribuida de manera continua, como en una onda luminosa, sino de manera discreta, en cuantos de energía. Para determinar el valor energético de estos cuantos, Einstein recurrió a las teorías de emisión de un cuerpo negro establecidas por el físico Max Plank unos años antes, y determinó que sería igual a:

$E = h \times \lambda$

Donde:
E es la energía de la radiación incidente
h es la constante de Plank
λ es la frecuencia de la radiación incidente

Con ello establecía que la energía con que los electrones son arrancados del material aumentaba linealmente con la frecuencia de la radiación incidente. Determinó que la energía de salida del electrón (fotoelectrón) era igual a la energía de la radiación incidente menos la energía que lo mantenía unido al material. Dependiendo por tanto de este nivel de atracción, existiría un valor umbral de energía incidente (asociado a una frecuencia) por debajo del cual no era posible arrancar el electrón.

En resumen, el efecto fotoeléctrico es el fenómeno mediante el cual arrancamos electrones al incidir luz, con una frecuencia superior a la del umbral requerido, sobre un metal. Esta luz está formada por paquetes energéticos, llamados cuantos, que son discretamente tomados por los electrones del material para dar el salto. Al aumentar la intensidad de la luz solo se produce un aumento del número de cuantos, lo que provoca que salten más, pero siempre con la misma energía. Tras el descubrimiento de Einstein, la comunidad científica adoptó la denominación de **fotones** para los cuantos de energía.

Para plantear el efecto fotoeléctrico cualitativamente no es necesaria una formulación matemática compleja, podemos expresar lo que ocurre en él usando la expresión simple:

Energía de un fotón absorbido = Energía necesaria para liberar un electrón + energía cinética del electrón emitido

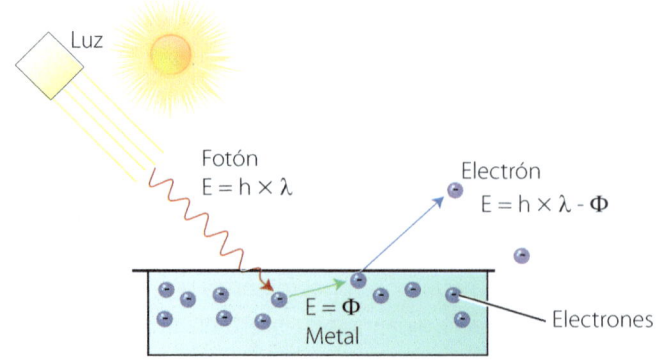

Efecto fotoeléctrico

Un fenómeno derivado del efecto fotoeléctrico es el **efecto fotovoltaico**. Así como en el primero se produce el arranque de electrones de un material como consecuencia de la aplicación de una radiación incidente, en el segundo, los electrones arrancados son conducidos para generar una diferencia de potencial (y por tanto una corriente eléctrica) El efecto fotovoltaico incluye en sí el efecto fotoeléctrico. Puede producirse efecto fotoeléctrico sin efecto fotovoltaico, pero no podemos tener efecto fotovoltaico si previamente no se ha producido efecto fotoeléctrico.

En la imagen adjunta vemos gráficamente la representación del efecto fotovoltaico, entendiendo como tal la generación de una corriente eléctrica como consecuencia de la aplicación de una radiación electromagnética como la luz.

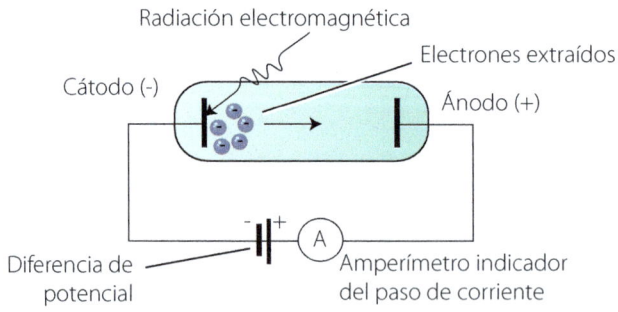

Efecto fotovoltaico

Corriente eléctrica y conductividad

Un átomo está constituido por tres tipos de partículas: **protón** (con carga positiva), **neutrón** (sin carga) y **electrón** (con carga negativa). Protones y neutrones forman un núcleo central cuyo radio es unas 100.000 veces inferior al radio del átomo.

En la corteza del átomo se mueven los electrones; los situados más externamente definen el volumen total del átomo. Tenemos así, desde un punto de vista eléctrico, un núcleo positivo y una corteza negativa. Ambas cargas son iguales, siendo el átomo neutro. Desde un punto de vista másico, en el núcleo reside prácticamente la totalidad de la masa del átomo.

Un átomo de un elemento se distingue de otro en el número de partículas subatómicas. Su denominado **número atómico** identifica el número de protones, que es igual a su número de electrones. El cobre tiene un número atómico 29, indicando que consta de 29 protones y 29 electrones alrededor del núcleo. El número de neutrones puede variar entre los llamados isótopos del elemento.

Los electrones se disponen alrededor del núcleo en diferentes niveles de energía (llamados nivel 1, 2…). Estos niveles de energía están cuantizados, es decir, las energías posibles son solo unas determinadas, no siendo posible otras intermedias. La energía del nivel 2 es mayor que la del nivel 1 y así sucesivamente. En cada uno de esos niveles de energía, el electrón se mueve en una determinada zona llamada **orbital**. Un orbital es una zona alrededor del núcleo en la que habrá mayor probabilidad de encontrar un electrón. Están definidos cuatro tipos de orbitales electrónicos con diferente forma geométrica. Cada nivel de energía tiene asociado un número y tipo determinado de orbitales en los cuales se mueven los electrones.

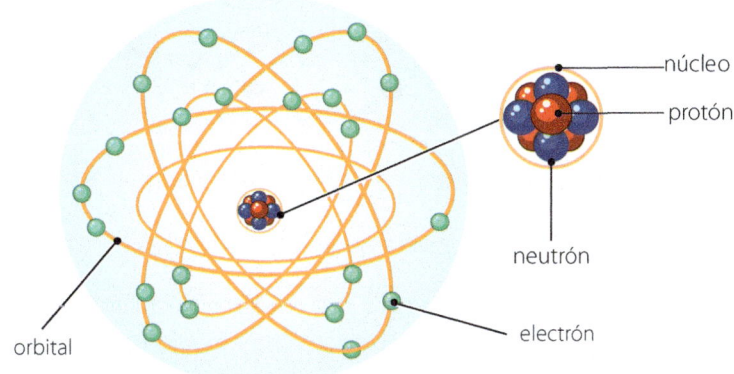

Estructura del átomo

Los electrones dispuestos en los diferentes orbitales están ligados al núcleo debido a la fuerza de atracción por su diferente carga. Los electrones situados en capas más próximas al núcleo estarán más fuertemente atraídos que los situados en capas más externas. Estos electrones de orbitales más externos pueden ser atraídos por otros átomos. La cesión o compartición de electrones entre diferentes átomos constituye el proceso de **enlace químico** y formación de moléculas de compuestos. El enlace formado por la cesión de electrones se denomina **enlace iónico** y el formado por la compartición de electrones se denomina **enlace covalente**.

Recordemos que la corriente eléctrica es un fenómeno físico originado por el desplazamiento de una carga (ion o electrón) Si nos centramos en la corriente eléctrica a través de un conductor eléctrico, podemos afirmar que esta es causada por el movimiento de electrones desde un átomo a otro del material. La **intensidad de corriente eléctrica (I)** sería la medida de la cantidad de electrones que se mueven por unidad de tiempo, determinada habitualmente en Amperios (A).

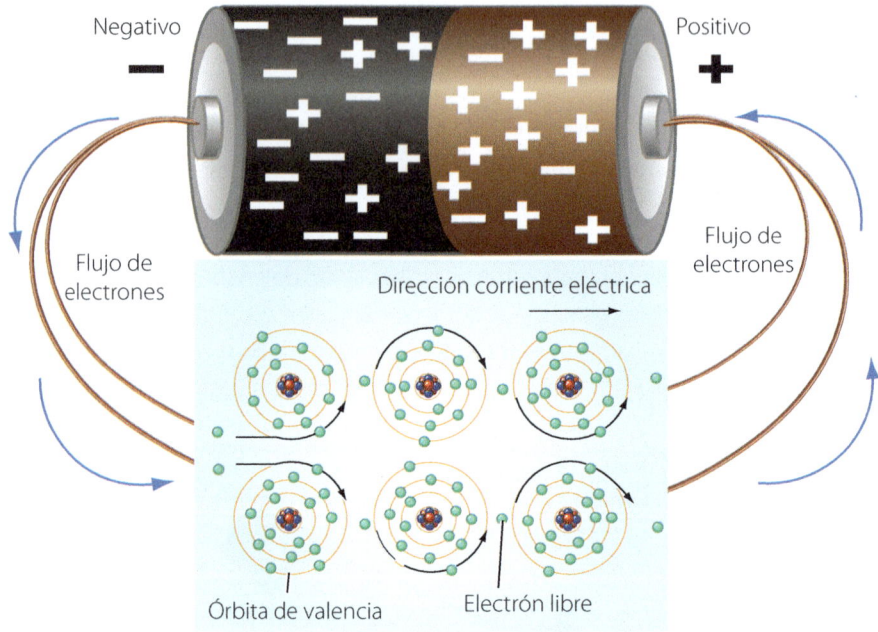

Corriente eléctrica

Un **circuito eléctrico** será aquel por el que circula la corriente eléctrica y estará constituido en su forma más simple por un conductor eléctrico (el medio por el que circulan los electrones) y un generador de corriente, formando todo el conjunto un circuito cerrado. Para establecer la corriente eléctrica a través del conductor (que en principio tiene una carga eléctrica neutra, ya que tiene el mismo número de protones que de neutrones), necesitamos iniciar el proceso atrayendo electrones mediante la generación de un borne positivo. Esto se efectúa en el borne positivo del generador de corriente, el cual tiene un déficit de electrones (está cargado positivamente). Los electrones de los átomos del conductor próximos al borne positivo del generador son atraídos y se desplazan a este dejando un hueco en su orbital (este átomo queda cargado positivamente) Este hueco es llenado con un nuevo electrón procedente del átomo vecino y así sucesivamente. Se establece así la corriente eléctrica. El generador, con un borne positivo y otro negativo, establece la diferencia de potencial o voltaje en el circuito. El sentido de corriente en el circuito se establece de manera real desde el borne negativo del generador hacia el borne positivo (aunque el sentido convencional empleado es el contrario).

La **conductividad eléctrica** (σ) es la capacidad de un material para dejar pasar la corriente eléctrica a través suyo. La conductividad depende de la estructura atómica de un material (o molecular en el caso de compuestos), ya que está asociada a la movilidad de sus electrones.

La conductividad eléctrica en metales se explica mediante la **teoría de bandas**. En un metal, sus átomos están organizados en una estructura cristalina en la cual los electrones están compartidos entre átomos vecinos, de un modo similar a como ocurre en un enlace covalente. Los orbitales con átomos compartidos se comportan como franjas denominadas **bandas de energía**, con valores energéticos similares.

A las bandas ocupadas por electrones compartidos se las denomina **bandas de valencia**. Son las bandas ocupadas normalmente por los electrones en los enlaces entre átomos vecinos. A las bandas superiores de energía, que están vacías en condiciones normales, se las denomina **bandas de conducción**.

Las bandas de valencia y de conducción pueden estar próximas, separadas o incluso solaparse. Cuando electrón ocupa la banda de conducción, puede moverse libremente y generar una corriente eléctrica.

Materiales en los cuales, debido a su estructura electrónica, los electrones puedan desplazarse fácilmente a la banda de conducción, serán mejores conductores de la electricidad que aquellos cuyas bandas de valencia y conducción estén separadas y dificulten el salto de un electrón de una banda a la otra. Los metales cumplen con este primer requisito, teniendo ambas bandas solapadas. La conductividad también depende de la temperatura; en los metales, la conductividad eléctrica disminuye con la temperatura.

La conductividad eléctrica se mide en Siemens/m (S/m). La inversa de la conductividad es la **resistividad** (ρ).

El concepto de conductividad eléctrica nos permite establecer la siguiente clasificación de materiales:

- **Conductor eléctrico:** material que ofrece muy poca resistencia al paso de corriente eléctrica. Se caracterizan por tener pocos electrones en su capa más externa, estando sus bandas de valencia y conducción solapadas. La mayoría de los conductores eléctricos son metales, como el cobre, el oro, el hierro, la plata y el aluminio, y sus aleaciones, aunque también pueden ser conductores de electricidad materiales no metálicos como el grafito o el agua de mar. El mayor conductor conocido es el grafeno, constituido por átomos de carbono puro organizados en un patrón regular hexagonal.

- **Aislante eléctrico:** material cuyos electrones no puede moverse, dando lugar a una escasa corriente eléctrica en presencia de una diferencia de potencial. En los materiales aislantes la banda de valencia y de conducción están muy separadas y esto significa que un electrón necesita mucha energía para ser liberado y convertirse en electrón libre necesario para la conducción. La característica principal que los identifica es su alta resistividad. Debe indicarse que el aislamiento nunca será total y que cualquier material aislante dejará pasar un mínimo de corriente eléctrica a través suyo. Son materiales aislantes el plástico, la madera, la cerámica o el vidrio, entre otros.

Tabla 2.1 Conductividad eléctrica en conductores y aislantes

Metal	Conductividad eléctrica $S \cdot m^{-1}$
Plata	$6,30 \cdot 10^7$
Cobre	$5,96 \cdot 10^7$
Cobre recocido	$5,80 \cdot 10^7$
Oro	$4,55 \cdot 10^7$
Aluminio	$3,78 \cdot 10^7$
Wolframio	$1,82 \cdot 10^7$
Hierro	$1,53 \cdot 10^7$

Aislantes	Conductividad eléctrica $S \cdot m^{-1}$
Vidrio	10^{-10} a 10^{-14}
Lucita	$< 10^{-13}$
Mica	10^{-11} a 10^{-15}
Teflón	$< 10^{-13}$
Cuarzo	$1,33 \cdot 10^{-18}$
Parafina	$3,37 \cdot 10^{-17}$

Líquidos	Conductividad eléctrica $S \cdot m^{-1}$
Agua de mar	5
Agua potable	0,0005 a 0,05
Agua desionizada	$5,5 \cdot 10^{-6}$

Semiconductores

A medio camino entre un material conductor y un material aislante se sitúan los **semiconductores (SC)**. Un semiconductor es un material que puede actuar tanto como un conductor permitiendo el paso de corriente, o como un aislante impidiéndola en función de factores externos como la temperatura ambiente, la presión, el campo eléctrico o magnético al que puedan estar sometidos, la radiación o variaciones en su estructura atómica.

Aplicando la teoría de bandas, un material semiconductor tiene sus bandas de valencia y de conducción separadas, pero la distancia es estrecha, pudiendo ser liberado un electrón de manera fácil para contribuir a la conducción eléctrica. La medida de esta distancia va asociada realmente a un valor de energía: el valor de energía mínimo necesario para hacer saltar el electrón a la banda de conducción (E_g). Para esta medida se emplea como unidad el **electronvoltio (eV)**, unidad que representa la variación de energía que experimenta un electrón al moverse desde un punto a otro con diferentes potenciales. Como hemos indicado, en un material conductor las bandas de valencia y conducción están solapadas (no es necesario aportar energía para hacer saltar el electrón). En los materiales aislantes, las bandas están separadas, requiriéndose unos 10 eV para provocar el desplazamiento del electrón. En los semiconductores ambas bandas están separadas, pero la brecha energética es muy pequeña (en torno a 1 eV)

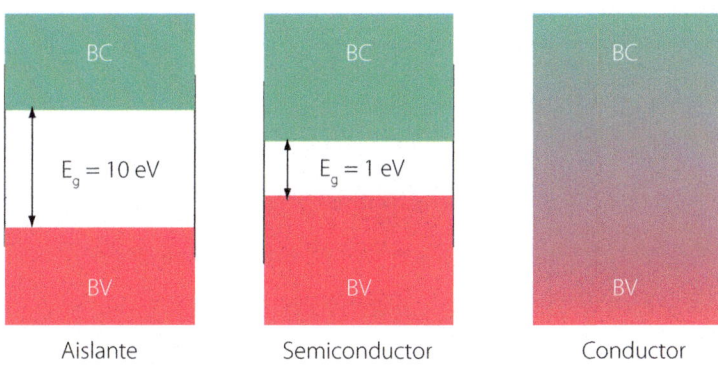

Teoría de bandas: aislante, semiconductor, conductor

Los semiconductores más comunes se indican en la tabla adjunta. El elemento semiconductor más usado es el silicio, seguido del germanio. Ambos tienen una estructura electrónica similar, ya que tienen cuatro electrones en su última capa o nivel y pueden compartir cuatro más para alcanzar ocho electrones, que es el número máximo y el más estable a que pueden optar. El silicio es el segundo elemento más abundante en la corteza terrestre después del oxígeno, motivo por el cual es el semiconductor más empleado. Se encuentra en forma de óxido en arena, cuarzo o amatista, entre otros, y en forma de silicatos en el granito, feldespato, arcilla y mica.

Tabla 2.2 Semiconductores

Líquidos	Conductividad eléctrica $S \cdot m^{-1}$
Carbono	$2,80 \cdot 10^4$
Germanio	$2,20 \cdot 10^{-2}$
Silicio	$1,60 \cdot 10^{-5}$

El silicio o el germanio puros forman una estructura cristalina en la cual sus átomos están unidos por enlaces tipo covalente. Esto quiere decir que comparten los electrones de su última capa con los átomos vecinos para alcanzar el número máximo y más estable permitido por el orbital. En la figura adjunta vemos la estructura cristalina del silicio en la cual cada uno de los cuatro electrones de valencia está compartido en un enlace con el átomo vecino. De este modo, cada átomo cuenta con ocho electrones en su capa más externa. Esta estructura cristalina es muy estable y los electrones, que se encuentran en banda de valencia ligados a una red muy fuerte, no se desplazan en circunstancias normales a la banda de conducción: el silicio semiconductor actúa como aislante.

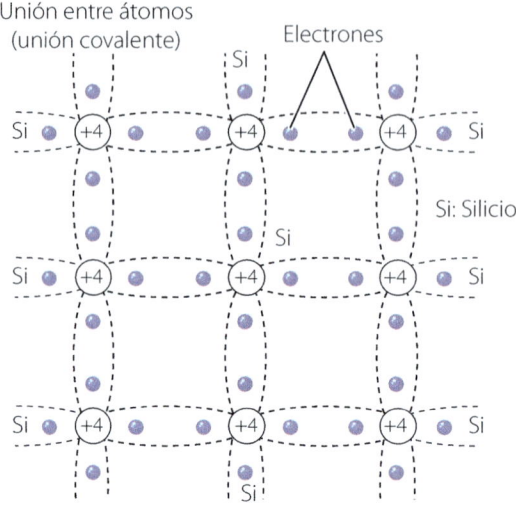

Estructura cristalina del silicio (como aislante)

Cuando se modifican las condiciones exteriores, como por ejemplo aumentando la temperatura, los electrones compartidos ganan energía y comienzan a moverse, pudiendo, a partir de un nivel de energía aportada, separarse del enlace y pasar a la banda de conducción. El electrón dejará un hueco que puede ser ocupado por otro electrón vecino que a su vez dejará un hueco. Esta formación sucesiva de pares electrón-hueco se traduce en un flujo de electrones o corriente eléctrica. Es decir, con un aumento de temperatura hemos convertido al semiconductor en un elemento conductor eléctrico haciendo pasar sus electrones de la capa de valencia a la capa de conducción.

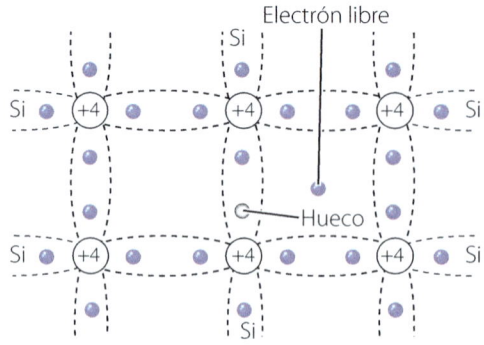

Estructura cristalina del silicio (como conductor)

El aumento de conductividad basado en el incremento de temperatura se produce en semiconductores puros (se considera un átomo de impureza por cada 10^{11} átomos de semiconductor). Este tipo de semiconductores (silicio o germanio puros) se conocen como **semiconductores intrínsecos** y tienen su campo de aplicación como elementos sensibles a la temperatura, como termorresistencias tipo PTC o NTC.

Un **semiconductor extrínseco** es el resultado de introducir átomos de otros elementos en su estructura a fin de que el semiconductor original pierda su pureza y gane conductividad. Este proceso se conoce como **dopado** y da lugar a dos tipos de semiconductores:

- Semiconductor tipo P

    Para su obtención se utilizan como dopantes elementos trivalentes, es decir, con tres electrones de valencia. Los más habituales son el boro (B), el indio (In) y el galio (Ga). La adición de tres electrones no permite formar los cuatro enlaces covalentes del semiconductor intrínseco, por lo que la red presenta una serie de huecos que permiten más fácilmente el movimiento de electrones y por tanto la conducción eléctrica. Se denomina tipo P por la carga positiva que se produce.

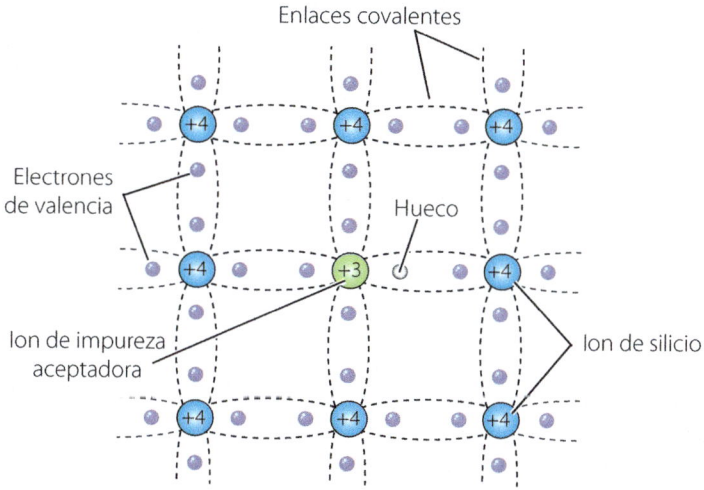

Estructura de un semiconductor tipo P

- Semiconductor tipo N

    Para su obtención se emplean elementos con cinco electrones de valencia como dopantes. El fósforo (P), el arsénico (As) y el antimonio (Sb) son los más frecuentes. En este caso, al aportarse un exceso de electrones, algunos de ellos quedan libres, moviéndose fácilmente por la red, aumentando así la conductividad. Se denomina tipo N por la carga negativa producida del electrón.

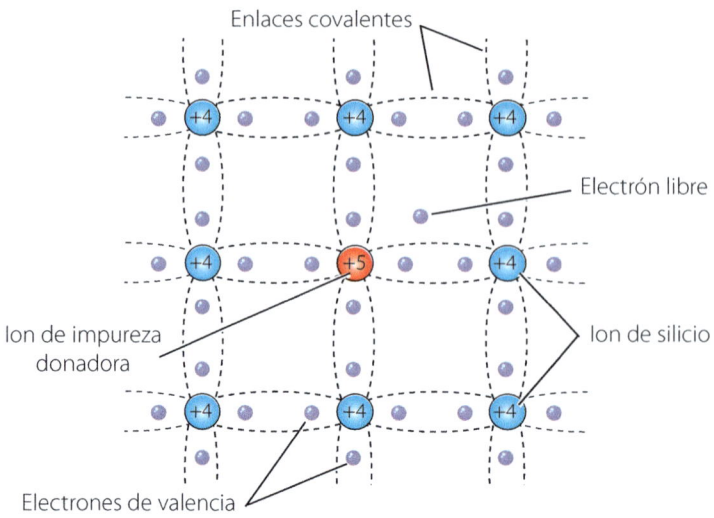

Enlaces covalentes

Electrón libre

Ion de impureza donadora

Ion de silicio

Electrones de valencia

Estructura de un semiconductor tipo N

Los semiconductores extrínsecos tipo P y N no tienen aplicación práctica por separado, pero sí en la unión física de ambos. La llamada **unión PN** es la base de la electrónica actual, formando parte de diodos, transistores o triodos.

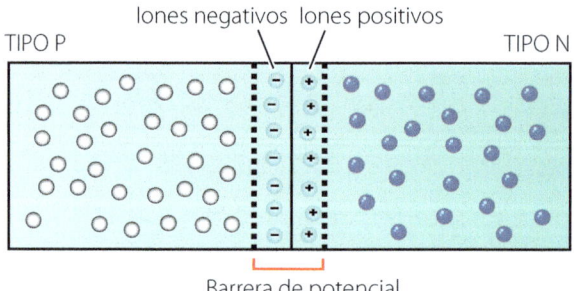

Iones negativos Iones positivos

TIPO P

TIPO N

Barrera de potencial

Unión PN en equilibrio

En condiciones de temperatura ambiente y sin la acción de una diferencia de potencial entre ambos semiconductores, los electrones libres del semiconductor N cercanos a la zona de unión pasan a la zona P ocupando los huecos libres. Este proceso se conoce como **difusión**. Por cada electrón que pasa de la zona N a la zona P se forma un ion positivo en N y un ion negativo en P generando una corriente denominada de **recombinación**. La formación de iones positivos y negativos a ambos lados de la unión genera una zona denominada **zona de carga espacial**, **barrera interna de potencial**, **zona de agotamiento** o **empobrecimiento** o **zona de deplexión**.

Las cargas positivas y negativas (huecos y electrones) que han quedado separadas debido a la formación de esta zona ionizada son conocidas como **cargas descubiertas** y generan una pequeña diferencia de potencial que será de unos 0,7 V para el silicio y de unos 0,3 V para el germanio.

Si conectamos el polo positivo de una batería al semiconductor tipo P y el polo negativo al semiconductor tipo N se dice que estamos polarizando la unión PN de forma directa (**polarización directa**).

Debido a la diferencia de potencial aplicada, todos los electrones libres de la zona N tienen energía suficiente para moverse hasta el terminal positivo de la batería. Esto se logra cuando la batería conectada supera el voltaje correspondiente a la barrera de potencial (0,7 V para el silicio). En ese momento ya hay corriente eléctrica establecida en el circuito.

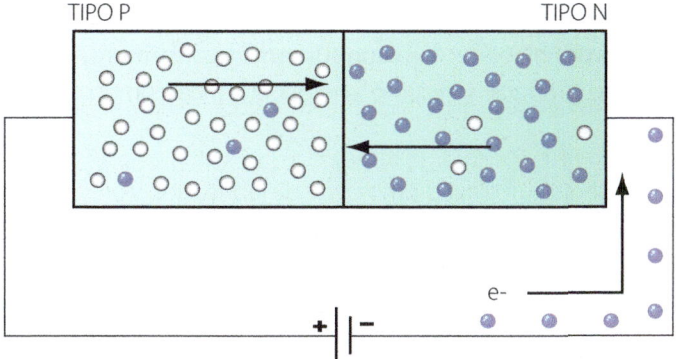

Unión PN con polarización directa

Cuando se conecta el terminal negativo de la batería con el semiconductor tipo P y el positivo con el semiconductor tipo N se dice que estamos polarizando de forma inversa (**polarización inversa**).

En esta configuración la zona de carga espacial aumenta y la corriente debería ser cero. No obstante, se genera una pequeña corriente por efecto de la temperatura denominada **corriente inversa de saturación**.

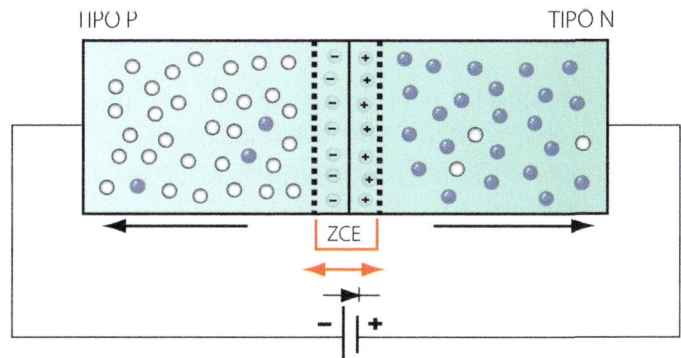

Unión PN con polarización inversa

La célula fotovoltaica. Principio de funcionamiento

En síntesis, una célula o celda fotovoltaica es un dispositivo electrónico que convierte la energía de la radiación lumínica (fotones) en energía eléctrica (electrones) como consecuencia de la aplicación del efecto fotovoltaico. Dado que mayoritariamente se destinarán a convertir la radiación solar, se conocen también como células solares.

La primera célula fotovoltaica práctica capaz de convertir radiación solar en electricidad fue desarrollada por tres científicos de los laboratorios Bell. El primero de ellos, Gerald Pearson, fabricó de manera accidental una célula fotovoltaica basada en silicio mientras experimentaba con la electrónica de ese material como mejora respecto al selenio empleado en los primeros experimentos fotovoltaicos. A continuación, Daryl Chapin y Calvin Fuller, también de Bell, perfeccionaron el invento y construyeron células fotovoltaicas de silicio capaces de producir suficiente energía eléctrica como para ser utilizadas de manera práctica.

Las primeras células tenían un elevadísimo coste de fabricación y un reducido rendimiento (en torno al 6 %) por lo que no se encontró una aplicación práctica para esta tecnología hasta que la carrera espacial de EE. UU. y la Unión Soviética impulsó su utilización como una alternativa fiable y duradera para el suministro de energía en satélites frente a otros sistemas, como baterías o similares.

Su uso doméstico aparece en 1970 aplicado en calculadoras y algunos pequeños sistemas fotovoltaicos empleados en granjas y áreas rurales. En esta década, la crisis del petróleo promueve la investigación en esta tecnología, reduciéndose los costes y aumentando el rendimiento de los paneles.

En 1982 se construye en California el primer parque solar con una producción de 1.000 kW al que siguen otros de mayor capacidad en los años siguientes.

En los años 90 se investiga con nuevos materiales, alcanzándose rendimientos algo superiores al 30 % en algunos tipos.

La llegada del siglo XXI supone la popularización de la tecnología solar fotovoltaica y su aplicación definitiva en el sector doméstico, favorecida por el alto coste de las energías no renovables, la reducción de costes y las políticas de reducción de emisiones.

Una célula fotovoltaica básica se constituye a partir de una capa de semiconductor tipo P unido a una capa de semiconductor tipo N a través de una unión PN. Sobre la capa N situamos una rejilla conductora metálica y sobre la cara P opuesta una capa metálica conductora con el fin de que actúen como electrodos colectores de las cargas eléctricas generadas.

La capa de semiconductor dopado tipo N cuenta con un número de electrones libres mayor (carga negativa) a diferencia de la capa de semiconductor dopado tipo P, que presenta mayor número de huecos (carga positiva). En ausencia de una fuente de corriente exterior, en la zona de intersección entre ambas (zona de carga espacial) se genera un campo eléctrico desde N hacia P. Este campo eléctrico permite el paso de electrones de la región P a la N, pero no a la inversa.

Si sometemos a la capa N a una radiación, cuando un fotón incidente hace saltar un electrón desde la banda de valencia a la banda de conducción, se crea un par electrón-hueco. Bajo el efecto del campo eléctrico, cada uno de ellos irá en dirección opuesta: el electrón libre se desplazará a la región N y el hueco se desplazará a la región P. La región N, con acumulación de electrones, se convierte en polo negativo, y la región P, con acumulación de huecos, se convierte en polo positivo.

Si conectamos ambos bornes a una carga externa y la célula está iluminada, la diferencia de potencial generada por el efecto fotovoltaico es capaz de hacer circular una corriente eléctrica. La corriente entregada es el resultado neto de dos componentes internas de corriente de sentidos opuestos:

- **Corriente de iluminación (I_L):** debida a la generación de electrones por efecto fotoeléctrico producida por la radiación incidente.
- **Corriente de oscuridad:** La estructura de una célula solar fotovoltaica es la misma que la de un diodo, uno de los dispositivos electrónicos de estado sólido más utilizados. Un diodo permite la circulación a través suyo en un solo sentido y está basado en una unión PN entre dos semiconductores extrínsecos. La corriente de oscuridad en ausencia de iluminación coincide con la de un diodo (I_D) y es debida a la recombinación inducida dentro del dispositivo por efecto de la tensión (V), viniendo expresada en función de la misma y de la temperatura T, según la ecuación:

$$I_D = I_0 \left[\exp \frac{e \times V}{m \times K \times T} - 1 \right]$$

Donde.

I_0 es la corriente inversa de saturación (dependiente de la temperatura)

e es la carga del electrón ($1,6 \cdot 10^{-19}$ C)

V es la tensión en bornes de la célula

m es el factor de idealidad del diodo (valores entre 1 y 2)

T es la temperatura (en grados Kelvin)

K es la constante de Boltzmann ($1,38 \cdot 10^{-23}$ J/K).

La corriente resultante será igual a la diferencia entre la corriente fotogenerada (I_L) y la corriente de oscuridad (I_D):

$$I = I_L - I_D$$

En síntesis, los fotones incidentes serán los que formarán, al desplazar al electrón a la banda de conducción, los pares electrón-hueco y, debido al campo eléctrico producido por la unión PN, se separan antes de poder recombinarse, formándose así la corriente eléctrica que circula por la célula y la carga aplicada.

No todos los fotones incidentes pueden ser aprovechados para la generación de energía eléctrica debido a:

- Fotones con energía inferior al ancho de banda necesario para hacer saltar el electrón. Estos fotones atraviesan el semiconductor sin ceder su energía y sin crear un par electrón-hueco.
- Aunque el fotón incidente tenga una energía igual o superior a la necesaria, puede no ser aprovechado por falta de capacidad del semiconductor de absorber toda la energía incidente.
- Reflexión en la superficie de la célula.

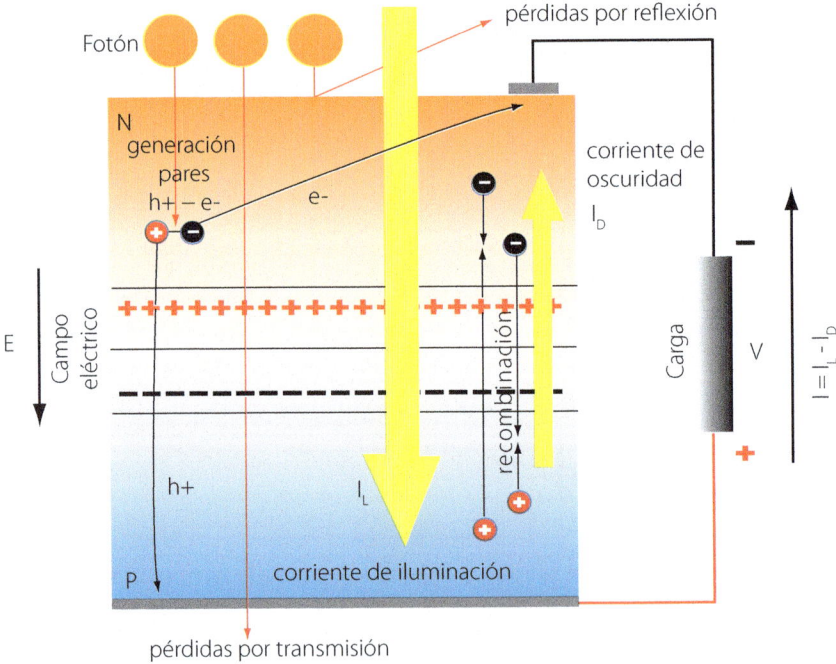

Principio de funcionamiento de una célula fotovoltaica

La curva ideal de una célula se ve alterada por la presencia de tres factores:

- **Factor de idealidad (m):** se trata de un factor de corrección con un valor comprendido entre 1 y 2. Para una célula solar ideal se toma un valor 1 y para células solares reales, con una importante influencia de los procesos de recombinación, el factor de idealidad se acerca más a 2.

- **Resistencia en serie (R_s):** es una resistencia interna de la célula debida a los elementos añadidos (malla, contactos) y a la resistencia del propio semiconductor.
- **Resistencia en paralelo (R_p):** es debida a imperfecciones en la calidad de la unión PN y es responsable de la existencia de fugas de corriente.

Finalmente, la ecuación de la corriente resultante adopta la forma siguiente:

$$I = I_L - I_D = I_L - I_0 \left[\exp \frac{e \times v}{m \times K \times T} - 1 \right] - \frac{V + R_S \times I}{R_P}$$

El circuito equivalente de una célula solar fotovoltaica puede representarse según la figura adjunta, incluyendo el concepto de diodo:

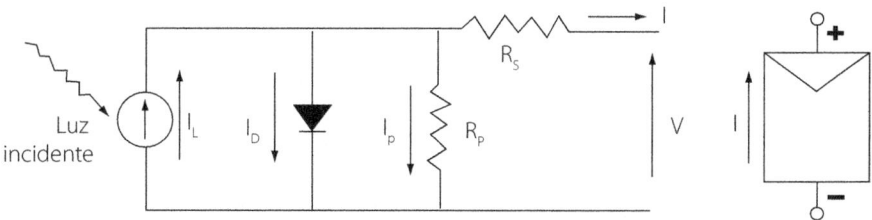

Circuito equivalente de una célula solar fotovoltaica y símbolo

Cuando la célula fotovoltaica está conectada en cortocircuito (sin carga), la intensidad suministrada es debida únicamente a la intensidad de iluminación, denominándose en este caso **intensidad o corriente de cortocircuito (I_{sc})**. Esta corriente depende de la irradiancia recibida.

Cuando la célula se encuentra en circuito abierto, la acumulación de cargas en las capas P y N da lugar a una **tensión denominada tensión de circuito abierto (V_{oc})** que es también función de la irradiancia incidente.

Si se cierra el circuito mediante una resistencia eléctrica de carga, la célula fotovoltaica genera una corriente eléctrica que a su vez provoca una caída de tensión en la resistencia. Si variamos el valor de esta resistencia entre cero e infinito, la intensidad y la tensión varían siguiendo una **curva denominada curva característica intensidad-tensión o curva I-V**. Los puntos extremos de dicha curva se corresponden con la célula en circuito abierto y en cortocircuito.

A partir de los valores de intensidad de cortocircuito (I_{sc}) y tensión de circuito abierto (V_{oc}) podemos replantear la ecuación de intensidad suministrada por la célula fotovoltaica, considerando que la intensidad de cortocircuito es igual a la intensidad de iluminación (I_L):

$$I = I_{SC}\left(1 - \exp\left(\frac{e\left(V - V_{OC} + I \times R_S\right)}{m \times K \times T}\right)\right)$$

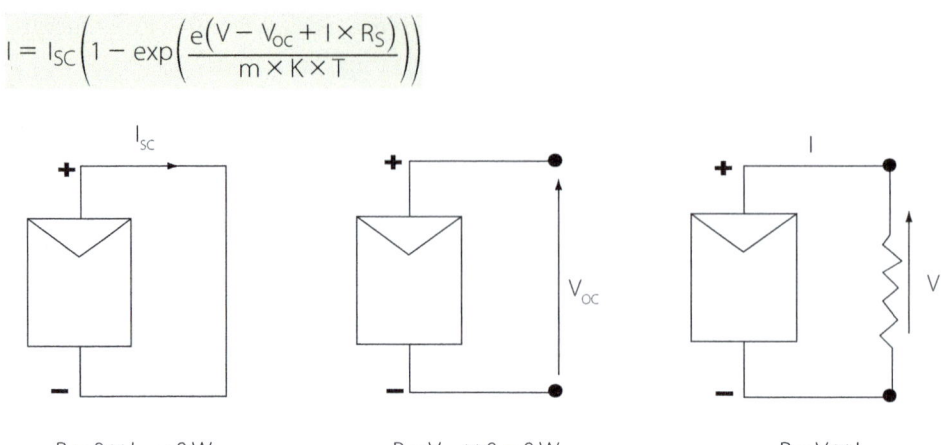

$P = 0 \times I_{SC} = 0\,W$ $P = V_{OC} \times 0 = 0\,W$ $P = V \times I$

Célula fotovoltaica en cortocircuito, en circuito abierto y conectada a una resistencia

Características físicas y eléctricas de la célula fotovoltaica

Para poder caracterizar las prestaciones de una célula fotovoltaica es necesario definir unas condiciones de funcionamiento determinadas. A efectos de estandarizar esas condiciones, se definen las **condiciones estándar de medida (CEM)**, en inglés *standard test conditions* (STC) según:

- Irradiancia solar: 1.000 W/m²
- Incidencia normal
- Temperatura de la célula: 25 ºC
- Distribución espectral correspondiente a una masa de aire (MA) de 1,5

En la figura siguiente se representa la curva característica I-V de una célula fotovoltaica trabajando en condiciones estándar de medida y para la cual variamos las condiciones de la resistencia de carga entre valor cero (cortocircuito) e infinito (circuito abierto). En el gráfico se incluye también la curva P-V que relaciona la tensión con la potencia eléctrica entregada.

Dicha curva presenta un máximo correspondiente a la potencia máxima entregada por la célula fotovoltaica. Este punto se denomina **punto de máxima potencia (P$_{MPP}$)** (*Maximum power point*). El valor de máxima potencia entregable por la célula en las condiciones estándar de ensayo está relacionado con los valores I$_{MPP}$ y V$_{MPP}$, que se corresponden con la intensidad y la tensión de la célula en el punto de funcionamiento de máxima potencia:

$$P_{MPP} = V_{MPP} \times I_{MPP}$$

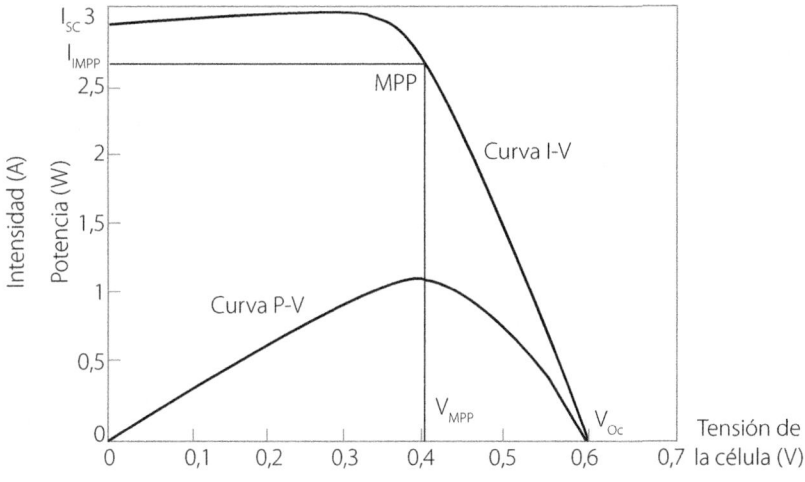

Curva característica I-V y P-V de una célula fotovoltaica en condiciones estándar

El valor óhmico de la carga resistiva conectada a la célula solar determina el punto de trabajo de la misma. Según la ley de Ohm, la relación V-I-R viene dado por:

$$R = \frac{V}{I}$$

Esta relación da como resultado una recta cuya intersección con la curva característica I-V de la célula fotovoltaica nos proporciona el par de valores tensión-intensidad correspondiente a la conexión con dicha resistencia. En dicha curva podemos obtener el valor de la resistencia para la cual la célula proporciona la máxima potencia (PMPP):

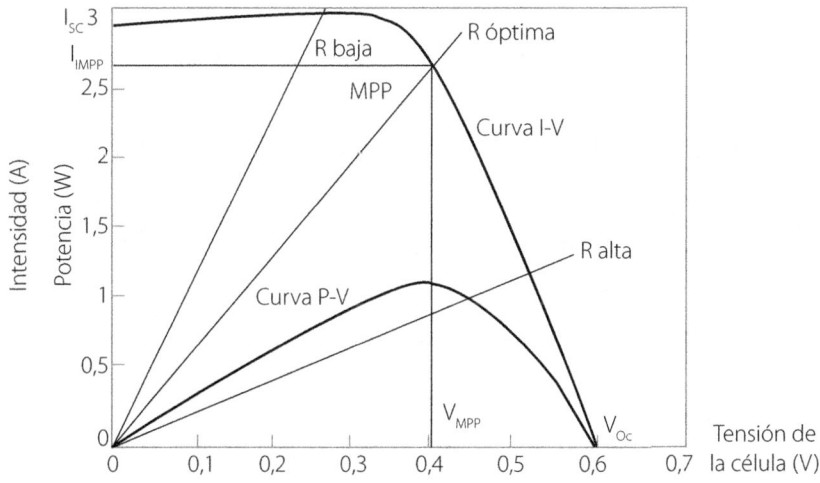

Curva característica I-V con valores de carga resistiva

La curva característica se obtiene en condiciones estándar con un valor de irradiancia normalizado de 1.000 W/m^2. En condiciones normales de funcionamiento, el valor de la irradiancia sobre la célula solar variará a lo largo del día y del año. La variación de la irradiancia tiene influencia sobre la intensidad de cortocircuito (I_{SC}), pero afecta muy poco a la tensión de circuito abierto (V_{OC}).

El valor de intensidad de cortocircuito para un valor de irradiancia determinado ($I_{SC,G}$) para una temperatura de trabajo de 25 ºC, es proporcional a la irradiancia recibida según la expresión:

$$I_{SC,G} = I_{SC,STC}\frac{G}{G_{stc}}$$

Donde:

$I_{SC,STD}$ es el valor de la intensidad de corriente de cortocircuito obtenida en condiciones estándar de irradiancia (1.000 W/m^2)

G es la irradiancia solar recibida por la célula en W/m^2

G_{STC} es el valor de la irradiancia en condiciones estándar de medida (1.000 W/m^2)

El efecto de la irradiancia solar sobre la tensión de circuito abierto suele despreciarse en muchas aplicaciones debido a su baja influencia, no obstante este valor puede determinarse a partir de la expresión siguiente para un valor de irradiancia determinado:

$$V_{OC,G} = V_{OC,STC} + \frac{m \times K \times T}{e}\ln\left(\frac{G}{G_{stc}}\right)$$

Donde:

$V_{OC,G}$ es la tensión de circuito abierto en V de la célula para el valor de irradiancia buscado

$V_{OC,STC}$ es la tensión de circuito abierto en condiciones estándar de medida (1.000 W/m^2), en V

m es el factor de idealidad del diodo

K es la constante de Boltzmann (1,38 · 10^{-23} J/K)

T es la temperatura (en grados Kelvin)

e es la carga del electrón (1,6 · 10^{-19} C)

G es la irradiancia solar recibida por la célula (W/m^2)

G_{STC} es el valor de la irradiancia en condiciones estándar de medida (1.000 W/m^2)

En las figuras siguientes se representan las curvas características I-V de una célula para distintos valores de irradiancia solar con una temperatura de 25 ºC, así como la curva P-V representando la variación de potencia (W) con la irradiancia para la misma célula.

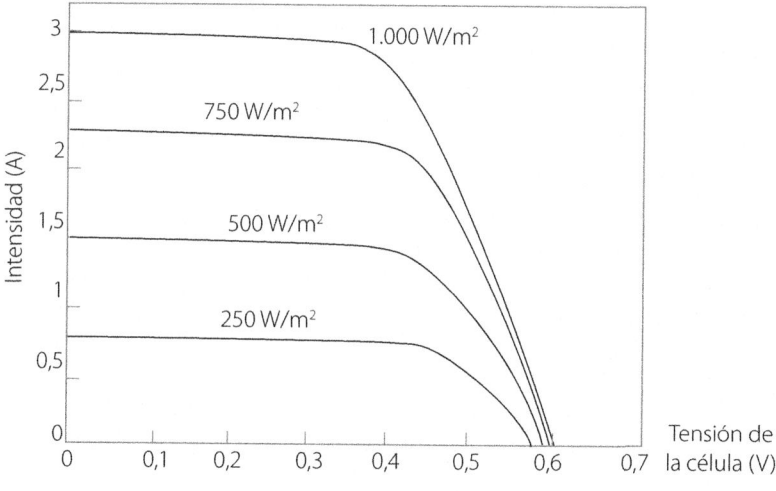

Curva característica I-V para distintos valores de irradiancia solar

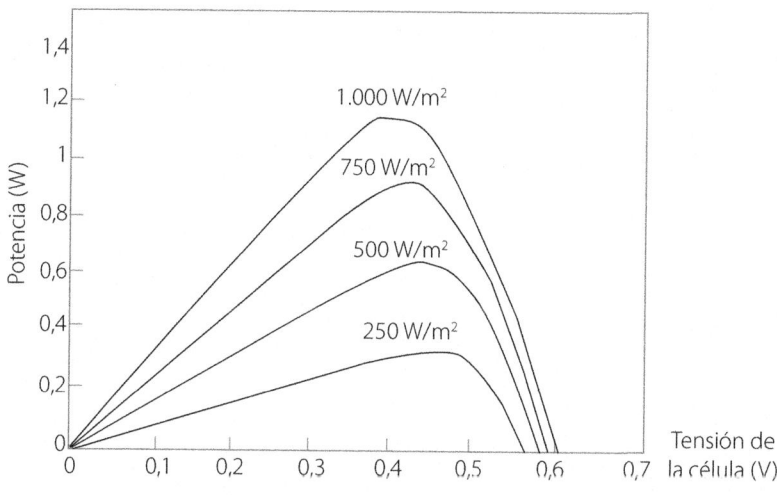

Curva característica P-V para distintos valores de irradiancia solar

Las condiciones estándar de ensayo en laboratorio se establecen para una temperatura de trabajo de 25 ºC, sin embargo, la célula solar trabajará en unas condiciones distintas, dependiendo de factores externos como temperatura ambiente exterior, irradiación solar o viento. Las características de potencia máxima (P_{MPP}), tensión de circuito abierto (V_{OC}) e intensidad en cortocircuito (I_{SC}) variarán con la temperatura para valores diferentes al ensayo. A efectos de determinar el valor de estas características en función de la temperatura de trabajo de la célula, se definen los siguientes parámetros térmicos facilitados habitualmente por el fabricante y expresados en %/ ºC:

- Coeficiente de temperatura de la intensidad en cortocircuito (α).
- Coeficiente de temperatura de la tensión de circuito abierto (β).
- Coeficiente de temperatura de la máxima potencia (γ).

Los valores de potencia máxima ($P_{MPP,TC}$), intensidad en cortocircuito ($I_{SC,TC}$) y tensión en circuito abierto ($V_{OC,TC}$) para una temperatura de trabajo (T_C) diferente a la temperatura según condiciones estándar ($T_{C,STC}$, habitualmente 25 ºC) pueden calcularse mediante las expresiones siguientes:

$$P_{MPP,TC} = P_{MPP,STC}\left(1 + \frac{\gamma}{100}(T_C - T_{C,STC})\right)$$

$$I_{SC,TC} = I_{SC,STC}\left(1 + \frac{\alpha}{100}(T_C - T_{C,STC})\right)$$

$$V_{OC,TC} = V_{OC,STC}\left(1 + \frac{\beta}{100}(T_C - T_{C,STC})\right)$$

La variación de temperatura de trabajo tiene mayor influencia sobre la tensión de circuito abierto y sobre la potencia, que sobre la intensidad en cortocircuito. Al aumentar la temperatura de trabajo de la célula, disminuye la tensión de circuito abierto, aumenta suavemente al corriente en cortocircuito y disminuye la potencia eléctrica suministrada.

En las gráficas adjuntas se representan la curva característica I-V y P-V para una irradiancia solar incidente de 1.000 W/m² con diferentes valores de temperatura de trabajo.

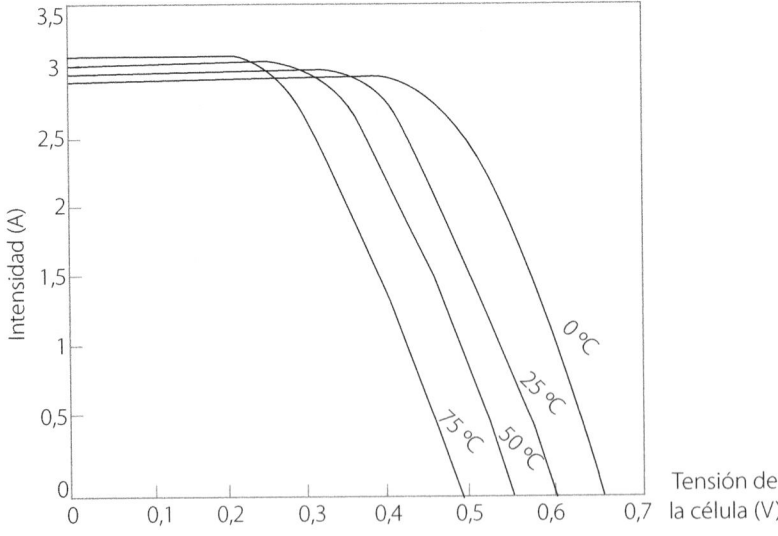

Curva característica I-V para distintos valores de temperatura

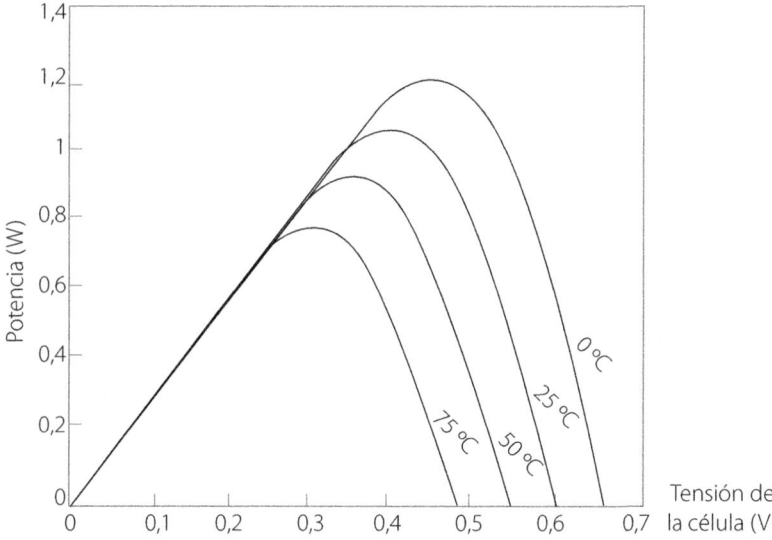

Curva característica P-V para distintos valores de temperatura

Se relacionan a continuación las características eléctricas facilitadas habitualmente para una célula fotovoltaica, determinadas en condiciones estándar de medida:

- **Intensidad en cortocircuito (I_{sc}):** intensidad que circula por la célula cuando está en cortocircuito (tensión eléctrica cero). Es la máxima intensidad que puede proporcionar la célula en condiciones estándar de medida.

- **Tensión de circuito abierto (V_{oc}):** tensión en bornes de la célula cuando el circuito está abierto (intensidad eléctrica cero). Es la máxima tensión que puede proporcionar la célula en condiciones estándar de medida.

- **Potencia máxima (P_{MPP}):** potencia eléctrica máxima que puede proporcionar la célula en condiciones estándar de medida.

- **Tensión en el punto de máxima potencia (V_{MPP}):** tensión de la célula en el punto de trabajo de máxima potencia.

- **Intensidad en el punto de máxima potencia (I_{MPP}):** intensidad que circula por la célula en el punto de trabajo de máxima potencia.

- **Rendimiento (η):** cociente entre la potencia máxima que puede entregar la célula (P_{MPP}) y la potencia de la radiación incidente sobre ella (P_L). La potencia P_L puede determinarse a partir del dato de la irradiancia incidente G_{STC} (1.000 W/m²) por el área de la superficie de la célula.

$$\eta = \frac{P_{MPP}}{P_L} = \frac{V_{MPP} \times I_{MPP}}{P_L}$$

- **Factor de forma (FF):** cociente entre la potencia máxima que puede entregar la célula (P_{MPP}) y el producto de la tensión de circuito abierto (V_{OC}) y la intensidad en cortocircuito (I_{SC}). Cuanto más se aproxima el factor de forma (F_F) a uno, más se aproxima la curva V-I a la de máxima potencia.

$$FF = \frac{V_{MPP} \times I_{MPP}}{V_{OC} \times I_{SC}}$$

- **Coeficiente de temperatura de I_{SC} (α):** coeficiente expresado en %/ °C que relaciona la intensidad en cortocircuito con la temperatura.
- **Coeficiente de temperatura de V_{OC} (β):** coeficiente expresado en %/ °C que relaciona la tensión en circuito abierto con la temperatura.
- **Coeficiente de temperatura de P (γ):** coeficiente expresado en %/ °C que relaciona la potencia eléctrica con la temperatura.

Tipos de células solares fotovoltaicas. Características constructivas

La célula solar fotovoltaica es el dispositivo electrónico básico para la producción de electricidad a partir de energía solar. Sus componentes principales son los semiconductores N y P (capa emisora y capa base) y los contactos eléctricos frontal y trasero. Las células fotovoltaicas pueden clasificarse en función de la tecnología de fabricación y del material semiconductor empleado.

Células de silicio cristalino

Son las más empleadas debido a la abundancia del silicio en nuestro planeta. Dentro de esta tipología encontramos dos materiales utilizados:

Cada átomo está delimitado ordenadamente por los demás átomos

 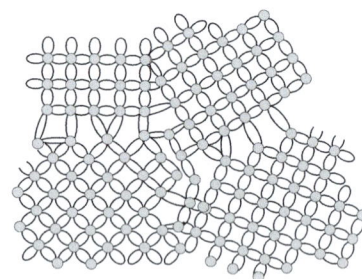

Estructura silicio monocristalino (izquierda) y policristalino (derecha)

- **Silicio monocristalino (Mono c-Si).** El silicio presenta una estructura cristalina perfectamente ordenada. Se caracterizan por un color azul oscuro, casi negro, uniforme.
- **Silicio policristalino (Multi c-Si).** El silicio presenta una estructura cristalina con zonas ordenadas y zonas irregulares. Tienen un color azulado con zonas de diferentes

tonalidades como consecuencia de la separación entre cristales. El silicio policristalino se desarrolló al objeto de encontrar una alternativa más económica al silicio monocristalino, cuyo proceso de obtención es más largo y costoso.

Se indican a continuación los diferentes pasos del proceso de fabricación de una célula solar fotovoltaica de tecnología de silicio cristalino:

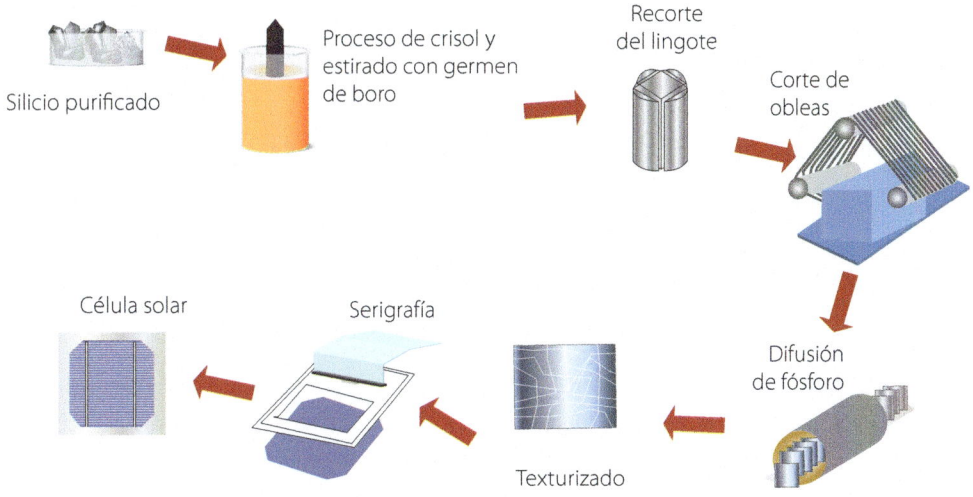

Proceso de fabricación de una célula solar de silicio cristalino

1. **Obtención de silicio metalúrgico.** El silicio se encuentra en la naturaleza combinado con oxígeno, es SiO_2 en un 90 %. El silicio se separa del oxígeno por calentamiento en un horno a 1.500-2.000 °C. Con esto se obtiene un silicio denominado de grado metalúrgico con una pureza del 99 %. A pesar del elevado grado de pureza, el silicio obtenido no resulta utilizable en aplicaciones electrónicas.

2. **Obtención de silicio electrónico o solar.** El silicio metalúrgico se convierte en gas $SiHCl_3$ mediante reacción con HCl a 300 °C, reaccionando de este modo las impurezas presentes de hierro, aluminio o boro, que pueden ser separadas. El $SiHCl_3$ se hace reaccionar con hidrógeno a 1.100 °C en una gran cámara de vacío, en la que el silicio condensa y se deposita sobre unas barras de polisilicio para obtener sobre ellas silicio ya purificado que resulta apto para aplicaciones electrónicas.

3. **Obtención del cristal de silicio.** El silicio purificado se muele y se calienta hasta fundirlo. En este punto el proceso de fabricación difiere para el caso de obtención de cristal de silicio monocristalino o policristalino.

   ✓ **Obtención de silicio monocristalino.** A continuación el silicio líquido se pone en contacto con una semilla de silicio de elevada calidad sujeta a una pértiga, cuya función es hacer de guía durante el proceso de obtención del cristal con la ordenación cristalina deseada. El silicio se enfría y se obtiene en forma de lingote de forma cilíndrica. Antes de solidificarse, cuando el silicio se encuentra todavía en fase líquida, se provoca el dopado del sustrato con impurezas de boro que proporcionan los huecos necesarios para la capa P.

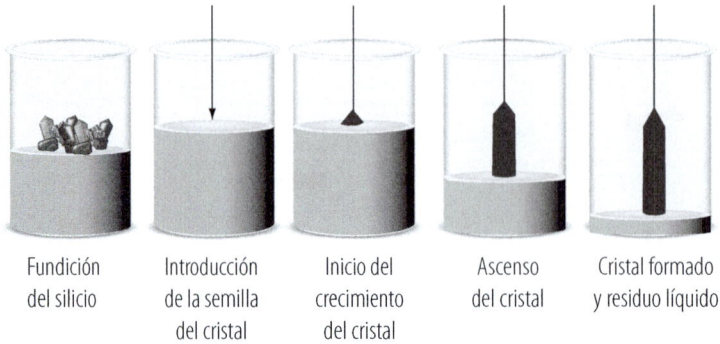

| Fundición del silicio | Introducción de la semilla del cristal | Inicio del crecimiento del cristal | Ascenso del cristal | Cristal formado y residuo líquido |

Proceso de obtención de silicio monocristalino

✓ **Obtención de silicio policristalino.** El material inicial fundido se solidifica dentro de un molde, normalmente de grafito/cuarzo, de sección cuadrada. La cristalización del silicio en este caso se produce en varios frentes (a diferencia del silicio monocristalino con un único frente de cristalización) obteniéndose un policristal formado por monocristales de diferentes tamaños, formas y orientaciones, motivo de su apariencia veteada.

4. **Obtención de las obleas.** El silicio purificado obtenido se corta en obleas (wafers) de dimensiones y espesores estándar. El proceso de corte se realiza mediante hilo de acero inoxidable rociándolo con un abrasivo. Posteriormente, se pule y se limpia químicamente. Las obleas están normalizadas en cuanto a dimensiones. En la tabla adjunta se recogen los tamaños normalizados, con la indicación de la longitud del lado y el diámetro del cilindro de partida.

Tabla 2.3 Obleas solares normalizadas

M12	M10	M9	M6	G1	M4	M2
L 210 mm	L 200 mm	L 192 mm	L 166 mm	L 158,75 mm	L 161,7 mm	L 156,75 mm
D 295 mm	D 281 mm	D 270 mm	D 223 mm	D 223 mm	D 211 mm	D 210 mm
L = longitud		D = diámetro				

5. **Texturizado de la superficie.** La superficie frontal es altamente reflectante (puede reflejar alrededor de un 30 % de la radiación solar incidente), por lo que se somete a un proceso de texturización que difiere en función del tipo de cristal:

✓ **Silicio monocristalino.** Se provoca un ataque químico selectivo mediante una disolución acuosa de NaOH y KOH que deja la superficie con una estructura de pirámides de diversos tamaños.

✓ **Silicio policristalino.** El texturizado se lleva a cabo mediante ataque químico (se emplea HNO_3, HF y aditivos) o abrasión mecánica.

6. **Proceso de dopado.** Las obleas obtenidas ya han sido dopadas incorporando boro. Para formar el emisor se deben proporcionar electrones, siendo el fósforo el elemento químico utilizado habitualmente. Este proceso se lleva a cabo en hornos a temperaturas de 800-900 ºC donde se sitúa el sustrato semiconductor y se hace circular un gas que contiene fósforo, incorporándose este en una zona próxima a la superficie texturizada, formándose así el emisor (capa N).

7. **Depósito de capas antirreflectantes.** Sobre la superficie texturizada de silicio y con el emisor formado se depositan capas muy delgadas de compuestos como el SiO_2, que actúa como antirreflectante.

8. **Contacto frontal.** A continuación se forma el contacto frontal sobre el emisor con técnicas como el serigrafiado, extendiendo una amalgama metálica de aluminio y plata sobre la cara frontal de la célula a través de una malla que tiene definido el patrón. Este contacto será el encargado de recoger los electrones generados y su diseño es un compromiso entre transparencia (para permitir el mayor paso de radiación posible) y un recubrimiento de la superficie óptimo para asegurar el máximo de recolección de electrones y las mínimas pérdidas.

Los múltiples contactos dispuestos horizontalmente y encargados de recoger los electrones se denominan **dedos**. Sobre estos se disponen las barras colectoras (**bus-bar**) de mayor grosor encargadas de recoger la corriente de los dedos y transportarla al exterior de la célula. El número de bus-bar habitual es de 2 o 3 (células 2BB, 3BB) aunque también se desarrollan células multibus (5BB, 9BB, por ejemplo) al objeto de garantizar la capacidad de conducción en caso de rotura de algún bus. No obstante, debe considerarse que a mayor número de buses, mayor sombreado interno y mayor coste, por lo que el número de buses será un compromiso entre estos factores.

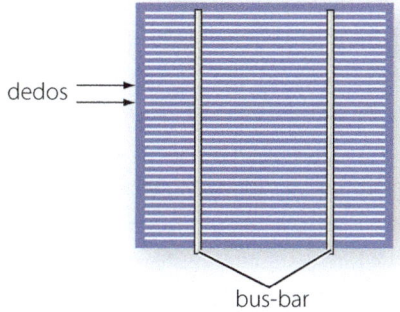

Dedos y bus-bar de una célula solar 2BB

9. **Contacto trasero.** En la parte trasera de la célula, y recubriendo toda su superficie, se deposita también una pasta metálica para obtener el contacto trasero que será el encargado de recoger los huecos generados. Ambos contactos (frontal y trasero) son sometidos a un calentamiento posterior para provocar que el metal se adhiera firmemente al silicio.

Tabla 2.4 Diferencias entre silicio monocristalino y policristalino

Tipo de célula	Silicio monocristalino	Silicio policristalino
Estructura cristalina	Red cristalina continua (ordenada)	Red cristalina discontinua
Aspecto	Azul oscuro homogéneo, casi negro	Diferentes tonos de azules
Fabricación	Fundición y crecimiento a partir de cristal (Czochralski)	Fundición y solidificación en molde
Material base obtenido	Barra cilíndrica	Lingote rectangular
Coste fabricación	Elevado (proceso lento)	Medio (proceso más corto)
Rendimiento	18-25 %	16-20 %
Forma de la célula	Octogonal	Rectangular
Ventajas	Mayor rendimiento Mayor absorción	Menor coste Mayor tolerancia al sobrecalentamiento

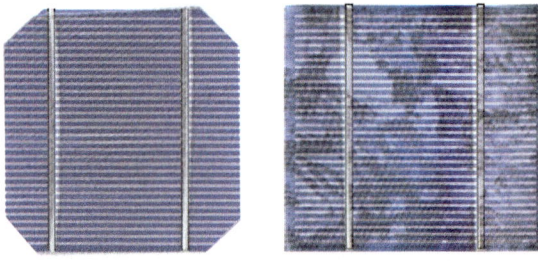

Célula de silicio monocristalino (izquierda) y policristalino (derecha)

De cara a aumentar la efectividad de las células de silicio cristalino se ha desarrollado la tecnología **PERC** (*Passivated Emitter Rear Cell*, célula con emisor pasivo trasero). Esta consiste en añadir una capa reflectante dieléctrica en la parte trasera, entre la capa base de silicio P y el contacto eléctrico posterior. Esto permite que la parte de la radiación que atraviesa la capa emisora sea reflejada y aprovechada para producir electricidad. Las células de silicio con tecnología PERC presentan una mayor eficiencia al tener un mayor aprovechamiento de la radiación (especialmente infrarroja), un menor calentamiento (debido a la menor radiación incidente sobre la base que provocaría el calentamiento) y una mayor producción a baja radiación.

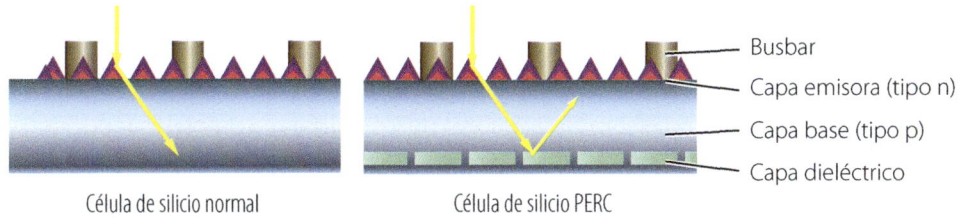

Busbar
Capa emisora (tipo n)
Capa base (tipo p)
Capa dieléctrico

Célula de silicio normal   Célula de silicio PERC

Célula fotovoltaica convencional y con tecnología PERC

Células de capa fina (Thin-film solar cell, TFSC)

Se fabrican mediante acumulación de finas capas de material semiconductor fotosensible (normalmente como mezcla gaseosa) sobre una superficie de bajo coste como vidrio, polímero o aluminio. La capa semiconductora tiene un grosor muy inferior al empleado en las células de silicio cristalino, por lo que el ahorro en material es importante. Adicionalmente, la posibilidad de disponer de un soporte flexible aumenta su campo de aplicación. Podemos encontrar distintos tipos en función del material empleado:

- **Silicio amorfo (a-Si).** Se basan en el empleo de silicio amorfo (sin estructura cristalina). Presentan un color marrón homogéneo. En aplicaciones fotovoltaicas, inicialmente se utilizó como material de bajo costo en dispositivos que requieren muy poca energía, como calculadoras de bolsillo. Más recientemente, la mejora en los procesos productivos ha derivado en su utilización en aquellos casos en los cuales se requiere una solución de muy bajo coste o en los que es necesario minimizar el peso del panel y adaptarlo a superficies con una cierta curvatura.

Enlaces "extra" sueltos

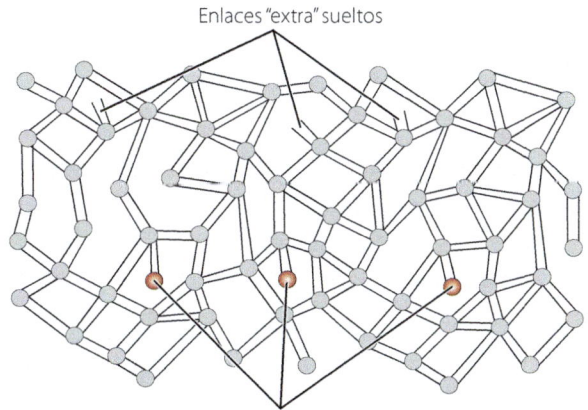

Enlaces "extra" terminados con átomos de hidrógeno

Estructura silicio amorfo

El silicio amorfo presenta una estructura desordenada en la cual no todos sus átomos se coordinan con los átomos vecinos, como ocurre en la ordenada estructura del silicio cristalino, provocando que existan enlaces incompletos. Físicamente, estos enlaces no completados pueden provocar un comportamiento eléctrico anómalo. Para reducir este efecto suele añadirse al material base hidrógeno (silicio amorfo hidrogenado, a-Si (H)) que tiene como efecto la pasivación de los enlaces incompletos reduciendo su densidad, permitiendo así la obtención de un material tipo P o N según el dopaje introducido.

La producción de una célula basada en silicio amorfo parte de un cristal, como sustrato transparente resistente al agua y de bajo coste, sobre el que se deposita una fina capa de óxido de elevada conductividad óptica. A continuación se añade una delgada capa tipo P de a-Si, seguidamente una capa de silicio sin dopar (intrínseco) y una capa de a-Si tipo N. Finalmente se añade una capa de contacto metálico. Este conjunto forma una configuración llamada p-i-n (unión PN en la cual hemos intercalado una capa i de silicio intrínseco) La capa intrínseca actúa como capa absorbente o activa que tiene por objeto crear una zona de suficiente amplitud para generar un campo eléctrico importante que permita separar las cargas generadas por efecto fotoeléctrico.

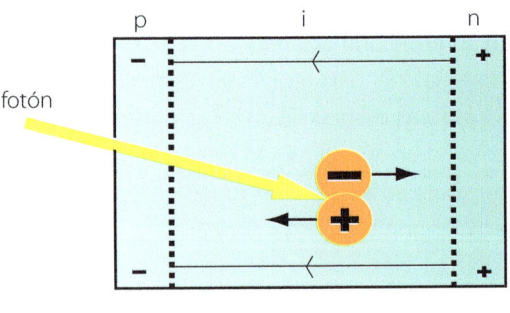

Configuración p-i-n

A medida que se avanzó en el empleo de silicio amorfo hidrogenado de mejor calidad, se puso de manifiesto que existían cambios en las propiedades del material debido a la absorción de luz, creándose pares electrón-hueco que de nuevo se combinan con los enlaces vecinos de Si-Si que tienen una base débil. El proceso es conocido como Efecto Staebler Wronski. Durante el proceso de recombinación se libera una tremenda cantidad de energía que crea defectos y causa la degradación de la estructura no cristalina del silicio amorfo hidrogenado.

Este fenómeno en el silicio amorfo hidrogenado reduce la conversión de la energía de la luz en energía eléctrica. El Efecto Staebler Wronski reduce la eficiencia de célula solar hasta el 15 % dentro de las primeras 1.000 horas.

Para minimizar esta degradación inducida por la luz debe limitarse el espesor de las células de silicio amorfo empleando para ello una capa i intrínseca más delgada (con ello el campo eléctrico interno se distorsionará menos) significando ello menos absorción. Para compensar esta reducción se desarrolló la estructura multiunión consistente en la aplicación de diversas capas p-n e intrínsecas i, formando, por ejemplo, estructuras del tipo "p -i-n-p-i-n" o "p-i-n-p-i-n-p-i-n", etc. en las cuales la absorción de la luz se reparte entre las diversas capas intrínsecas.

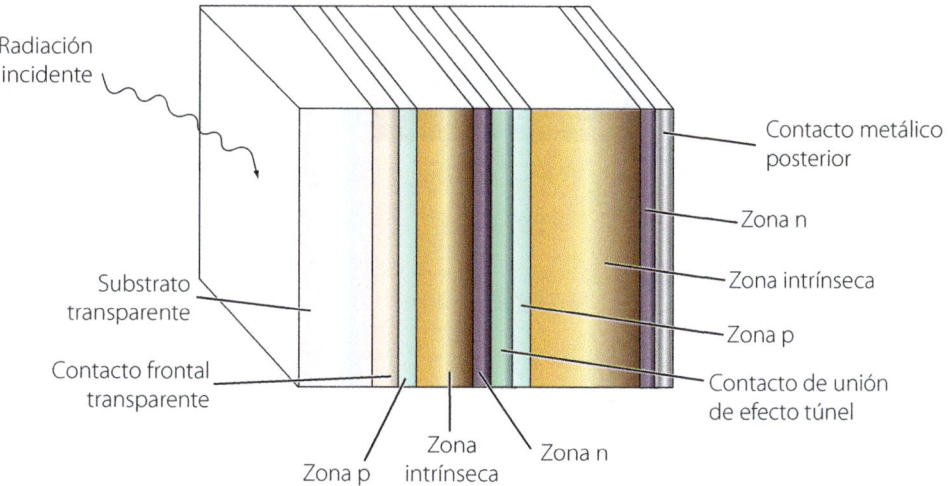

Célula solar de capa delgada de silicio amorfo con estructura multiunión

- **Telururo de Cadmio-sulfuro de cadmio (CdTeS).** El telururo de cadmio (CdTe) es un compuesto cristalino empleado como material en células fotovoltaicas de capa fina. Por lo general se intercala con sulfuro de cadmio (CdS) formando una estructura p-i-n.

- **Arseniuro de galio (GaAs).** Es otro material que actúa como semiconductor utilizado para la fabricación de células fotovoltaicas de capa fina con una gran eficiencia energética. Tienen como ventaja su mayor rendimiento y flexibilidad, aunque por el contrario, tienen un coste más elevado debido a las materias primas y el proceso de fabricación.

- **Compuestos de indio-cobre (CIS, CIGS, CIGSS).** Se basan en el empleo de sulfuro de cobre e indio (CIS), cobre, indio, galio, selenio/azufre (CIGS/CIGSS). Las células CIGS se componen de un electrodo trasero de molibdeno (Mo), una capa semiconductora p absorbedora de luz que consiste en un compuesto de cobre-indio-galio-selecio (CIGS), una capa de semiconductor n de sulfuro de cadmio (CdS) y un contacto frontal sobre el que se sitúa a su vez una capa transparente conductora. La capa CIGS es muy flexible, lo que permite que pueda ser depositada sobre una base también flexible.

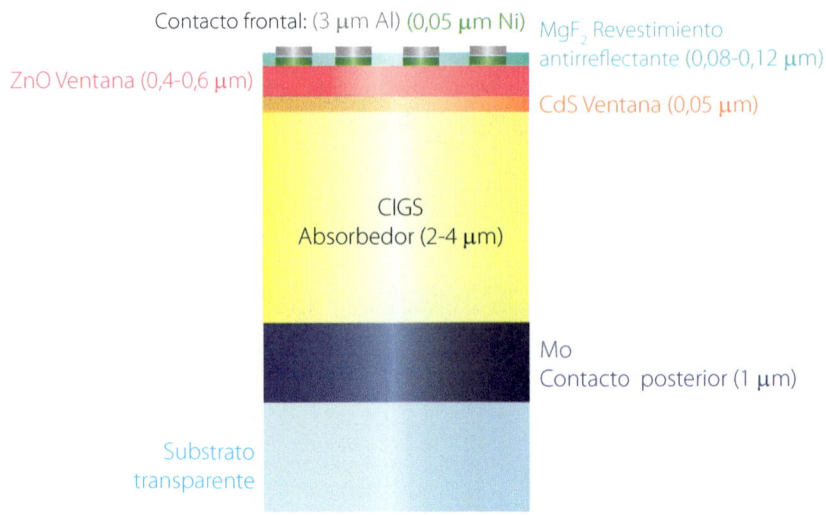

Contacto frontal: (3 µm Al) (0,05 µm Ni)

MgF₂ Revestimiento antirreflectante (0,08-0,12 µm)

ZnO Ventana (0,4-0,6 µm)

CdS Ventana (0,05 µm)

CIGS
Absorbedor (2-4 µm)

Mo
Contacto posterior (1 µm)

Substrato
transparente

Célula solar de capa delgada CIGS

Células de concentración (CPV)

Células fotovoltaicas diseñadas para trabajar con luz concentrada. Emplean elementos ópticos (espejos, lentes) para aumentar la incidencia de la radiación sobre una célula fotovoltaica de pequeño tamaño pero con una eficiencia superior a una célula tradicional basada en silicio. Con ello se consigue emplear menor cantidad de material semiconductor, reduciendo costes.

Las células fotovoltaicas utilizadas en esta tecnología son diferentes a las descritas anteriormente, ya que deben soportar una densidad de radiación mucho mayor (mayor potencia lumínica para una superficie mucho menor). Por ello se emplean células multi-unión compuestas por diferentes capas (por ejemplo GaInP-GaIn/Ge) para poder aprovechar un rango más ancho del espectro solar. Esta célula se sitúa en el punto de concentración de las lentes.

Pueden emplearse dos tecnologías: **sistemas refractivos**, en los cuales se utiliza una lente para concentrar la energía solar sobre la célula, y **sistemas reflectivos**, en los cuales se utilizan espejos para concentrar y reflejar la luz sobre la célula.

El módulo fotovoltaico

Dado que la potencia suministrada por una única célula fotovoltaica es insuficiente para su uso a efectos prácticos, será necesario trabajar con un conjunto de ellas. Un módulo fotovoltaico es una asociación eléctrica de células fotovoltaicas, encapsuladas y montadas sobre un soporte. De manera habitual clasificamos los módulos fotovoltaicos en función del tipo de célula empleada (módulo fotovoltaico de silicio monocristalino, policristalino, etc.).

Los componentes que integran un módulo fotovoltaico son:

- **Células fotovoltaicas.** La célula fotovoltaica es el dispositivo electrónico individual que transforma la energía solar en electricidad. En su diseño incorporan una rejilla que recoge la corriente eléctrica generada y que es conducida mediante buses o cintas colectoras (normalmente de aluminio o acero inoxidable) La cara negativa N (la que recibe la radiación) se suelda con la cara positiva P (la inferior y que queda en sombra) mediante cable de cobre. El número de células que integran un módulo fotovoltaico es variable, pudiendo ir desde 34 hasta 144, aunque lo habitual son módulos de 60 y 72 células.

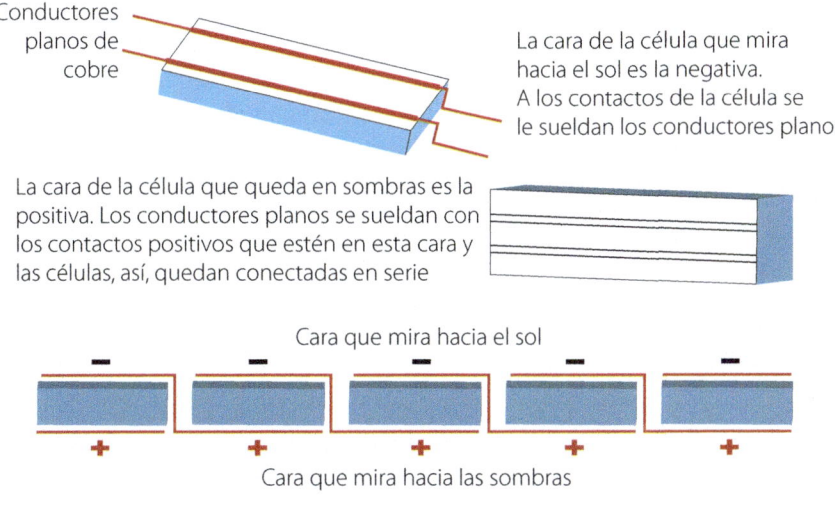

Conductores planos de cobre

La cara de la célula que mira hacia el sol es la negativa. A los contactos de la célula se le sueldan los conductores planos.

La cara de la célula que queda en sombras es la positiva. Los conductores planos se sueldan con los contactos positivos que estén en esta cara y las células, así, quedan conectadas en serie

Cara que mira hacia el sol

Cara que mira hacia las sombras

Conexión células fotovoltaicas en un módulo

- **Encapsulante.** Fabricado en un material transparente, proporciona la protección y solidez al conjunto de células. El material más empleado es el etilen-vinil-acetato (EVA).
- **Cubierta frontal.** Suele estar fabricada en vidrio templado y su función es proteger a las células fotovoltaicas de los agentes atmosféricos. Debe ser un buen transmisor de la radiación solar, poseer una baja reflexión para aprovechar al máximo la radiación incidente y una baja resistividad térmica para permitir la disipación de calor, evitando así una elevada temperatura interior que provocaría una reducción en la potencia entregada por las células. Debe ser impermeable al agua para evitar que esta llegue a las células en caso de lluvia.
- **Cubierta posterior.** Es la base del módulo encargada de dar soporte al conjunto, proteger de los agentes externos e impermeabilizarlo. Suele estar fabricado en

material plástico; el tipo más empleado es el Tedlar o PVF, un fluopolímero muy duradero, resistente al desgaste, corrosión y al calor y no inflamable (propiedad importante en la aplicación de módulos fotovoltaicos). Suele ser de color blanco para favorecer la reflexión de la radiación.

- **Marco.** Proporciona rigidez y resistencia mecánica al conjunto, permitiendo su fijación. Habitualmente fabricado en aluminio anodizado

- **Caja de conexiones.** Ubicada en la parte posterior del módulo, cuenta con dos bornes de salida identificados positivo y negativo. Suele incluir también los diodos de by-pass para evitar el efecto de punto caliente. La caja de conexiones debe ser estanca y resistente a agentes externos.

La caja de conexiones del módulo fotovoltaico suele incluir el cable y los conectores de conexión positivo y negativo. El cable empleado debe ser especial para instalaciones fotovoltaicas de cara a garantizar su resistencia a la intemperie (temperatura, humedad, rayos UV). Suele emplearse cable de 4-6 mm² de sección, de cobre estañado flexible con aislamiento de mayor grosor que un cable convencional (por ejemplo aislamiento de etileno propileno con cubierta de etil vinil acetato) ignífugo, libre de humo y libre de halógenos. Por convención se emplea cable de color rojo para el borne positivo (+) y de color negro para el borne negativo (-).

Adicionalmente, suelen incluirse los conectores de conexión. Se emplean conectores multicontacto diseñados para garantizar un buen contacto eléctrico con unas condiciones de estanqueidad y aislamiento adecuados a la intemperie. Los tipos más empleados son los MC4 macho (positivo) / hembra (negativo). Se instalan con ayuda de una crimpadora específica.

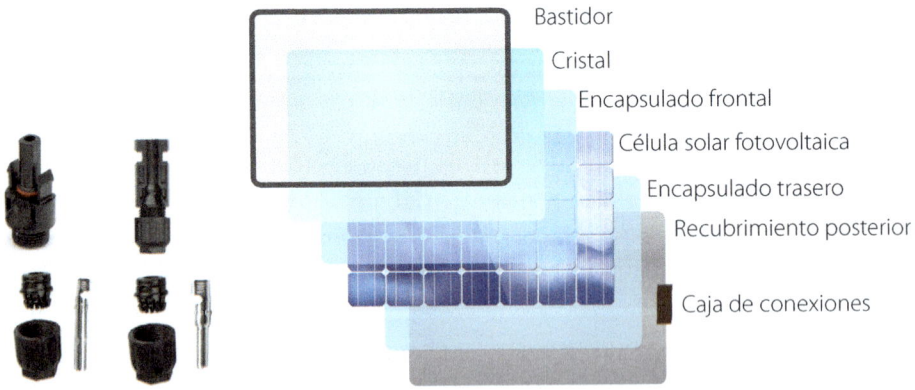

Bastidor
Cristal
Encapsulado frontal
Célula solar fotovoltaica
Encapsulado trasero
Recubrimiento posterior
Caja de conexiones

Conectores MC4 y cable solar (izquierda) y estructura genérica de un módulo fotovoltaico (derecha)

En la figura se muestra la cara frontal, con las células solares, de un módulo fotovoltaico del tipo de silicio cristalino.

Módulo fotovoltaico de silicio cristalino

El proceso de interconexión de las células solares entre sí se denomina **encintado** y consiste en soldar sobre cada uno de los buses de la superficie frontal una tira de cobre que se conecta al contacto inferior de la célula siguiente, estableciendo una conexión en serie. Las células interconectadas directamente entre sí conforman una **fila o string**. Un módulo fotovoltaico estará formado por varias filas conectadas en serie entre sí. En la figura adjunta se representa la conexión de un módulo fotovoltaico de 36 células con una disposición de cuatro filas de 9 células cada una.

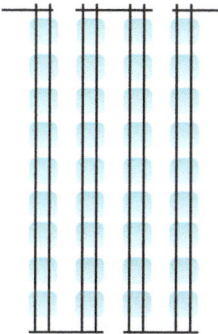

Ejemplo de conexión de células fotovoltaicas en un módulo

Al tener una conexión en serie entre células, la corriente (I) que circulará a través de ellas será la misma y la tensión generada entre bornes del conjunto será la suma de los voltajes individuales.

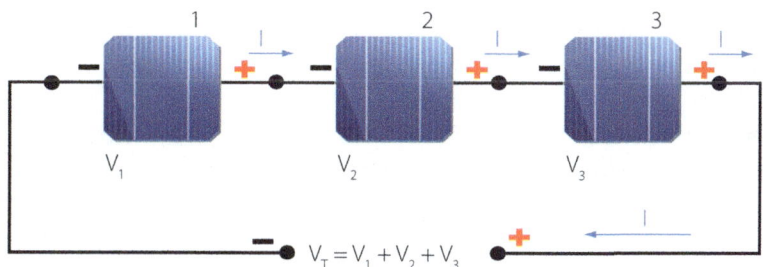

$$V_T = V_1 + V_2 + V_3$$

Funcionamiento célula en serie

Cuando una o algunas de las células fotovoltaicas de la fila reduce su capacidad de producción de electricidad debido a una sombra incidente, un desequilibrado o a un defecto en su estructura, mientras el resto de las células funcionan normalmente transformando radiación incidente en electricidad, la célula o células no productivas se comportan como una resistencia intercalada en el circuito en serie que consumen la potencia producida en la fila, calentándose. Este efecto no deseado se conoce como **punto caliente** o *Hot Spot* y provoca un mal funcionamiento del módulo solar pudiendo llegar a su rotura por sobrecalentamiento si la radiación incidente sobre el resto de las células es muy elevada (la célula afectada debe disipar toda la potencia producida en forma de calor).

Para evitar este efecto se incorpora en el módulo solar un sistema de protección basado en **diodos de protección** o de **by-pass** que reducen el riesgo de calentamiento de las células afectadas, limitando la corriente que pueda circular por ellas en caso de mal funcionamiento.

El diodo de by-pass establece un circuito alternativo a la corriente alrededor de una fila, conectándose en paralelo a esta en polarización inversa, de manera que cuando la fila de células funciona normalmente, la corriente fluye por fila de células y el diodo está cerrado al paso de corriente (es como si no estuviera presente en el circuito).

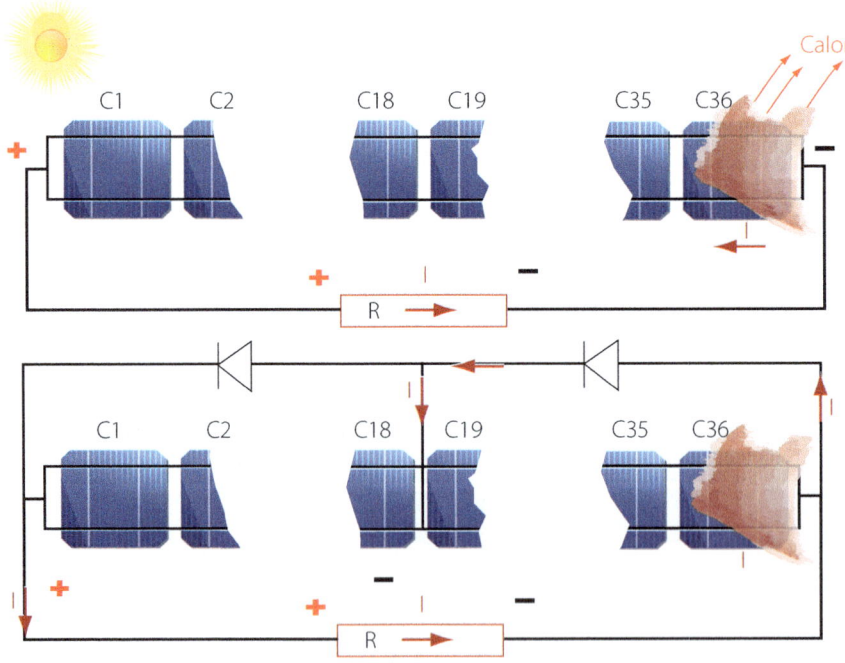

Funcionamiento diodos de by-pass

Cuando la fila de células deja de funcionar normalmente (por ejemplo, por sombreado de una de las células de la misma) el diodo de derivación se activa, estableciendo un camino alternativo que deja pasar la corriente a su través, evitando la circulación por la fila dañada y transportando la electricidad generada hacia las filas siguientes.

La inclusión de diodos de by-pass individuales para cada célula sería demasiado costosa, por lo que los módulos fotovoltaicos suelen incorporarlos asociados a filas o conjuntos (por ejemplo de 16 a 24 células)

Los diodos de by-pass se integran en la caja de conexiones, el tipo depende de la corriente y la potencia nominal de las células a proteger. El tipo más común es el diodo Schottky con clasificaciones de corriente desde 1 hasta 60 A y de voltaje hasta 45 V.

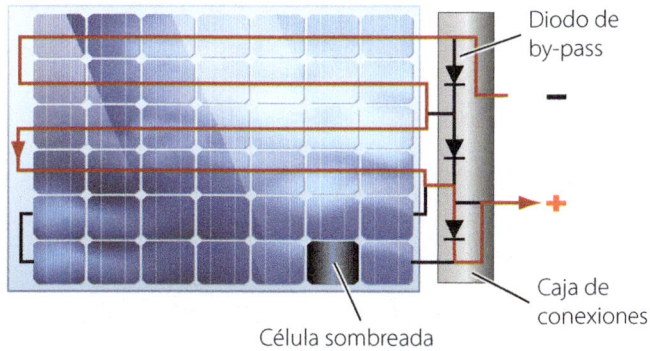

Sistema de diodos de by-pass en un módulo

De cara a mejorar las prestaciones del módulo fotovoltaico, se ha desarrollado la tecnología de **célula partida** o *Half-Cell*. En síntesis, esta tecnología aplicada a módulos de silicio cristalino consiste en el empleo de células solares cortadas por la mitad, situando la caja de conexiones en el centro del módulo solar. El módulo fotovoltaico queda dividido en dos mitades con el 50 % de capacidad cada una de ellas. Las principales ventajas de esta tecnología son:

- En los módulos de célula partida el flujo de corriente se divide por dos, reduciéndose la resistencia interna de las placas y las pérdidas en las mismas.
- Los módulos de célula partida cuentan con dos series de strings conectadas internamente (en dos cajas de conexiones) que dividen en dos mitades la producción. De esta forma, las sombras o pérdidas puntuales que afecten únicamente a una parte del panel se ven mitigadas, evitando la pérdida total de su producción.
- Las células se pueden disponer de forma más cercana, aprovechando mejor el tamaño del panel. Sumando el efecto de mayor rendimiento se logra una mayor eficiencia por panel respecto al uso de células completas.

- Al ser cada célula más pequeña se reduce el estrés mecánico, minimizando el riesgo de microfisuras y posibles puntos calientes dentro del módulo.

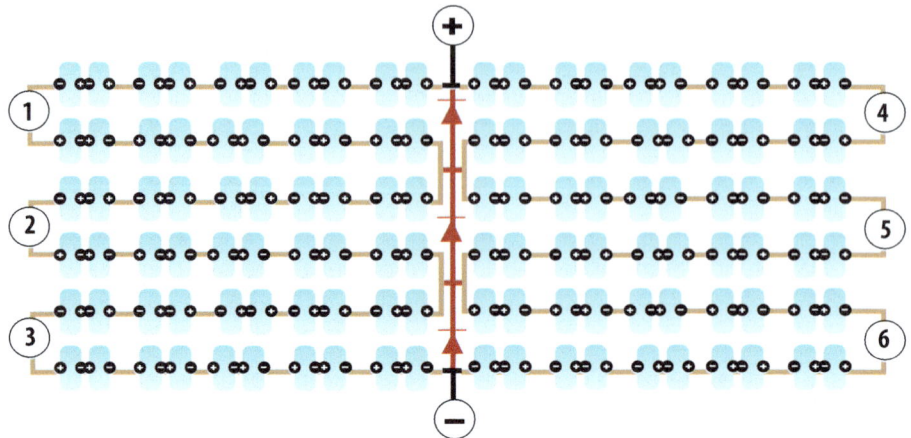

Esquema módulo con tecnología Half-Cell

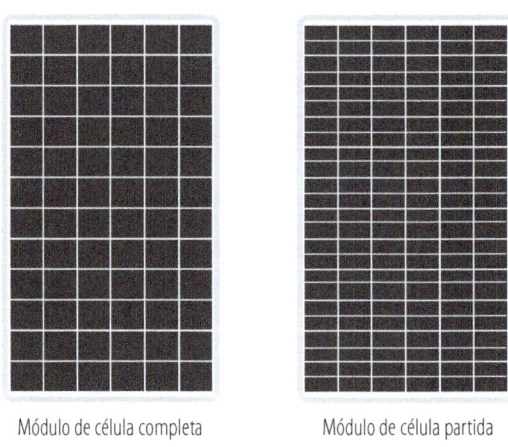

| Módulo de célula completa | Módulo de célula partida |

Módulo fotovoltaico convencional y Half-Cell

Otras tecnologías de menor implantación en el desarrollo de módulos fotovoltaicos son:

- **Módulos para integración arquitectónica (BIPV):** diseñados para formar parte de la estructura de un edificio en sustitución de materiales de construcción convencionales, aportando así una doble funcionalidad energética y arquitectónica y actuando como cerramientos, revestimientos o sombreados. Algunos tipos son:
  - ✓ Vidrio/vidrio: disponen de un vidrio frontal y otro trasero para su uso como superficies acristaladas.
  - ✓ Tejas fotovoltaicas: diseñadas para su instalación en cubiertas inclinadas en sustitución de las tejas convencionales.

✓ Pavimentos y baldosas fotovoltaicos: para su instalación en sustitución de un pavimento convencional en entornos urbanos como calles y carreteras.

✓ Aleros y cornisas: para su instalación en fachadas.

✓ Otros: zócalos, módulos coloreados, barandillas, ventanas, vallas, etc.

Ejemplos de módulos para integración arquitectónica

- **Módulos bifaciales:** permiten la captación de la radiación tanto por la cara frontal como por la posterior.
- **Módulos cilíndricos:** se trata de paneles cilíndricos recubiertos en 360º con películas delgadas de modo que aprovechan la radiación solar directa y la reflejada por la superficie sobre la que descansan.

Características físicas, constructivas y eléctricas del módulo fotovoltaico

El módulo fotovoltaico es en síntesis una asociación de células fotovoltaicas. Podemos asociar estas células eléctricamente de las formas siguientes:

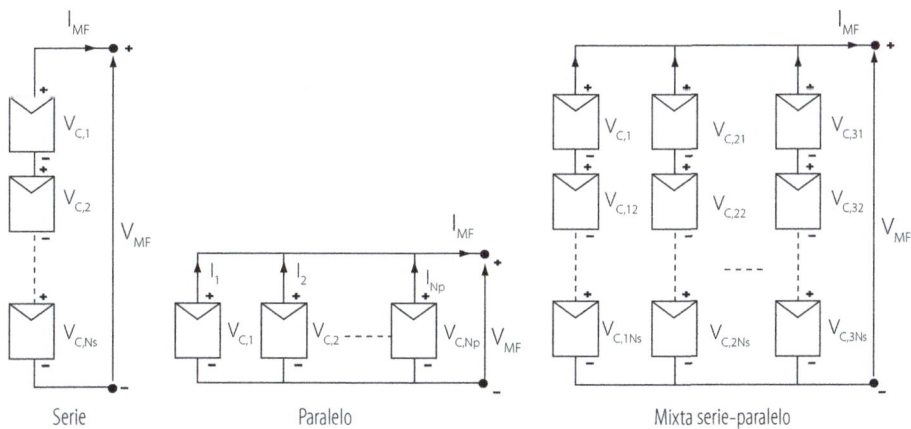

Tipos de asociación de células fotovoltaicas

- **Asociación en serie:** se obtiene un aumento de la tensión eléctrica producida, manteniendo la intensidad.
- **Asociación en paralelo:** se obtiene un aumento de la intensidad, manteniendo la tensión.
- **Asociación mixta serie-paralelo:** es una combinación de la conexión en serie y en paralelo; se obtiene un aumento de tensión e intensidad.

A efectos prácticos se considera que todas las células fotovoltaicas son idénticas y trabajan en las mismas condiciones. La tensión eléctrica del módulo fotovoltaico (V_{MF}) será igual al producto de la tensión en cada célula (V_C) por el número de celdas conectadas en serie (N_S). La intensidad eléctrica suministrada por el módulo (I_{MF}) será igual al producto de la intensidad en una célula (I_C) por el número de ramales en paralelo (N_P).

$$V_{MF} \approx N_S \times V_C$$

$$I_{MF} \approx N_P \times I_C$$

El cálculo de la tensión en circuito abierto del módulo fotovoltaico ($V_{OC,MF}$) y la intensidad en cortocircuito del mismo ($I_{SC,MF}$) puede determinarse del mismo modo, considerando las tensiones e intensidades respectivas de las células individuales.

$$V_{OC,MF} \approx N_S \times V_{oc,c}$$

$$I_{SC,MF} \approx N_P \times I_{SC,C}$$

La potencia del módulo fotovoltaico (P_{MF}) será igual al producto del número total de células (igual al producto de células en serie por el número de ramales en paralelo, $N_S \times N_P$) por la potencia de cada una de ellas (P_C):

$$P_{MF} = P_C \times N_S \times N_P$$

Un módulo fotovoltaico viene caracterizado por su **curva característica I-V** (de modo análogo a una célula fotovoltaica individual) facilitada habitualmente por el fabricante en condiciones estándar de medida. En la figura siguiente se representa una curva característica I-V ejemplo para un módulo fotovoltaico en la que se aprecia una intensidad de cortocircuito (I_{sc}) de 6 A y una tensión de circuito abierto (V_{oc}) de 12 V. Se incluye también una **curva P-V** en donde se refleja una potencia máxima para el módulo de unos 43 W.

La curva característica se obtiene en condiciones estándar con un valor de irradiancia normalizado de 1.000 W/m^2. En condiciones normales de funcionamiento, el valor de la irradiancia sobre el módulo fotovoltaico variará a lo largo del día y del año. La variación de la irradiancia tiene influencia sobre la intensidad de cortocircuito (I_{sc}), afectando muy poco a la tensión de circuito abierto (V_{oc}).

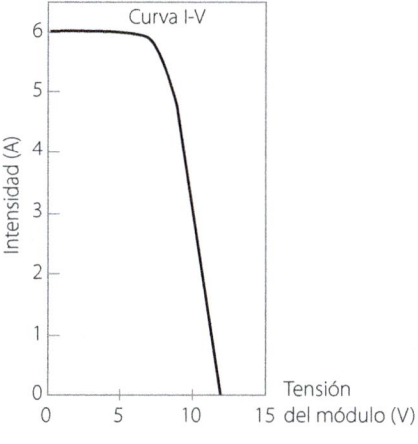
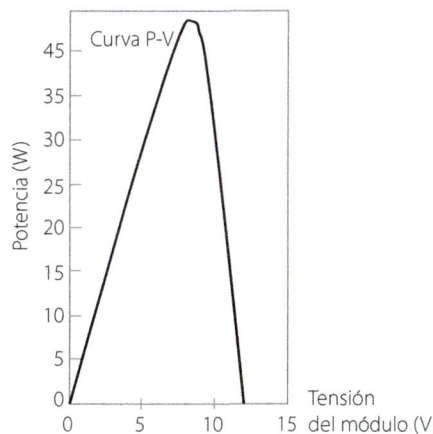

Curvas características I-V y P-V de un módulo fotovoltaico

El valor de intensidad de cortocircuito para un valor de irradiancia determinado ($I_{SC,G}$) para una temperatura de trabajo de 25 ºC, es proporcional a la irradiancia recibida según la expresión:

$$I_{SC,G} = I_{SC,STC} \frac{G}{G_{stc}}$$

Donde:

$I_{SC,STD}$ es el valor de la intensidad de corriente de cortocircuito obtenida en condiciones estándar de irradiancia (1.000 W/m²)

G es la irradiancia solar recibida por el módulo en W/m²

G_{STC} es el valor de la irradiancia en condiciones estándar de medida (1.000 W/m²)

El efecto de la irradiancia solar sobre la tensión de circuito abierto suele despreciarse en muchas aplicaciones debido a su baja influencia, no obstante este valor puede determinarse a partir de la expresión siguiente para un valor de irradiancia determinado:

$$V_{OC,G} = V_{OC,STC} + \frac{m \times K \times T}{e} \ln\left(\frac{G}{G_{stc}}\right)$$

En donde:

$V_{OC,G}$ es la tensión de circuito abierto en V del módulo para el valor de irradiancia buscado

$V_{OC,STC}$ es la tensión de circuito abierto en condiciones estándar de medida (1.000 W/m²), en V

m es el factor de idealidad del diodo

K es la constante de Boltzmann (1,38 · 10⁻²³ J/K)

e es la carga del electrón (1,6 · 10⁻¹⁹ C)

G es la irradiancia solar recibida por el módulo (W/m²)

G_{STC} es el valor de la irradiancia en condiciones estándar de medida (1.000 W/m²)

La potencia eléctrica suministrada por el módulo dependerá también de la irradiancia solar, aumentando con esta (mayor potencia a mayor irradiancia recibida) La máxima potencia producida en unas condiciones de irradiancia (G) determinadas ($P_{MPP,G}$) puede determinarse a partir del dato de la máxima potencia del módulo en condiciones estándar de medida ($P_{MPP,STC}$) y de los valores de irradiancia en condiciones estándar (G_{STC}):

$$P_{MPP,G} = P_{MPP,STC} \times \frac{G}{G_{stc}}$$

En las figuras siguientes se incluyen las curvas características I-V y P-V para un módulo fotovoltaico ejemplo en función de la irradiancia.

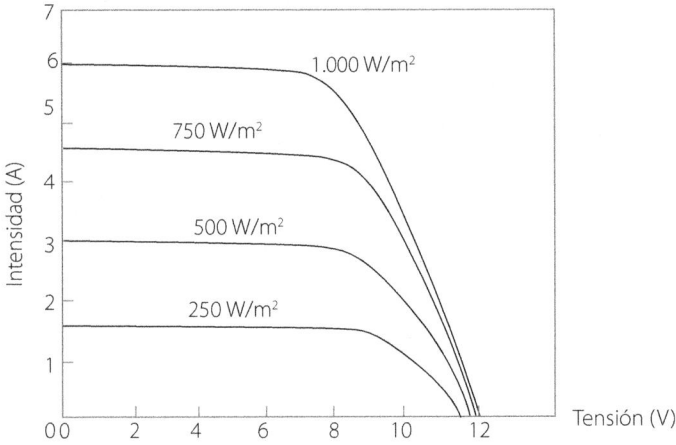

Curva característica I-V para un módulo fotovoltaico en función de la irradiancia

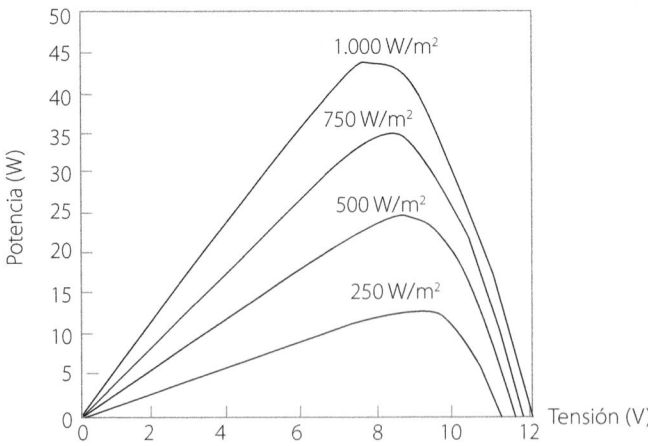

Curva característica P-V para un módulo fotovoltaico en función de la irradiancia

Dado que un módulo fotovoltaico es una asociación de células, su curva características también se verá influenciada por efecto de la temperatura de las mismas, disminuyendo la tensión de circuito abierto y aumentando la intensidad de cortocircuito cuando aumenta la temperatura. Los valores de potencia máxima, intensidad en cortocircuito y tensión de circuito abierto para una temperatura determinada ($P_{MPP,TC}$, $I_{SC,TC}$, $V_{OC,TC}$) pueden determinarse empleando las mismas fórmulas utilizadas para el cálculo en células fotovoltaicas, incluyendo los valores correspondientes al módulo facilitados por el fabricante. Estos suelen facilitar también las curvas características del módulo para distintos valores de temperatura y una irradiancia de 1.000 W/m².

$$P_{MPP,TC} = P_{MPP,STC}\left(1 + \frac{\gamma}{100}(T_C - T_{C,STC})\right) \quad I_{SC,TC} = I_{SC,STC}\left(1 + \frac{\alpha}{100}(T_C - T_{C,STC})\right)$$

$$V_{OC,TC} = V_{OC,STC}\left(1 + \frac{\beta}{100}(T_C - T_{C,STC})\right)$$

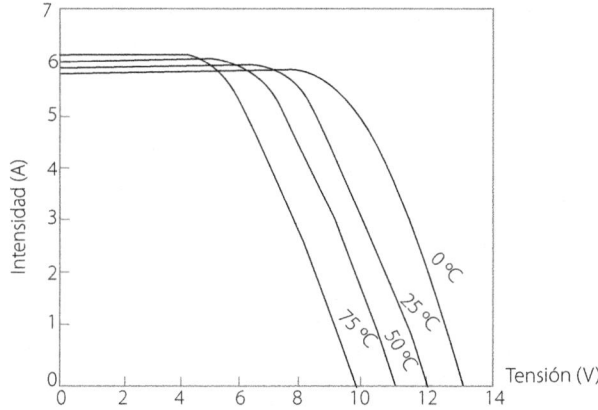

Curva característica I-V para un módulo fotovoltaico en función de la temperatura

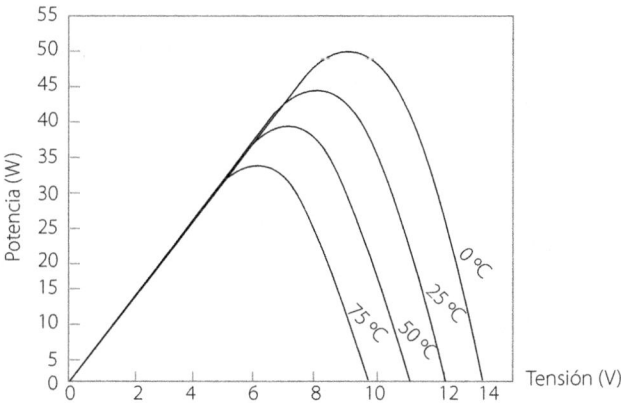

Curva característica P-V para un módulo fotovoltaico en función de la temperatura

La temperatura de trabajo de las células en el módulo fotovoltaico es diferente a la temperatura ambiente, siendo habitualmente superior a esta. Se define como **temperatura de operación nominal (TONC)** a la temperatura que alcanza el módulo cuando la temperatura ambiente es de 20 ºC, la irradiancia de 800 W/m^2 y la velocidad del viento es de 1 m/s. La temperatura de trabajo del módulo (T$_C$) para un valor de irradiancia solar determinado (G) y una temperatura ambiente (T$_A$) puede determinarse de modo aproximado a partir de la fórmula siguiente, conociendo el valor de TONC facilitado por el fabricante:

$$T_C = T_A + G\frac{TONC - 20}{800}$$

Los parámetros que definen un módulo fotovoltaico pueden clasificarse en parámetros eléctricos, parámetros térmicos, características constructivas y de funcionamiento. Estos parámetros suelen ser facilitados por el fabricante.

Los **parámetros eléctricos** de un módulo fotovoltaico se facilitan en condiciones estándar y son los mismos aplicados a la célula fotovoltaica individual.

- **Intensidad en cortocircuito (I$_{sc}$):** intensidad que circula por el módulo cuando está en cortocircuito (tensión eléctrica cero). Es la máxima intensidad que puede proporcionar la célula en condiciones estándar de medida.

- **Tensión de circuito abierto (V$_{oc}$):** tensión en bornes del módulo cuando el circuito está abierto (intensidad eléctrica cero). Es la máxima tensión que puede proporcionar la célula en condiciones estándar de medida.

- **Potencia máxima (P$_{MPP}$):** potencia eléctrica máxima que puede proporcionar el módulo en condiciones estándar de medida. La potencia máxima que puede suministrar el módulo se expresa en **vatios pico (W$_p$)**. El valor real de potencia suministrado por el módulo diferirá del nominal debido a diferencias de fabricación en las células, conexionado de las mismas u otros factores imputables a materiales, existiendo una dispersión en los valores obtenidos. Por ello, los fabricantes suelen especificar el valor de potencia, incluyendo un valor de tolerancia respecto al nominal en forma +/- % o incluso tolerancia negativa nula (0 %/+%) en la cual el fabricante garantiza al menos el valor nominal.

A lo largo del tiempo el módulo sufrirá una degradación progresiva de la potencia entregada con respecto al valor inicial (especialmente en los primeros meses de funcionamiento) Los fabricantes suelen recoger esta merma de potencia a lo largo de los años en las condiciones de garantía del módulo fotovoltaico. Algunos fabricantes establecen una degradación lineal y otros una degradación escalonada. Esta merma de potencia a lo largo del tiempo debe ser tenida en cuenta a la hora de dimensionar la instalación (prever la potencia real que el sistema podrá suministrar a lo largo de los años) así como a la hora de reclamar al fabricante una posible merma en las prestaciones del módulo.

- **Tensión en el punto de máxima potencia (V_{MPP}):** tensión en el módulo en el punto de trabajo de máxima potencia.
- **Intensidad en el punto de máxima potencia (I_{MPP}):** intensidad que circula por el módulo en el punto de trabajo de máxima potencia.
- **Rendimiento (η):** cociente entre la potencia máxima que puede entregar el módulo (P_{MPP}) y la potencia de la radiación incidente sobre ella (P_L). La potencia P_L puede determinarse a partir del dato de la irradiancia incidente G_{STC} (1.000 W/m²) por el área de la superficie del módulo.

$$\eta = \frac{P_{MPP}}{P_L} = \frac{V_{MPP} \times I_{MPP}}{P_L}$$

- **Factor de forma (FF):** cociente entre la potencia máxima que puede entregar el módulo (P_{MPP}) y el producto de la tensión de circuito abierto (V_{OC}) y la intensidad en cortocircuito (I_{SC}). Cuanto más se aproxima el factor de forma (F_F) a uno, más se aproxima la curva V-I a la de máxima potencia. El valor habitual suele situarse en 0,7-0,8.

$$FF = \frac{V_{MPP} \times I_{MPP}}{V_{OC} \times I_{SC}}$$

Los **parámetros térmicos** de un módulo fotovoltaico se facilitan en condiciones estándar y son los mismos aplicados a la célula fotovoltaica individual:

- **Coeficiente de temperatura de la intensidad en cortocircuito (α):** coeficiente expresado en %/ °C que relaciona la intensidad en cortocircuito con la temperatura.
- **Coeficiente de temperatura de la tensión de circuito abierto (β):** indica la dependencia de la tensión de circuito abierto con la temperatura del módulo expresado en %/ °C.
- **Coeficiente de temperatura de la máxima potencia (γ):** indica la dependencia de la potencia máxima con la temperatura del módulo expresado en %/ °C.

Las **características constructivas** de un módulo fotovoltaico facilitadas por el fabricante suelen ser:

- **Dimensiones:** alto, ancho y profundidad.
- **Peso:** expresado en kg.
- **Superficie:** superficie expuesta a la radiación expresada en m².
- **Tipo de célula:** tipo de célula integrada en el panel (silicio monocristalino, silicio policristalino, silicio amorfo, etc.).

- **Número de células:** número total de células fotovoltaicas que integran el módulo.
- **Asociación:** tipo de asociación de las células.
- **Material del marco:** aluminio anodizado, etc.
- **Caja de conexiones:** básicamente su grado de protección IP.
- **Tipo de vidrio:** espesor, templado o no, etc.
- **Otros:** particularidades constructivas, como half-cell, PERC, etc.

Las **características de funcionamiento** de un módulo fotovoltaico facilitadas por el fabricante suelen ser:

- **Temperatura:** límites máximo y mínimo de temperatura ambiente de trabajo.
- **Resistencia al granizo:** resistencia al impacto del granizo determinada mediante ensayo normalizado.
- **Resistencia anti-PID:** el efecto PID (*Potencial Induced Degradation*) tiene como origen la corriente de fuga entre las células del módulo y el resto de componentes del mismo (marco, vidrio, encapsulado, etc.) y que provoca un estrés que puede derivar en una pérdida de rendimiento a lo largo del tiempo. Puede estar ocasionado por condiciones ambientales (temperatura, humedad), condiciones eléctricas del sistema o calidad de los materiales. Está definido un ensayo normalizado en el cual se determina la curva característica I-V del módulo antes y después de ser sometido a las condiciones de 85 ºC y 85 % de humedad en una cámara climática durante un número determinado de horas (habitualmente 48 h). Se declara que el módulo está libre de efecto PID si la degradación del mismo es inferior al 5 %.
- **Cargas máximas de viento:** velocidad máxima de viento que puede soportar expresada en km/h o en Pa. Este dato suele facilitarse para el sistema de soportación aplicado.
- **Carga máxima de nieve:** valor máximo de peso que puede soportar el módulo expresado en kg/m^2.

La curva característica I-V define el rango de funcionamiento de un módulo fotovoltaico para un valor determinado de irradiancia solar. El par de valores de intensidad y tensión de trabajo del módulo en un momento determinado dependerán de las características de la carga conectada en bornes.

Si se conecta una carga resistiva, el punto de funcionamiento será la intersección entre la curva característica I-V y la recta de la resistencia, que se determina por la ley de Ohm según la expresión I = V/R, en la cual R es el valor óhmico de la resistencia.

Para que el módulo fotovoltaico trabaje en el punto de máxima potencia debe ajustarse el valor de la resistencia óhmica de manera que el punto de intersección coincida con dicho punto.

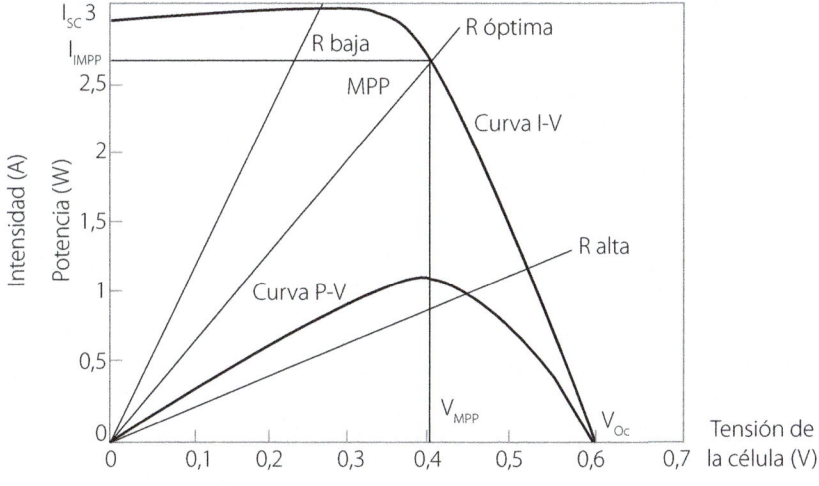

Curva característica I-V con una carga resistiva

El generador fotovoltaico

Se define como generador fotovoltaico a la asociación de uno o varios módulos fotovoltaicos formando un conjunto con capacidad de producir electricidad. En instalaciones solares la demanda energética suele ser mayor que la proporcionada por un módulo individual, siendo necesaria la asociación de un número variable de módulos que sean capaces de aumentar los niveles de tensión, intensidad y potencia de un módulo individual.

Las **pérdidas por desacoplamiento** (mismatch) son pérdidas debidas a comportamientos distintos de uno o varios módulos dentro del conjunto del generador fotovoltaico. La diferencia de tensión o intensidad de uno o varios módulos dentro del conjunto pueden lastrar el funcionamiento y rendimiento del generador. Si se conectan módulos en serie con diferentes intensidades, el módulo de menor intensidad limitará la corriente de la línea, de modo que la potencia global del generador será inferior a la correspondiente a la suma de potencias individuales. Por ello siempre deben emplearse módulos del mismo modelo y fabricante.

Un generador fotovoltaico puede estar constituido por la asociación de módulos según los tipos siguientes:

- **Asociación en serie:** es la asociación seriada de módulos fotovoltaicos. Se denomina **rama, cadena o string** al conjunto de módulos conectados en serie. Se considera que todos los módulos son idénticos y trabajan en las mismas condiciones de tensión e intensidad. En esta asociación, la intensidad que circula por cada módulo es la misma del conjunto (I_{GF}), y la tensión generada por el generador (V_{GF}) es la suma de las tensiones individuales conectadas.

$$V_{GF} \approx N_S \times V_{MF}$$

En donde:

V_{GF} es la tensión eléctrica del generador fotovoltaico

N_S es el número de módulos conectados en serie

V_{MF} es la tensión del módulo fotovoltaico

- **Asociación en paralelo:** es la asociación en paralelo de módulos fotovoltaicos en la cual la tensión del generador (V_{GF}) se corresponde con la tensión individual de cada uno de los módulos y la intensidad entregada (I_{GF})se corresponde con la suma de las intensidades individuales.

$$I_{GF} \approx N_P \times I_{MF}$$

Donde:

I_{GF} es la tensión eléctrica del generador fotovoltaico

N_P es el número de módulos conectados en paralelo

I_{MF} es la intensidad del módulo fotovoltaico.

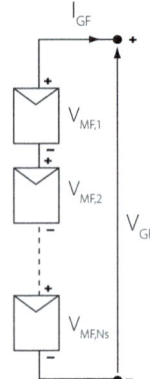

Generador fotovoltaico con módulos asociados en serie

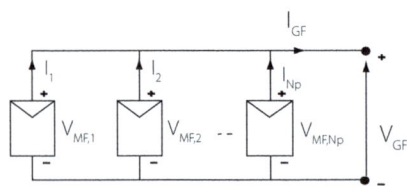

Generador fotovoltaico con módulos asociados en paralelo

- **Asociación mixta:** combinación de asociaciones en serie y en paralelo, permitiendo aumentar el valor de intensidad y de tensión. En este caso los valores de tensión e intensidad del generador (V_{GF} e I_{GF}) se corresponderán con:

$$V_{GF} \approx N_S \times V_{MF}$$
$$I_{GF} \approx N_P \times I_{MF}$$

La asociación mixta puede hacerse de dos modos:

✓ **Asociación mixta paralelo-serie:** los módulos se asocian en paralelo formando ramas que son luego conectadas en serie entre ellas. En este caso, es necesaria la inclusión de diodos de by-pass para evitar la existencia de módulos que trabajen como cargas consumidoras de energía en el caso de sombreados de los mismos.

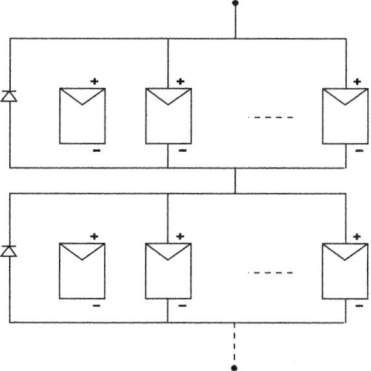

Generador fotovoltaico mixto paralelo-serie

✓ **Asociación mixta serie-paralelo:** los módulos se asocian en serie formando ramas que son luego conectadas en paralelo entre ellas. Este tipo de asociación es la más habitual y en ella no es necesaria la inclusión de diodos de by-pass.

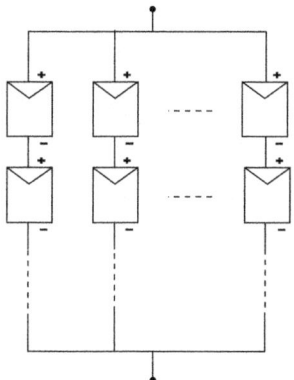

Generador fotovoltaico mixto serie-paralelo

En la conexión en serie los módulos se conectan directamente entre sí, conectando el polo positivo de uno con el polo negativo del siguiente (conexión macho-hembra de los conectores).

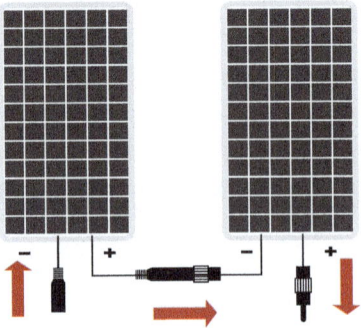

Módulos fotovoltaicos conectados en serie

En la conexión en paralelo se conectan, por un lado, todos los polos positivos de los módulos del generador o rama y por otro todos los polos negativos del mismo. Para la interconexión pueden emplearse conectores tipo MC4 paralelos para la interconexión de 2, 3, 4, 5 módulos.

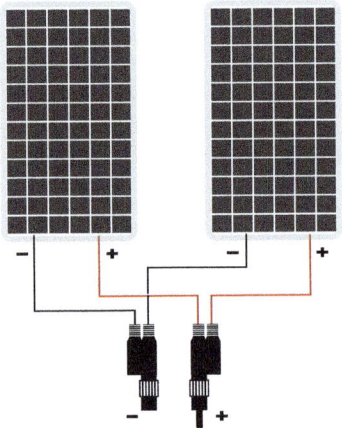

Módulos fotovoltaicos conectados en paralelo

Protecciones del generador fotovoltaico

Un generador fotovoltaico puede verse expuesto a los siguientes tipos de incidencias eléctricas:

- **Corrientes inversas.** Como consecuencia de un fallo debido al sombreado en una rama del generador fotovoltaico, este puede funcionar como receptor de potencia, disipando en forma de calor la potencia generada por el resto de ramas conectadas en paralelo, circulando la intensidad en sentido inverso al del funcionamiento normal. Los valores de intensidad pueden ser elevados, especialmente en el caso de existir muchas ramas en paralelo. De modo habitual, los módulos fotovoltaicos pueden soportar una corriente inversa comprendida entre 2 y 3 veces la corriente nominal de cortocircuito. Los fabricantes suelen facilitar el dato de **resistencia a la corriente inversa** I_R durante un periodo de una o dos horas. Si no se dispone de este dato, puede considerarse que este valor máximo de corriente es el correspondiente al doble de la intensidad de cortocircuito en condiciones estándar de medida.

$$I_R = 2 \times I_{SC,STC}$$

Se considera que deben incluirse necesariamente protecciones contra corrientes inversas siempre y cuando el generador disponga de tres o más ramas en paralelo, no siendo necesario para una o dos ramas.

- **Cortocircuitos.** Un cortocircuito puede estar producido por un fallo de aislamiento entre conductor positivo y negativo, por un doble defecto a tierra en sistemas aislados de tierra o por un defecto a tierra en sistemas con parte activa puesta a tierra.

  Los posibles cortocircuitos que puedan aparecer en un generador fotovoltaico dependerán del punto en que tienen lugar en la conexión del mismo.

- **Sobretensiones transitorias.** Al estar expuestas a las condiciones atmosféricas, las instalaciones fotovoltaicas pueden verse afectadas por sobretensiones transitorias debidas a descargas de rayos sobre ellas. Un rayo es una descarga eléctrica debido a una diferencia de potencial entre la parte baja de una nube y el suelo.

  En una situación de tormenta con descarga eléctrica, el generador fotovoltaico puede verse afectado por dos tipos de acoplamientos: directo o galvánico e indirecto. El primero tiene lugar cuando el rayo se descarga directamente a través de la instalación en dirección hacia tierra. Si el aislamiento de los componentes eléctricos falla, entonces parte de la corriente fluye por ellos hacia tierra.

  El acoplamiento indirecto es debido a la creación de un campo magnético alrededor del rayo que puede inducir sobretensiones transitorias a su alrededor. La magnitud de esas sobretensiones dependerá de la magnitud eléctrica de la descarga, de la distancia y del área formada por los conductores eléctricos del generador fotovoltaico entre sí.

Se indican a continuación los distintos elementos de protección existentes para proteger el generador fotovoltaico de las posibles incidencias eléctricas indicadas anteriormente.

- **Diodo de bloqueo.** Un diodo permite el paso unidireccional de la corriente eléctrica, bloqueando la circulación en sentido opuesto. En el caso de la instalación de un generador fotovoltaico conectado a un sistema de baterías de acumulación, puede ocurrir que durante la oscuridad circule una pequeña corriente desde las baterías hacia los módulos fotovoltaicos, que se comportarán como resistencias, reduciendo su nivel de carga. Para evitar esta pérdida se instalan diodos de bloqueo en serie entre el generador fotovoltaico y la batería. En condiciones normales de radiación solar, el generador producirá electricidad y los diodos permitirán la circulación normal de corriente hacia las baterías. En condiciones de sombra u oscuridad, los diodos bloquean el paso de corriente en sentido inverso.

Los diodos de bloqueo se instalan en serie con cada rama a proteger. La tensión inversa máxima del diodo debe ser al menos el doble de la tensión de circuito abierto de las ramas del generador en condiciones estándar de medida. Se considera que la intensidad en directo que debe soportar el diodo debe ser un 25 % superior a la intensidad de cortocircuito de una rama.

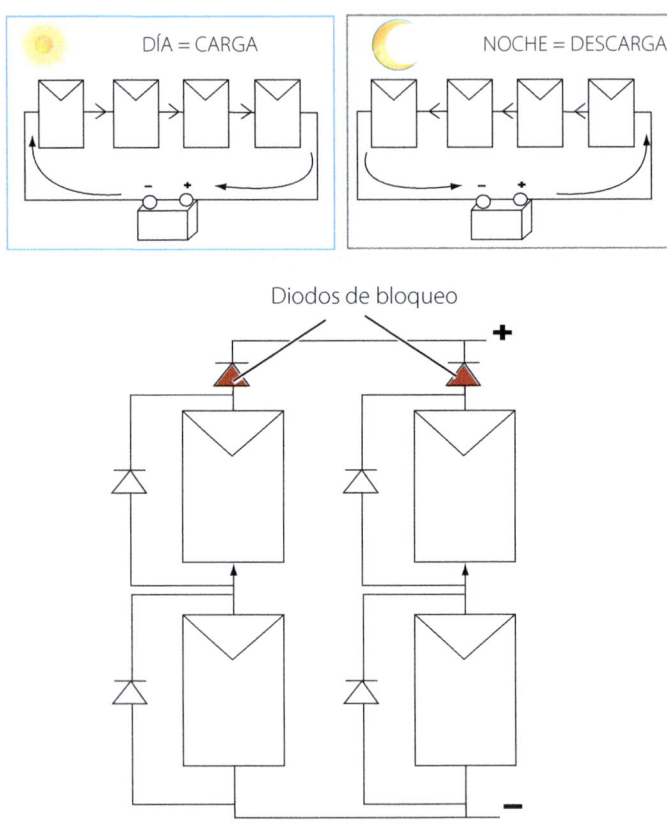

Conexión de diodos de bloqueo

Debe considerarse que un diodo de bloqueo no es una protección contra sobreintensidades. Adicionalmente, cabe la posibilidad de que un diodo no funcione correctamente y provoque un cortocircuito presentando un consumo de potencia debido a la caída de tensión a su través.

- **Fusible gPV.** Los fusibles se emplean para proteger el generador frente a intensidades o cortocircuitos, siendo capaces de desconectar una rama en caso de sobreintensidades. En instalaciones en las que no hay más de dos ramas en paralelo no es necesaria la instalación de fusibles, ya que el módulo no ofrecerá nunca una corriente superior a su corriente de cortocircuito, no obstante es siempre recomendable su uso.

Son fáciles de instalar y de bajo coste. Su desventaja es que deben ser sustituidos después de un fallo y que no protegen el sistema frente a corrientes inversas.

En instalaciones fotovoltaicas se emplean fusibles específicos para este tipo de instalaciones, con una curva de disparo adecuadas para proteger circuitos de módulos fotovoltaicos. Estos fusibles se denominan fusibles gPV y sus requisitos se recogen en la norma UNE-EN 60.629-6.

Se instalan en bases portafusibles seccionables, debiendo protegerse cada ramal fotovoltaico, tanto en el polo positivo como negativo.

Normalmente, para los cuadros nivel 1 (protección de ramales), se emplean fusibles de tipo cilíndrico con base RM y para los cuadros nivel 2 (protección líneas de acometida) se emplean fusibles de tipo cuchilla (NH).

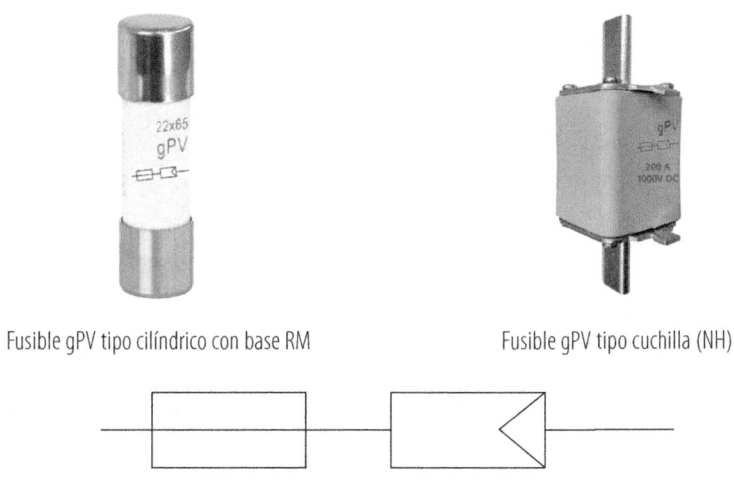

Fusible gPV tipo cilíndrico con base RM   Fusible gPV tipo cuchilla (NH)

Marcado de un fusible de clase gPV

La elección del fusible debe hacerse en función de la intensidad y tensión máxima del sistema, debiendo ser capaces de disipar la potencia generada en las peores condiciones de trabajo.

Para el cálculo del fusible gPV adecuado a la instalación será necesario disponer de los datos siguientes:

✓ Número de ramales conectados en paralelo.

✓ Número de módulos fotovoltaicos conectados en serie por ramal (M).

✓ Temperatura ambiente de trabajo.

✓ Corriente de cortocircuito de los módulos en condiciones estándar ($I_{SC,STC}$).

✓ Tensión de circuito abierto de los módulos en condiciones estándar ($V_{OC,STC}$).

El voltaje de funcionamiento máximo del fusible debe ser superior a la tensión máxima en circuito abierto en condiciones de temperatura mínima. En la fórmula siguiente se considera una temperatura mínima de -25 ºC para el cálculo de la tensión nominal del fusible (U_n).

$$U_n \geq 1,2 \times M \times V_{OC,STC}$$

Para calcular la intensidad nominal del fusible (I_n) emplearemos la fórmula siguiente:

$$I_n = \frac{I_{SC,STC}}{KT \times 0,85 \times KG}$$

Donde:

$I_{SC,STC}$ es la intensidad de cortocircuito de los módulos;

KT es un factor de corrección por temperatura que varía desde 1 para una temperatura ambiente de 20 ºC hasta 0,76 para una temperatura ambiente máxima de 70 ºC;

KG es un factor de corrección a aplicar en función del número de bases de fusibles agrupadas, siendo 1 para agrupaciones hasta 5 bases, 0,9 para agrupaciones entre 5 y 8, 0,8 para 8-12 y 0,75 para agrupaciones superiores a 12.

- **Interruptor automático magnetotérmico.** Protegen los ramales frente a cortocircuitos y sobreintensidades. Se emplean interruptores magnetotérmicos específicos para instalaciones fotovoltaicas, capaces de extinguir los arcos eléctricos de corriente continua. Al igual que los fusibles, no protegen totalmente contra corrientes inversas. Como ventajas, no deben sustituirse después de cada actuación y permiten desconectar cada rama.

- **Interruptor-seccionador.** Es recomendable incluir un dispositivo de desconexión en cada rama para facilitar las tareas de control y mantenimiento sin que sea necesario desconectar el resto del generador fotovoltaico, así como un dispositivo de desconexión de subgrupo y del generador completo.

- **Descargador de sobretensiones (SPD o DPS).** Estos elementos de protección derivan a tierra las sobretensiones producidas por fenómenos atmosféricos (como rayos), protegiendo tanto los módulos fotovoltaicos como el resto de equipos de la instalación. Incorporan varistores (semiconductores que varían el valor de su resistencia en función de la tensión). Pueden proteger las descargas entre positivo y tierra, negativo y tierra o entre positivo y negativo. El descargador debe seleccionarse de modo que la tensión máxima prevista en el sistema sea inferior a su tensión de trabajo.

Los descargadores de sobretensión pueden ser de tres tipos:

✓ Tipo 1: protección de sistemas de baja tensión contra daños causados por efectos directos de la caída de un rayo.

✓ Tipo 2: protección de sistemas de baja tensión contra daños causados por efectos indirectos de un rayo y operaciones de conmutación en máquinas o instalaciones eléctricas.

✓ Tipo 3: protección de los equipos consumidores en sistemas de baja tensión contra daños por sobretensiones causadas por efectos indirectos de un rayo o por procesos de conmutación.

Normalmente se instala un dispositivo de protección contra sobreintensidades previo al descargador. Este puede ser un fusible o un magnetotérmico cuya función es actuar por cortocircuito en caso de avería o deterioro del descargador.

En las figuras siguientes se incluyen dos esquemas tipo de un generador fotovoltaico con sus protecciones, el primero de ellos con protección de los ramales mediante fusibles y el segundo con protección mediante magnetotérmicos. Ambos incluyen descargador de sobretensiones con protección previa mediante fusible.

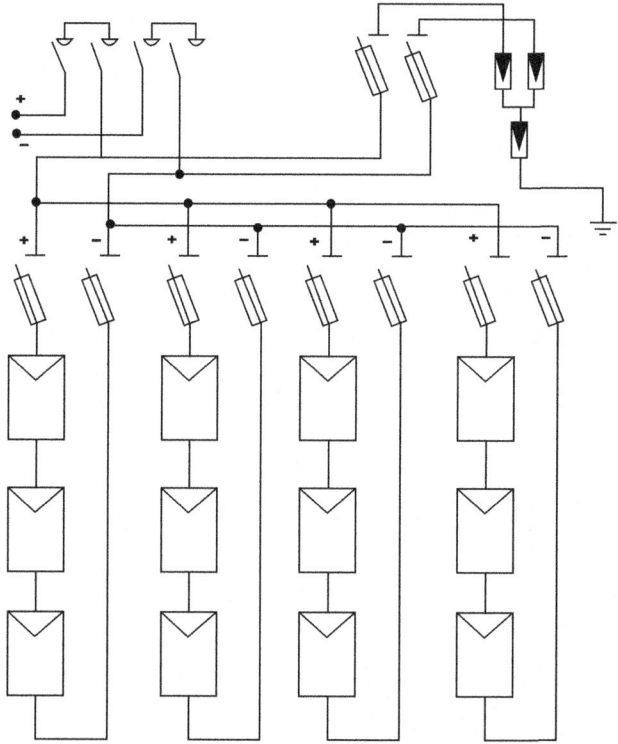

Generador fotovoltaico con protecciones

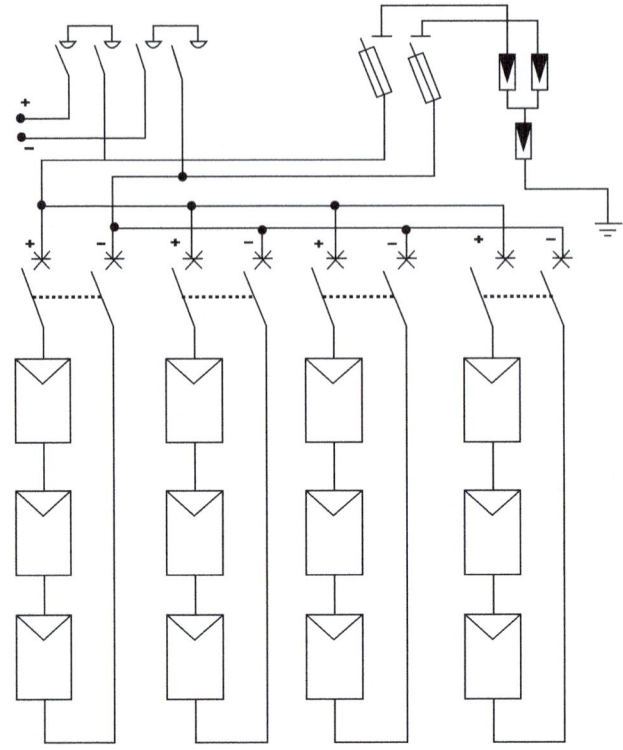

Generador fotovoltaico con protecciones mediante magnetotérmicos

2.2. Estructuras y soportes

Estructuras y soportes. Tipos

Los módulos fotovoltaicos suelen ser elementos planos, con una superficie de captación que debe ser orientada para obtener el máximo de radiación solar posible a lo largo de su periodo de utilización. Las estructuras y los soportes son los elementos constructivos empleados para la fijación y orientación del módulo solar.

Entendemos por estructura a un conjunto de elementos constructivos simples unidos entre sí y capaces de soportar las fuerzas que actúan sobre ella conservando su forma original. Un soporte puede definirse como un elemento constructivo simple empleado para soportar un elemento, en este caso un módulo fotovoltaico.

Las estructuras y soportes empleados en la fijación de módulos fotovoltaicos deben cumplir una serie de requisitos:

- Proporcionar la orientación e inclinación del módulo adecuadas.
- Soportar el peso y las fuerzas exteriores, como el viento, sin deformarse.
- Resistir las condiciones climáticas exteriores, como viento, nieve o atmósfera salina, a lo largo de la vida útil de la instalación.
- Ser lo más ligeras posible.
- Ser fáciles de montar, especialmente en el caso de emplazamientos de difícil acceso o con reducida movilidad, como tejados.

Podemos clasificar los tipos de estructuras y soportes en función del emplazamiento en donde deben ubicarse los módulos fotovoltaicos.

Podemos definir los siguientes tipos basándonos en estos criterios:

- **Montaje sobre suelo:** para su instalación directa sobre el terreno. Pueden consistir en estructuras con anclaje o fijación a tierra o soportes individuales con la inclinación adecuada, como por ejemplo soportes de hormigón diseñados específicamente para esta aplicación.

  En el montaje sobre suelo basado en estructuras debe definirse el sistema de cimiento sobre el que se fijará esta. Esto dependerá del tipo de suelo, pudiéndose optar por las soluciones siguientes:

  - ✓ Perfiles empotrados directamente en el terreno: el perfil vertical de la estructura se introduce directamente en el terreno.
  - ✓ Cimiento de hormigón: consiste en perforar el terreno y verter hormigón para obtener un cimiento sobre el que se fijará la estructura soporte de los módulos.
  - ✓ Pilotes helicoidales o verticales de acero: consistente en excavar el terreno para instalar unos pilotes de acero que sirven posteriormente de anclaje para la estructura.
  - ✓ Zapata o bloque de hormigón: consistente en bloques de hormigón prefabricados que se anclan al terreno nivelado uniformemente y sobre la que se monta la estructura. Esta opción es ampliamente utilizada, ya que evita los trabajos de perforación del terreno.

Diferentes montajes sobre el suelo

- **Montaje sobre cubierta plana:** previsto para su instalación en la cubierta del edificio. Pueden emplearse estructuras y soportes previstos para montaje sobre suelo, pero prestando atención especial al anclaje sobre la cubierta, el peso del conjunto y la resistencia al viento en el caso de superficies más expuestas. Es importante no perforar la lámina aislante de la cubierta del edificio, siendo preferible el empleo de lastres para la fijación de la estructura.

Estructura montada sobre cubierta

En el caso de cubiertas planas delicadas y con poca capacidad portante, están disponibles sistemas autoportantes consistentes en una estructura completa, incluyendo la base soporte y la fijación de los módulos, que permite su instalación sobre la cubierta sin taladrar la misma, simplemente apoyando el conjunto sobre la superficie.

- **Montaje sobre cubierta inclinada:** para el montaje en paralelo a una cubierta inclinada, como tejados con cubierta de teja arábica, pizarra o metálica (tipo sándwich). Los fabricantes de estructuras suelen ofrecer soluciones específicas para cada tipo de aplicación particular. En el caso de fijación sobre teja suele utilizarse como método de anclaje una varilla roscada que atraviesa la teja para fijarse sobre la base de la cubierta (vigueta de madera u hormigón) La varilla incluye una junta para evitar el paso de agua de lluvia a través del orificio practicado a la teja y en su extremo superior se fija a un perfil sobre el que se asienta el módulo. En el caso de tejas de pizarra suelen emplearse ganchos especiales fijados a la vigueta.

En superficies metálicas la solución suele consistir en un perfil en L que se fija directamente a la superficie, con su correspondiente junta de estanqueidad, y sobre el que se fija el perfil soporte del módulo. Otra solución son los soportes que se fijan sobre la greca de la superficie metálica, sirviendo de fijación para el módulo.

Diferentes montajes sobre cubierta inclinada

- **Montaje sobre pared:** para el montaje sobre una superficie plana vertical, proporcionando una orientación e inclinación adecuadas al módulo fotovoltaico. Suponen una alternativa cuando no es posible emplear una cubierta o tejado. Se trata de un tipo de estructuras específicas diseñadas para soportar unas cargas de viento y nieve superiores. Se suelen fijar empleando tacos químicos a pared.

- **Estructura elevada:** para aquellos casos en que es necesario elevar la altura de los módulos solares, por ejemplo, para salvar algún accidente del terreno, evitar alguna sombra cercana o bien aprovechar algún elemento constructivo, como una marquesina.

Montaje sobre marquesina

- **Montaje sobre mástil:** suele emplearse en el caso de pequeños módulos que se usan en la alimentación eléctrica de elementos de iluminación urbana (farolas), o bien en el caso de montaje en terrenos accidentados, como laderas en las cuales no es posible integrar una estructura prevista para suelo. En este caso incluye un mástil a anclar en el terreno en cuya parte superior integra la estructura soporte de los módulos, ajustable en inclinación

- **Montaje sobre agua:** para su montaje sobre la superficie de agua embalsada (lagos, pantanos) o superficie marina. Es una solución prevista para compensar la falta de espacio en zonas con demanda de energía solar. Se emplean estructuras flotantes ancladas al fondo, sobre las que se fijan los módulos.

Montaje solar flotante

- **Integración arquitectónica:** aplicación de módulos solares fotovoltaicos en sustitución total o parcial de elementos constructivos, como cerramientos en edificios, lucernarios o pérgolas.

Ejemplos de integración arquitectónica

Componentes

Los materiales utilizados en las estructuras y soportes para módulos fotovoltaicos son:

- **Aluminio:** material ampliamente utilizado por sus ventajas, como fácil mecanización, gran resistencia y bajo peso. Se emplea habitualmente aluminio anodizado (oxidado exteriormente) por presentar mejor resistencia a la corrosión.
- **Hierro:** empleado habitualmente en instalaciones de gran tamaño o expuestas a fuertes vientos. Se emplea hierro galvanizado para garantizar la necesaria resistencia a la corrosión.
- **Acero inoxidable:** es el material que presenta una mayor resistencia a las condiciones exteriores. Presenta el inconveniente de su elevado precio y la especial manipulación de las soldaduras, por lo que su utilización suele limitarse a condiciones extremas, siendo especialmente utilizado en ambientes salinos. Cuando se emplean estructuras

de acero inoxidable y el marco del módulo fotovoltaico es de aluminio, debe evitarse el contacto directo de ambos materiales mediante un aislador, para evitar la corrosión galvánica del aluminio.

Independientemente del material empleado en el resto de la estructura (aluminio, hierro) la tornillería empleada debe ser de acero inoxidable.

- **Hormigón:** empleado como soportes prefabricados o en la cimentación de la estructura, bien como bloques prefabricados o como base construida in situ. Tiene gran durabilidad, resistiendo los factores climáticos externos.

Los componentes que forman una estructura dependen del tipo de montaje empleado. Los componentes más habituales son perfiles para conformar la estructura, carril para el apoyo y fijación del módulo, piezas de clipado o fijación del módulo y tornillería. En el montaje sobre teja se incluyen ganchos y varillas específicos para este tipo de fijación.

Dimensionado

En el dimensionado de las estructuras y soportes de los módulos fotovoltaicos deben considerarse las siguientes acciones externas que pueden actuar sobre el conjunto:

- Peso de la estructura, los módulos y las cargas de nieve.
- Fuerza del viento.
- Tensiones producidas por dilataciones debidas a cambios de temperatura.
- Acciones sísmicas.
- Deformaciones producidas por el paso del tiempo, retracción, fluencia bajo carga u otras.
- Empuje del terreno sobre los elementos en contacto con la estructura.

El cálculo de la resistencia al viento de las estructuras y soportes pueden determinarse a partir de las indicaciones del Documento Básico SE Seguridad Estructural del CTE y de la norma UNE-EN 1.991-1-4 Acciones en estructuras. Acciones de viento. La extensión y complejidad de este tipo de cálculos quedan fuera del alcance del presente libro. Adicionalmente, los fabricantes de estructuras proporcionan en la información técnica del producto el dato de la carga de viento que resiste el conjunto determinado según ensayo. En la información técnica se incluye también el dato de la carga de nieve máxima a que puede estar sometido el conjunto de la estructura y del módulo.

Estructuras fijas y con seguimiento solar

Las estructuras de soporte de los módulos fotovoltaicos pueden ser:

- **Fijas:** definen una orientación e inclinación determinadas en el momento de la instalación y esta posición permanece fija a posteriori.

- **Ajustables:** es posible variar el ángulo de inclinación del módulo fotovoltaico, preferentemente de manera manual, permitiendo aumentar la eficiencia de la instalación al optimizar el ángulo de incidencia.
- **Móviles:** estructuras que varían la orientación e inclinación de los módulos solares para captar el máximo de radiación a lo largo del día o el año. Emplean sistemas de seguimiento solar para determinar la trayectoria del Sol en cada momento. Este tipo de instalaciones maximizan la producción de electricidad optimizando la posición de los módulos fotovoltaicos. Se emplean habitualmente en grandes instalaciones.

Los seguidores solares empleados pueden ser de dos tipos:

  ✓ Seguimiento en un eje: la rotación de la superficie de captación se hace sobre un solo eje, que puede ser horizontal, vertical u oblicuo. En la tabla adjunta se detallan los distintos tipos de seguidores solares de un eje.

Tabla 2.5 Tipos de seguidores solares de un eje

Seguidor solar	Funcionamiento	Parámetro que varía	Imagen
Altura solar	El panel puede girar en torno a un eje horizontal colocado en la dirección este – oeste, lo que permite hacer un seguimiento diario de la altura del Sol.	Inclinación del módulo fotovoltaico	
Azimut solar	El panel puede girar en torno a un eje vertical, perpendicular al plano de trabajo, lo que permite hacer el seguimiento diario del azimut del Sol.	Azimut o giro este – oeste del módulo fotovoltaico	
Eje inclinado	El panel puede girar en torno al eje inclinado norte – sur, siguiendo el recorrido este – oeste del Sol. En este tipo de seguimiento cuando el ángulo de elevación coincide con el de la latitud del lugar, se le denomina seguimiento polar.	Giro este – oeste del Sol	

✓ Seguimiento en dos ejes: la rotación de módulo se efectúa mediante dos ejes, uno de ellos varía la elevación, siguiendo el norte-sur y el otro varía el azimut, siguiendo el recorrido este-oeste del Sol.

Existen dos tipos de seguidores solares en dos ejes: **monoposte**, con un único apoyo central con una capacidad de giro de 360°, y de **carrusel**, con varios apoyos distribuidos a lo largo de una superficie circular, de forma que toda la estructura que soporta los módulos solares gira en un círculo de 360°.

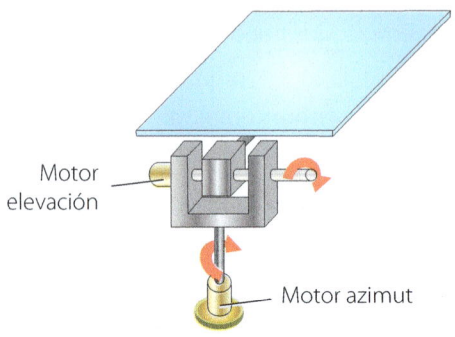

Seguidor solar en dos ejes

Los seguidores solares empleados en las estructuras con seguimiento solar pueden ser de distintos tipos. Se indican a continuación los tipos más comúnmente empleados:

- **GSP:** realiza el seguimiento solar mediante cálculos astronómicos para determinar la posición solar. Emplea receptores GPS para sincronizar la fecha y hora del sistema, evitando así errores debidos a derivas temporales.
- **Reloj solar:** los motores se mueven siguiendo un programa horario preestablecido.
- **Coordenadas astronómicas:** los motores se mueven en base a unas coordenadas solares preestablecidas.
- **Tecnología MLD:** se mide constantemente la intensidad y el ángulo de incidencia de los rayos solares recibidos, orientando el módulo solar de forma óptima.
- **Sensores fotoeléctricos:** determinan el ángulo que forman los rayos solares incidentes sobre el módulo con la perpendicular a su superficie, transmitiendo esta señal al sistema de actuación.

2.3. Acumuladores

Sistemas de acumulación de energía eléctrica

En una instalación fotovoltaica, los periodos de producción de energía eléctrica no coinciden plenamente con los periodos de consumo eléctrico. Por ello es necesario un sistema de acumulación de energía que permita tanto almacenar el excedente de energía eléctrica producida y no consumida durante un determinado periodo, así como aportar el suministro necesario cuando la energía solar es insuficiente para alimentar el consumo. Los sistemas empleados para ello son las **baterías** o **acumuladores**, que se basan en la conversión reversible de energía eléctrica en energía química. En síntesis, una batería es el dispositivo capaz de transformar energía química en energía eléctrica y viceversa.

Las baterías cumplirán los siguientes objetivos en una instalación fotovoltaica:

- Almacenar el excedente de energía eléctrica producida y no utilizada durante un periodo.
- Aportar la energía eléctrica necesaria cuando la demanda de consumo eléctrico es mayor que la energía eléctrica producida en la instalación.
- Proporcionar intensidades de arranque elevadas para aquellos consumos eléctricos que lo requieren (por ejemplo, motores eléctricos).
- Estabilizar la tensión nominal de trabajo de la instalación.

Principio de funcionamiento

Una batería eléctrica, o acumulador eléctrico, es un tipo particular de **pila galvánica** o **voltaica** (también conocida como célula galvánica o voltaica) Su principio de funcionamiento se basa en el proceso químico conocido como oxidación-reducción (o redox):

- **Oxidación:** reacción en la cual un elemento pierde electrones, aumentando su estado de oxidación.
- **Reducción:** reacción en la cual un elemento gana electrones, reduciendo su estado de oxidación.

Un proceso de oxidación-reducción supone la existencia simultánea de estas dos reacciones. En el proceso global, uno de los reactivos presentes se oxida perdiendo electrones que son ganados por otro reactivo que se reduce. En síntesis, se trata de una reacción de transferencia de electrones entre reactivos.

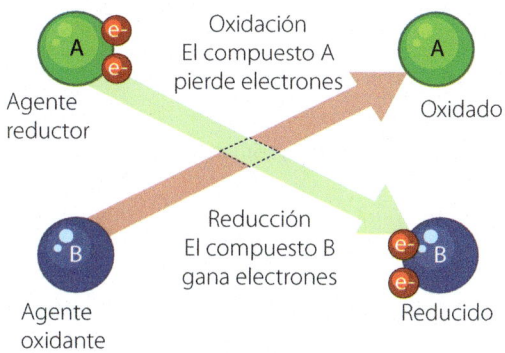

Reacción oxidación-reducción

La pila galvánica o voltaica fue desarrollada por Alessandro Volta en 1800 a partir de las observaciones sobre la producción de corriente eléctrica de Luigi Galvani. Se trataba de un dispositivo formado por una serie de discos apilados (de aquí el nombre) de zinc y cobre, separados por piezas de cartón impregnadas de una salmuera, que suministraba una tensión de unos 0,75 V voltios entre sus extremos.

John Frederic Daniell perfeccionó el dispositivo y desarrolló la pila Daniell en 1836, cuyo diseño es ya similar al de las baterías actuales con algunas variantes y que puede emplearse como ejemplo para entender el principio de funcionamiento de estas de modo ilustrativo. En la figura adjunta puede verse una pila Daniell empleando dos electrodos metálicos. El ánodo (electrodo negativo) es de zinc y está sumergido en una disolución de sulfato de zinc y el cátodo (electrodo positivo) es de cobre y está sumergido en una disolución de sulfato de cobre. Ambas disoluciones están separadas por un tabique poroso.

En el ánodo se produce la oxidación del zinc, que cede dos electrones. La inclusión de un cable conductor entre electrodos permite la circulación de los electrones (corriente eléctrica). En el cátodo, los dos electrones son captados por los iones de cobre de la disolución que se reducen, pasando a cobre metálico que se deposita sobre el electrodo. A través del tabique poroso se permite la conducción de iones sulfato para mantener la neutralidad eléctrica de la pila.

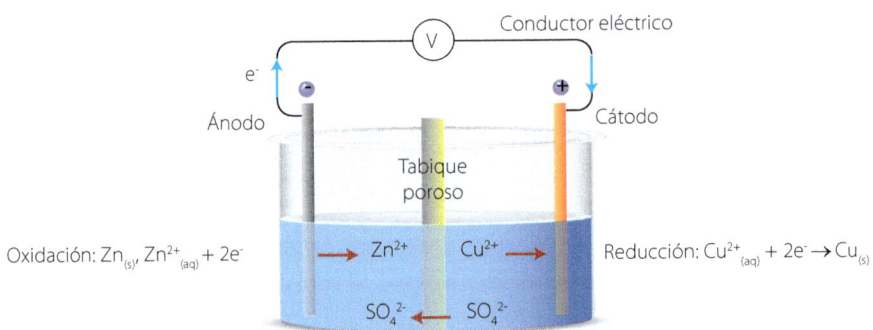

Pila Daniell con tabique poroso

Desde el punto de vista de nomenclatura, es aceptado el empleo del término pila para aquellos dispositivos en los cuales el proceso de descarga eléctrica no es reversible, empleándose el término baterías para dispositivos recargables.

Partes constitutivas de una batería o acumulador

La **celda electroquímica** (también celda voltaica o vaso) es la unidad fundamental de la batería, siendo esta última una asociación de celdas conectadas eléctricamente entre sí. Una celda electroquímica es de hecho una pila individual que proporciona una tensión de unos 1,5 – 2 V.

La celda consta de un paquete de **electrodos** metálicos en forma de placas fabricados en dos metales distintos en función de si trata del electrodo positivo o negativo. El conjunto de electrodos positivos está conectado entre sí y también lo están los electrodos negativos, montándose de forma alterna positivo-negativo, intercalando un **separador** que evita el cortocircuito eléctrico y a su vez permite el paso de iones para cerrar el circuito. El conjunto de placas está sumergido en un electrolito dentro de un vaso aislado. Cada celda cuenta con un borne positivo y un borne negativo.

Para aumentar la capacidad de la batería, esta se constituye por la asociación de varias celdas interconectadas en serie: el borne negativo de una celda se conecta con el borne positivo de la siguiente y así sucesivamente. El conjunto de la batería contará con un borne positivo y uno negativo libres que serán los bornes de conexión de la misma.

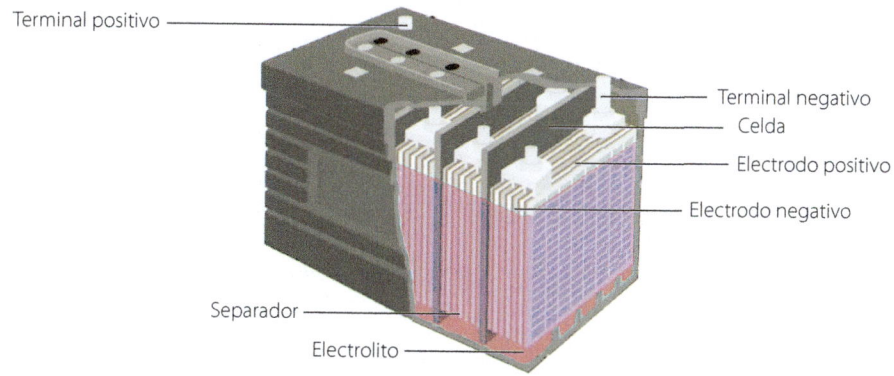

Componentes de una batería

Tipos de acumuladores. Reacciones químicas

De modo genérico podemos clasificar las baterías en primarias y secundarias. Las primarias son no recargables, mientras que las secundarias son recargables y son las empleadas en instalaciones fotovoltaicas.

Desde el punto de vista constructivo podemos diferenciar:

- **Baterías monobloc:** fabricadas con una envolvente única, en la cual se alojan las celdas electroquímicas que la componen. Se trata de una solución compacta y robusta, especialmente aplicada en instalaciones fotovoltaicas de baja potencia. Ocupan poco espacio y son fáciles de instalar.
- **Baterías por elementos:** empleadas en instalaciones de gran potencia, se conforman a partir de vasos individuales interconectados entre sí. La principal ventaja es su concepto modular, así como la posibilidad de sustituir un vaso individual en caso de rotura del mismo, manteniendo el resto del conjunto.

Las baterías pueden clasificarse también basándonos en la tecnología o en los materiales de fabricación. Se indican a continuación las tipologías más habituales disponibles.

Baterías de plomo-ácido

La placa positiva está fabricada en plomo recubierto con dióxido de plomo (PbO_2) y la negativa en plomo esponjoso (Pb) Se constituye por varios pares de electrodos dentro de las celdas y sumergidos en una disolución de ácido sulfúrico (H_2SO_4) que actúa como electrolito.

En el **proceso de descarga** (producción eléctrica de la batería), en la placa positiva (+) el dióxido de plomo (PbO_2) reacciona con el electrólito, reduciéndose a sulfato de plomo ($PbSO_4$) liberando iones sulfato y agua.

$$PbO_2 + 2H_2SO_4 + 2e^- \rightarrow 2H_2O + PbSO_4 + SO_4^{2-}$$

En la placa negativa (-) el plomo reacciona con el sulfato, oxidándose, convirtiéndose en sulfato de plomo (PbSO4).

$$Pb + SO_4^{2-} \rightarrow PbSO_4 + 2e^-$$

En el **proceso de carga** de la batería el proceso es el inverso en ambos electrodos.

La reacción química global es la siguiente, donde el sentido depende de si se trata de un proceso de carga o descarga:

$$PbO_2 + Pb + 2H_2SO_4 \Leftrightarrow 2PbSO_4 + 2H_2O$$
$$DESCARGA \rightarrow$$
$$\leftarrow CARGA$$

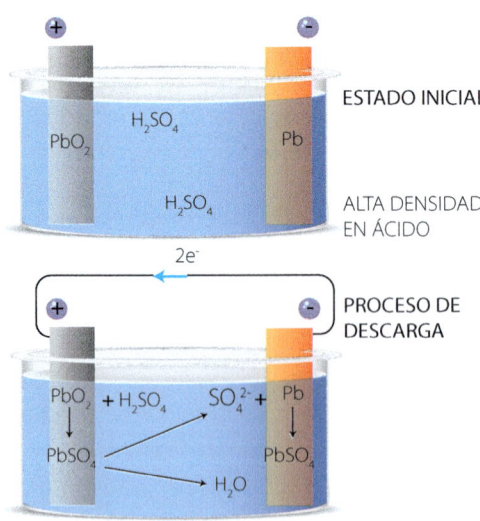

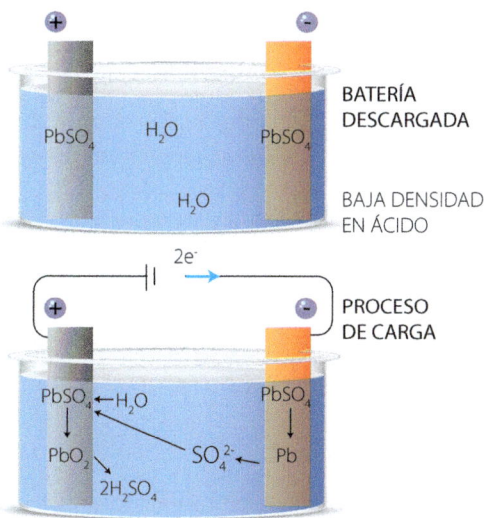

Proceso de carga y descarga de una batería plomo-ácido

Vemos que en el proceso de carga y descarga cambia la naturaleza de los electrodos, así como del electrolito (se empobrece en ácido durante la descarga y se enriquece durante la carga) La densidad del electrolito será una medida del nivel de carga de la batería.

Las baterías plomo-ácido son de uso muy común y tienen diversas aplicaciones, como baterías de arranque en automoción (suministran intensidades elevadas durante periodos de tiempo cortos), baterías de tracción empleadas en vehículos eléctricos (diseñadas para ciclos muy profundos) y baterías estacionarias diseñadas para trabajar en regímenes lentos de carga y descarga como las empleadas en instalaciones fotovoltaicas y sistemas de alimentación ininterrumpida (SAI).

En las baterías plomo-ácido pueden producirse dos fenómenos que tienen una influencia importante sobre el funcionamiento:

- **Gaseo:** este proceso tiene lugar durante el proceso de carga, en el momento en que la batería está próxima a su carga en completa. En este punto el agua de la disolución puede descomponerse, desprendiéndose hidrógeno y oxígeno, produciendo una pérdida de agua en el electrolito, así como una posible oxidación en la placa negativa, reduciéndose el rendimiento.
- **Sulfatación:** este proceso tiene lugar cuando la batería ha permanecido descargada durante un periodo prolongado, formándose cristales de sulfato de plomo en la placa positiva que provocan un aumento de la resistencia y una disminución de la capacidad. Este fenómeno también puede producirse cuando las recargas son incompletas, funcionando la batería a carga parcial.

Baterías de níquel-cadmio (Ni-Cd)

La placa positiva está construida con hidróxido óxido de níquel ($NiO(OH)$) y la negativa con cadmio (Cd). Como electrolito se utiliza una disolución acuosa de hidróxido de potasio (KOH). La reacción química global es la siguiente:

$$Cd + 2NiO(OH) + 2H_2O \Leftrightarrow Cd(OH)_2 + 2Ni(OH)_2$$

DESCARGA →

← CARGA

El hidróxido de potasio no participa en las reacciones electroquímicas, por lo que su concentración prácticamente no varía durante los ciclos de carga y descarga.

Baterías de electrolito inmovilizado

Se trata de un tipo particular de las baterías plomo-ácido en las cuales el electrolito no se encuentra en estado líquido sino inmovilizado. Son también conocidas como VRLA (*Valve Regulated Lead Acid*. Batería de plomo-ácido regulada por válvula), ya que se trata de baterías selladas y herméticas en las cuales solo habrá escape de gas en las válvulas de seguridad en caso de sobrecarga o fallo de alguno de sus componentes. Este tipo de baterías no requieren mantenimiento. Existen dos tipos:

- **Baterías AGM (*Absorbent Glass Material*):** la denominación corresponde a baterías de fibra de vidrio absorbente. En ellas las placas están separadas por mallas absorbentes de fibra de vidrio saturadas en un 90 % con el electrolito, que queda confinado difundiéndose por capilaridad. El conjunto está sellado y es hermético, libre de mantenimiento. Las mallas de fibra de vidrio proporcionan un soporte bastante firme a las placas, incrementando la resistencia frente a choques y vibraciones.
- **Baterías de gel:** están fabricadas a partir de celdas similares a las de las baterías de electrolito líquido, con la particularidad que el electrolito se encuentra en forma de gel como consecuencia de la adición de una sílice especial.

Baterías de litio

Las baterías de litio han estado presentes en multitud de aparatos electrónicos como teléfonos móviles y ordenadores. Su aplicación en el campo de la energía fotovoltaica es reciente, especialmente impulsado por su desarrollo en el sector automovilístico.

Las baterías de litio basan su funcionamiento en la tendencia de este metal en desprenderse de un electrón convirtiéndose en ion litio (Li+) Por este motivo este tipo de baterías son conocidas como de ion-litio.

El principio de funcionamiento es genérico a este tipo de baterías. En el electrodo negativo (ánodo) se produce la oxidación del material, desprendiéndose electrones que se incorporan al circuito eléctrico. Los iones litio (Li+) generados fluyen a través del electrolito hasta electrodo positivo (cátodo) En este se produce la reducción, captándose electrones. En la figura se muestra el funcionamiento en descarga de una batería de litio con un ánodo de coque y un cátodo de óxido de cobalto. El proceso de carga, con la conexión de una fuente de energía externa, será el inverso al indicado.

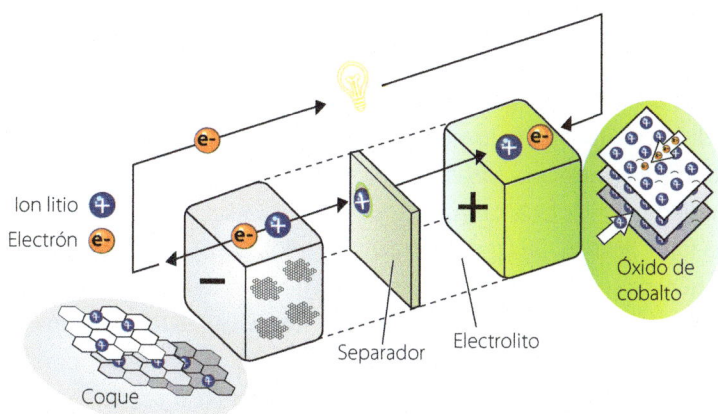

Funcionamiento de una batería de litio

En este tipo de baterías el ánodo suele estar fabricado en un material de baja reactividad que actúa como base para almacenar iones de litio. El material más empleado suele ser el coque (sólido carbonoso similar al grafito) gracias a su estabilidad y precio. El cátodo suele estar constituido por un metal soporte (como láminas de aluminio) recubierto por el material activo, que suele ser litio en forma de óxido. El electrolito permite el movimiento de iones de litio entre ambos electrodos, empleándose materiales de alta conductividad iónica. Suelen emplearse sales con la adición de disolventes orgánicos y aditivos para mejorar la conductividad. Entre los electrodos, sumergido en el electrolito, se sitúa un separador que actúa como barrera para los electrones, permitiendo el paso de iones litio a través suyo. Se emplean separadores fabricados en resinas sintéticas de polietileno (PE) o polipropileno (PP).

Existen diversos tipos en función del material empleado en los electrolitos:

- **Baterías de dióxido de cobalto y litio:** el electrodo positivo está formado por dióxido de cobalto y litio y el electrodo negativo es de grafito.
- **Baterías de polímeros de litio:** el electrolito utilizado es una película a base de polímeros con una consistencia similar a un gel.
- **Baterías de titanato de litio:** el electrodo negativo es de titanio sinterizado y el positivo de óxido de litio y titanio.
- **Baterías de fosfato de hierro y litio:** el cátodo está fabricado en fosfato de hierro y litio y el electrolito es un sólido.

Baterías estacionarias

Se aplica el concepto de baterías estacionarias a aquellas que se emplean en instalaciones con consumos intensivos durante largos de periodos de tiempo (de aquí el concepto de inamovibles o estacionarias) Se constituyen a partir de vasos individuales conectados entre sí, siendo conocidas también como baterías de vasos. Los tipos más comunes son:

- **OPzS:** la denominación proviene de las siglas en alemán traducidas como batería estacionaria con plancha de blindaje y líquido. Se trata baterías de plomo-ácido pero con un diseño tubular. Se componen de vasos de 2 V de capacidad que pueden combinarse para formar baterías de 12, 24 o 48 V en función de las necesidades. Su mantenimiento es similar al de las baterías de plomo-ácido monobloc. El recipiente del vaso está fabricado en SAN (estireno acrilo-nitrilo), transparente y de alta resistencia.
- **TOPzS o SOPzS:** se trata del mismo tipo de batería anterior, pero empleando plástico (polipropileno, PP) translúcido de menor resistencia en la fabricación del vaso y, por tanto, con un coste menor. Las siglas TOPzS y SOPzS se corresponden al mismo tipo de batería, pero procedentes de distintos fabricantes (TAB y SUNLIGHT)
- **OPzV:** traducción de las siglas en alemán de batería estacionaria con plancha de blindaje y cerrada o sellada. Son similares como concepto a las anteriores, pero empleando electrolito inmovilizado en forma de gel en lugar de líquido. En este caso los vasos no requieren mantenimiento no incorporando tapón de ventilación abierto sino una ventilación regulada por válvula (tipo VRLA). Los vasos tienen también una capacidad de 2 V y se distinguen de los anteriores al emplear un contenedor de plástico opaco (ABS)

Características técnicas de un acumulador

Se indican a continuación las principales características técnicas de una batería o acumulador para instalaciones fotovoltaicas:

- **Tensión nominal.** Se corresponde con la tensión eléctrica o voltaje de la batería. Este suele de 2, 6, 12, 24 y 48 V. Se trata de un valor medio, proporcionado por el fabricante, y que variará en función del estado de carga de la batería y de la temperatura.
- **Capacidad nominal (CX).** Es la cantidad máxima de energía eléctrica que se puede extraer de la batería y se mide en Amperios-hora (Ah). La capacidad de la batería está relacionada con el tiempo durante el cual esta puede proporcionar una determinada intensidad hasta su descarga completa. Este tiempo se mide en horas y se denomina régimen de descarga. La capacidad de una batería está directamente relacionada con el régimen de descarga, expresándose en función de este. Los fabricantes suelen proporcionar la capacidad nominal de una batería para regímenes de descarga de 10, 20 y 100 horas, expresados como C10, C20 y C100, respectivamente. Por ejemplo: una

batería de capacidad 110 Ah C100, puede proporcionar un total de 110 A cada hora durante 100 horas hasta su descarga.

La capacidad de una batería depende de la temperatura y de la intensidad de descarga. Para intensidades de descarga reducidas se obtiene más capacidad que con intensidades de descarga elevadas. En cuanto a la temperatura, la capacidad aumenta para temperaturas elevadas, aunque se reduce su vida útil. A bajas temperaturas la capacidad disminuye y si esta supera un cierto valor, puede tener lugar la congelación del electrolito. Los fabricantes indican en las características técnicas de la batería el rango de temperatura de trabajo (habitualmente entre 20 y 30 ºC).

- **Tensión de corte.** Se corresponde con el valor de tensión de la batería que se alcanza cuando esta se ha descargado.
- **Profundidad de descarga (PD).** Es la cantidad de energía expresada en tanto por ciento que ha sido extraída de la batería durante un proceso de descarga con respecto a su capacidad nominal a plena carga.
- **Capacidad disponible.** Es la cantidad de energía que se puede extraer de la batería sin superar la profundidad máxima de descarga permitida.
- **Estado de carga (SOC, del inglés *State of Charge*).** Se corresponde con la cantidad de energía almacenada en la batería en un momento de determinado expresada en porcentaje o tanto por uno con respecto a la capacidad nominal. Una batería totalmente cargada tiene un valor de SOC del 100 %.

$$SOC = \frac{C_{ALMACENADA}}{C_{NOMINAL}}$$

Para determinar el estado de carga de una batería pueden emplearse dos métodos:

✓ Medida de la densidad del electrolito (en baterías plomo-ácido). La densidad del electrolito es una medida indirecta aproximada del estado de carga de la batería. Durante la descarga, el electrolito se empobrece en ácido mientras que en la carga se enriquece, por lo que podemos determinar el estado de carga midiendo la densidad del mismo mediante un densímetro.

✓ Medida de la tensión en circuito abierto. Puede determinarse el estado de carga de la batería midiendo la tensión entre sus bornes. Este es el método empleado habitualmente en instalaciones fotovoltaicas, siendo medido por el propio regulador de carga de la instalación.

- **Autodescarga.** Se corresponde con la pérdida de energía cuando no hay ninguna carga conectada a la batería (circuito abierto) La autodescarga aumenta con la temperatura.
- **Rendimiento.** Es la relación entre la energía eléctrica suministrada por la batería en un proceso de descarga y la energía necesaria para recargarla hasta su estado de carga inicial. Debido a las pérdidas y rendimiento de los procesos químicos, la batería no puede suministrar toda la energía utilizada en su proceso de carga. El

rendimiento es elevado cuando el estado de carga es bajo y disminuye a medida que la batería se aproxima a su estado de plena carga.

- **Vida útil.** Es el número de ciclos completos de carga y descarga estimados que es capaz de desarrollar la batería. De modo genérico, se considera que una batería ha finalizado su vida útil cuando una vez cargada a su nivel máximo, su capacidad es un 20 % inferior con respecto a la máxima nominal al principio de su vida útil.

La vida útil de una batería suele estar relacionada con la profundidad de descarga; cuanto menor es la profundidad de descarga, mayor es su vida útil. En el diseño de una instalación fotovoltaica suele limitarse la profundidad de descarga a valores del 70-80 %.

Los fabricantes proporcionan gráficos relacionando la vida útil de la batería con la profundidad de descarga en cada ciclo. En la figura adjunta se muestra un gráfico ejemplo relacionando la vida útil con la profundidad de descarga.

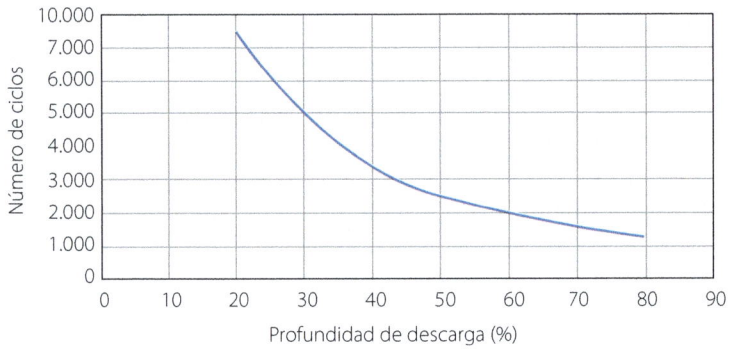

Gráfico de la vida útil-profundidad de descarga

La temperatura de trabajo también afecta a la vida de útil de una batería. De modo general, el funcionamiento a altas temperaturas aumenta la capacidad, pero disminuye la vida útil.

Se incluye a continuación una tabla comparativa con las distintas tipologías de baterías.

Tabla 2.6 Comparativa tipologías baterías solares

BATERÍA	TIPO	VIDA ÚTIL	PESO	EFICIENCIA CARGA	MANTENIMIENTO	SEGURIDAD	COSTE
Plomo-ácido		Baja	Muy elevado	81 %	Frecuente	Posibilidad emisión gases	Bajo
Níquel-cadmio		Muy elevada	Elevado	75 %	Bajo mantenimiento	Contienen metales tóxicos	Muy elevado

BATERÍA	TIPO	VIDA ÚTIL	PESO	EFICIENCIA CARGA	MANTENIMIENTO	SEGURIDAD	COSTE
AGM	Electrolito inmovilizado	Baja	Elevado	85 %	Sin mantenimiento		Elevado
Gel	Electrolito inmovilizado	Baja	Elevado	65 %	Sin mantenimiento		Elevado
Lítio		Elevada	Reducido	97 %	Sin mantenimiento	Poca probabilidad fuego	Muy elevado

Carga de acumuladores (caracterización de la carga y de la descarga)

Podemos asimilar el circuito eléctrico de una batería como una fuente de tensión ideal conectada en serie con una resistencia, según la figura siguiente, en la cual R_G sería la resistencia interna de la batería y V_G el valor de la tensión entre bornes de la R_G misma en circuito abierto.

Los valores de R_G y V_G no son constantes, sino que dependen del estado de carga, intensidad eléctrica y de la temperatura. Adicionalmente, el estado de la batería (tiempo, mantenimiento) influirá también sobre el valor de la resistencia interna R_G, así una batería en mal estado presentará un valor de resistencia más elevado.

La caracterización durante los procesos de carga y descarga sería la siguiente:

- **Proceso de carga.** En este proceso la batería funciona como receptor y la intensidad entra por el borne positivo. El valor de la tensión V_G aumenta y el valor de la resistencia R_G disminuye. El valor de la tensión en bornes de la batería V_{BAT} vendrá dado por la expresión:

$$V_{BAT} = V_G + R_G \times I_{CARGA}$$

- **Proceso de descarga.** En este proceso la batería funciona como generador y la intensidad sale por el borne positivo. El valor de la tensión V_G disminuye y el valor de la resistencia R_G aumenta. El valor de la tensión en bornes de la batería V_{BAT} vendrá dado por la expresión:

$$V_{BAT} = V_G - R_G \times I_{DESCARGA}$$

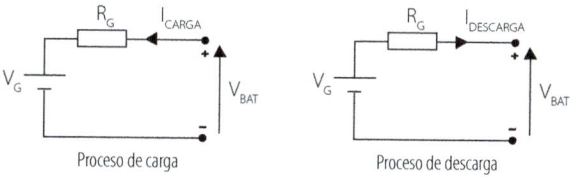

Modelo eléctrico de la batería en proceso de carga y descarga

Fases de carga de una instalación de acumuladores

Las fases en el proceso de carga de una batería son:

- **Etapa Bulk.** Es la primera etapa en el proceso de carga de una batería. En esta etapa aumenta rápidamente el voltaje de la batería hasta alcanzar un valor de unos 14,4 V que se mantendrá constante en la fase siguiente. En esta etapa la batería alcanza una de carga del 80-90 % de su valor nominal. El valor de la corriente se mantiene constante a lo largo de este periodo.
- **Etapa de absorción.** Durante esta etapa la tensión se mantiene constante (tensión de absorción de unos 14,4 V). La corriente disminuye hasta que se alcanza el valor del 100 % de la carga.
- **Etapa de flotación.** En esta etapa la batería está cargada al 100 % y la tensión se reduce ligeramente manteniendo un nivel constante. Se mantiene una pequeña corriente para compensar la autodescarga de la batería.
- **Etapa de ecualización.** Esta etapa tiene como objeto el ascenso del gas dentro del ácido (electrolito) haciendo que la disolución llegue a ser homogénea; por esto también se denomina etapa de gaseo. De esta forma evitamos que en la parte inferior no haya una densidad mayor que pueda provocar la sulfatación de las placas. Tras esta etapa conseguimos que todas las celdas tengan el mismo voltaje. No se aplica a baterías tipo AGM y gel.

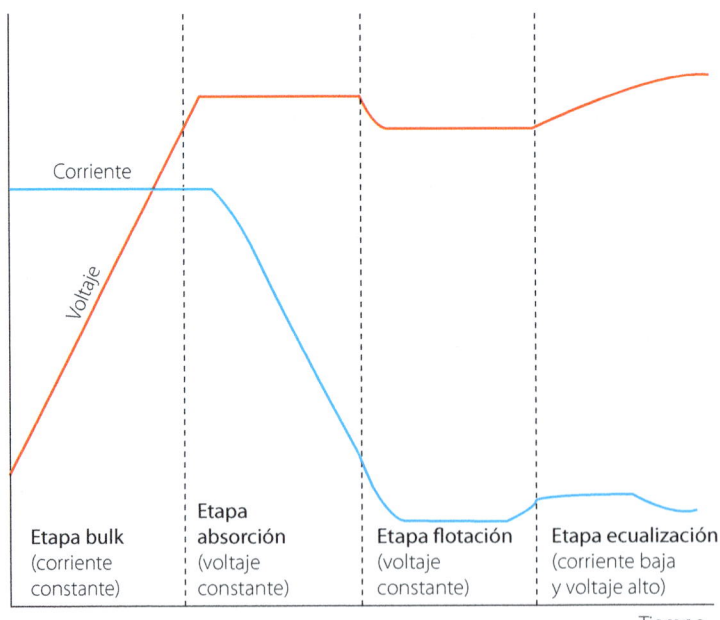

Etapas de carga de una batería

Problemas durante los procesos de carga y descarga de una batería

Las distintas celdas que conforman una batería presentan diferencias imputables a defectos de fabricación, imperfecciones de los materiales, temperaturas de trabajo o incluso mayor o menor envejecimiento. Esto supone que se presentarán diferencias de voltaje y estado de carga a lo largo del proceso de carga y descarga. Derivados de estas diferencias, los problemas que podemos encontrar en la batería durante estos procesos son:

- **Sobrecarga de celdas.** Debido a las diferencias de carga, puede ocurrir que una determinada celda se encuentre en el nivel de carga completa cuando otras celdas todavía no lo han alcanzado. En este punto el sistema continuará el proceso de carga hasta que el conjunto alcance el valor de carga necesario, produciéndose la sobrecarga de algunas celdas. La sobrecarga provoca una gasificación excesiva y los voltajes elevados aceleran la corrosión de las placas positivas.
- **Baja carga de celdas.** En el caso de que el sistema detenga el proceso de carga al haber alcanzado la mayoría de las celdas el nivel de carga completa, pero alguna de ellas ha quedado con carga baja, se produce una mayor sulfatación que puede dañar las placas y reducir la vida útil de la batería. Adicionalmente, los voltajes bajos reducen la capacidad de las celdas.
- **Sobredescarga de celdas.** Las diferencias en el valor de carga y voltaje entre celdas pueden también provocar que una determinada celda sobrepase el nivel crítico de descarga, ya que el resto de las celdas del conjunto están todavía por encima de este valor. En este caso, los efectos producidos en la celda son los mismos que en el caso de baja carga: mayor sulfatación, reducción de vida útil y reducción de la capacidad de la celda.

Asociación de acumuladores

Las baterías pueden asociarse para formar un banco de baterías. Podemos elegir entre tipos de conexión en función del voltaje y capacidad que deseemos obtener en el conjunto:

- **Asociación o conexión en serie.** Para aumentar el voltaje manteniendo la capacidad del sistema. Si consideramos que todas las baterías son exactamente idénticas, la tensión eléctrica del sistema de acumulación V_{SA} será igual al producto de la tensión de una batería V_B multiplicado por el número de baterías conectadas en serie N_S.

$$V_{SA} = N_S \times V_B$$

- **Asociación en paralelo.** Para aumentar la capacidad manteniendo el voltaje. Si consideramos que todas las baterías son exactamente idénticas, la capacidad total del sistema de acumulación C_{SA} será igual al producto de la capacidad de una batería C_B multiplicado por el número de ramas conectadas en paralelo N_P.

$$C_{SA} = N_P \times C_B$$

- **Asociación mixta.** Para aumentar el voltaje y la capacidad.

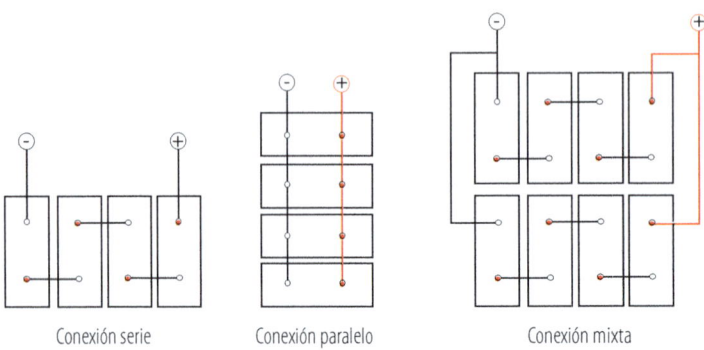

Conexión serie   Conexión paralelo   Conexión mixta

Asociación de baterías

La asociación en paralelo presenta una serie de inconvenientes respecto al resto, derivadas de las diferencias de fabricación de las diferentes baterías asociadas que hacen que sus características de funcionamiento difieran, provocando la aparición de corrientes de desequilibrio que aceleran el proceso de degradación de las baterías. Adicionalmente, en este tipo de conexión, la batería más cercana se cargará con una corriente más alta, con un mayor voltaje y trabajará más, teniendo un envejecimiento mayor que el resto.

Para evitar estos efectos perjudiciales, pero manteniendo el concepto de asociación en paralelo, pueden emplearse tipologías de asociación derivadas de esta, como la conexión en diagonal, en punto medio o mediante barras.

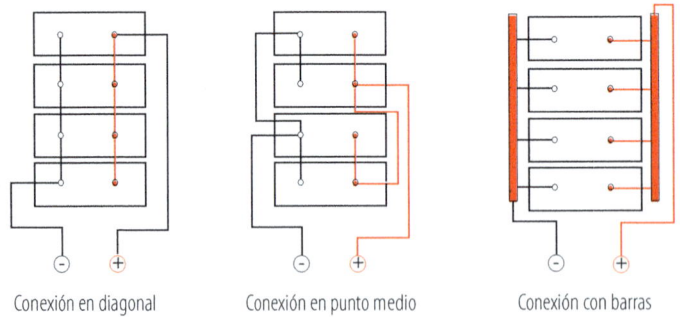

Conexión en diagonal   Conexión en punto medio   Conexión con barras

Asociación de baterías alternativas en paralelo

Seguridad y recomendaciones generales de los acumuladores

En lo relativo a normativa de seguridad, el REBT (Reglamento electrotécnico para baja tensión) recoge en la ITC-BT-30, apartado 7, las siguientes prescripciones a cumplir en los locales que alberguen baterías con riesgo de desprendimiento de gases:

- El equipo eléctrico utilizado estará protegido contra los efectos de vapores y gases desprendidos por el electrolito.
- Los locales deberán estar provistos de una ventilación natural o forzada que garantice una renovación perfecta y rápida del aire.
- La iluminación artificial se realizará únicamente mediante lámparas eléctricas de incandescencia o descarga.
- Las luminarias serán de material apropiado para soportar el ambiente corrosivo y evitar la penetración de gases en su interior.
- Los acumuladores que no aseguren por sí mismos y permanentemente un aislamiento suficiente entre partes en tensión y tierra, deberán ser instalados con un aislamiento suplementario. Este aislamiento no podrá ser afectado por la humedad.
- Los acumuladores estarán dispuestos de manera que pueda realizarse fácilmente la sustitución y el mantenimiento de cada elemento. Los pasillos de servicio tendrán una anchura mínima de 0,75 metros.
- Si la tensión de servicio en corriente continua es superior a 75 voltios con relación a tierra y existen partes desnudas bajo tensión que puedan tocarse inadvertidamente, el suelo de los pasillos de servicio será eléctricamente aislante.
- Las piezas desnudas bajo tensión, cuando entre estas existan tensiones superiores a 75 voltios en corriente continua, deberán instalarse de manera que sea imposible tocarlas simultánea e inadvertidamente.

Los fabricantes de baterías incluyen en los manuales de uso e instalación las instrucciones de seguridad y recomendaciones relativas a manipulación, proceso de instalación, conexionado y mantenimiento. Algunas instrucciones son:

- Empleo de vestimenta, guantes y gafas de protección
- Mantener la batería alejada de puntos de ignición, llamas y objetos metálicos
- Evitar el contacto con el electrolito
- No situar objetos sobre la batería
- No cargar una batería congelada
- Evitar entrada de agua dentro de la batería
- No hacer nunca un cortocircuito entre los terminales de la batería.

Aspectos medioambientales (reciclaje de baterías)

Se indican a continuación las especificaciones relativas a tratamiento y reciclaje de baterías recogidas en la normativa vigente sobre pilas y acumuladores y la gestión ambiental de sus residuos:

- **Tratamiento:**
  - ✓ El tratamiento comprenderá, como mínimo, la extracción de todos los fluidos y ácidos.
  - ✓ El tratamiento y cualquier almacenamiento, incluido el almacenamiento provisional, en instalaciones de tratamiento se realizará en lugares impermeabilizados y convenientemente cubiertos o en contenedores adecuados.

- **Reciclaje:**
  - ✓ Los procesos de reciclaje deberán alcanzar los siguientes niveles de eficiencia mínimos en materia de reciclado:
    - ° El reciclado del 65 % en peso, como promedio, de pilas y acumuladores plomo-ácido, incluido el reciclado del contenido de plomo en el mayor grado técnicamente posible sin que ello entrañe costes excesivos.
    - ° El reciclado del 75 % en peso, como promedio, de pilas y acumuladores níquel-cadmio, incluido el reciclado del contenido de cadmio en el mayor grado técnicamente posible sin que ello entrañe costes excesivos.
    - ° El reciclado del 50 % en peso, como promedio, de las demás pilas y acumuladores.

2.4. Reguladores de carga

Reguladores de carga y su función

El regulador de carga en una instalación fotovoltaica es el dispositivo electrónico encargado de realizar la gestión del flujo de energía eléctrica que circula entre el generador fotovoltaico y las baterías. El control del flujo de energía se realiza mediante el control de los parámetros de intensidad (I) y voltaje (V) al que se inyecta en la batería. El flujo de energía dependerá en cada momento básicamente del estado de carga de las baterías y de la energía generada por los módulos fotovoltaicos, encargándose el regulador de carga de conseguir que el generador fotovoltaico funcione en el punto de máxima potencia de su curva característica intensidad-tensión, así como de controlar los procesos de carga y descarga de las baterías, evitando descargas y sobredescargas de las mismas, desconectando los consumos si es necesario.

En la figura adjunta se muestra un esquema de conexión típico de un regulador de carga. El proceso de funcionamiento será básicamente el siguiente:

- Cuando la irradiancia solar es suficientemente elevada, la energía eléctrica producida por el generador se utiliza para alimentar los consumos, mientras que el exceso de energía se emplea para cargar las baterías. El regulador controla el proceso evitando la sobrecarga de las mismas.
- Cuando la irradiancia solar es insuficiente para alimentar los consumos, la energía eléctrica necesaria es abastecida por las baterías. En este caso, el regulador controla el proceso, evitando superar el umbral de descarga fijado para la batería, desconectando los consumos si es necesario.

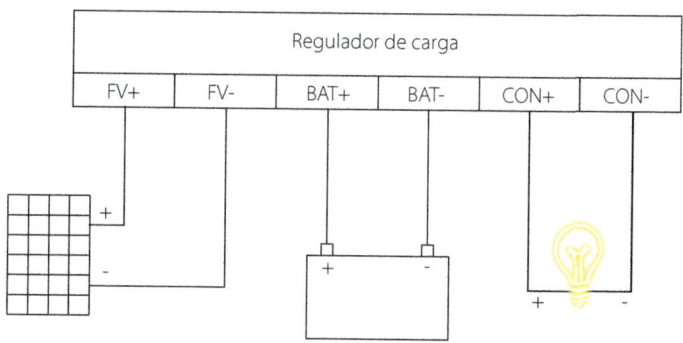

Esquema de conexión de un regulador de carga

Las funciones básicas de un regulador de carga son:

- Actuar como el nexo entre los paneles solares, la batería y los dispositivos que usan la energía.
- Asegurar que los paneles solares funcionen de manera eficiente (en su punto de máxima potencia).
- Prevenir la sobrecarga de la batería al limitar la carga cuando está llena.
- Evitar que la batería se descargue demasiado al configurar un límite de descarga a partir del cual el regulador desconecta las cargas o consumos.

Otras funciones que también puede desarrollar son:

- Ofrecer salidas de control adicionales, como alarmas de bajo y alto voltaje de la batería y control de generadores de respaldo.
- Proporcionar información sobre el estado del sistema a través de indicadores y puertos de conexión, incluyendo detalles sobre la carga, alarmas de voltaje, corriente, temperatura, y más.
- Controlar los dispositivos que consumen energía según horarios predefinidos.
- Prevenir la descarga de la batería en la oscuridad usando un bloqueo o desconexión automática.

Características técnicas principales

Se indican a continuación las características eléctricas principales de un regulador de carga:

- **Tensión nominal.** La tensión de funcionamiento de la instalación es igual a la tensión nominal del sistema de acumulación o baterías, y en ciertos reguladores, se puede ajustar esta tensión de manera personalizada.
- **Tensión máxima de circuito abierto del generador.** Es la tensión máxima en la que el regulador puede operar. En ningún caso debe excederse este valor, incluso en situaciones extremas, como la tensión máxima de circuito abierto del generador solar.
- **Tensión máxima de regulación.** Valor máximo de tensión que el regulador proporciona a una batería.
- **Tensión de desconexión.** Tensión a la que se desconectan las cargas de consumo para impedir una sobrecarga en la batería.
- **Intervalo de histéresis superior.** Diferencia entre la tensión máxima de regulación y la tensión a la que el regulador admite toda la corriente producida por los paneles solares.
- **Intervalo de histéresis inferior.** Es la diferencia entre la tensión de desconexión y la tensión permitida para que los consumos se conecten de nuevo a la batería.
- **Intensidad máxima de generación.** Es la máxima intensidad que puede recibir el regulador procedente del generador fotovoltaico.
- **Intensidad máxima de consumo.** Es la máxima intensidad que puede suministrar.
- **Profundidad máxima de descarga.** Dependiendo del regulador, la profundidad máxima de descarga permitida para la batería puede venir fijada por defecto o puede ser ajustada.
- **Consumo.** Cantidad de energía que consume el regulador en su funcionamiento.
- **Dimensiones y peso.** Se corresponden con las medidas de la profundidad, alto y largo (normalmente en mm) y con el peso del regulador, normalmente en kg o g.
- **Temperatura de trabajo.** Sería el rango de temperaturas dentro del que puede funcionar de manera eficiente y segura el regulador.
- **Grado de protección IP.** Se refiere a un valor compuesto por dos cifras que indica el grado de protección proporcionado por la envolvente. La primera cifra evalúa la protección contra el acceso de personas a partes peligrosas, previniendo el contacto con ellas. También indica cómo el equipo se resguarda de los daños causados por la entrada de agua.

Tipos de reguladores de carga

Podemos clasificar las tipologías de los reguladores de carga en función de su tensión de funcionamiento y de su forma de conmutación con la batería.

En base a su **tensión de funcionamiento** existen dos tipos de reguladores de carga empleados en instalaciones fotovoltaicas: los PWM y los MPPT.

- **Regulador PWM.** Se trata de un regulador con modulación por ancho de pulsos, es decir, modula la cantidad de energía que fluye desde los paneles solares a las baterías mediante la variación del ancho de los pulsos de energía que se envían a la batería. Durante la carga, estos reguladores funcionan a la misma tensión que las baterías, ya que solo disponen de un diodo.

Así, durante la carga, deja pasar la corriente del panel solar hacia la batería hasta que se empieza a aproximar a máxima carga. A partir de ahí, rápidamente empieza a intercalar la conexión y desconexión del panel hasta que se llega a carga completa. En este punto se desconecta completamente la batería.

Por tanto, podemos decir que los reguladores PWM son reguladores sencillos que actúan como interruptores entre los paneles solares y la batería.

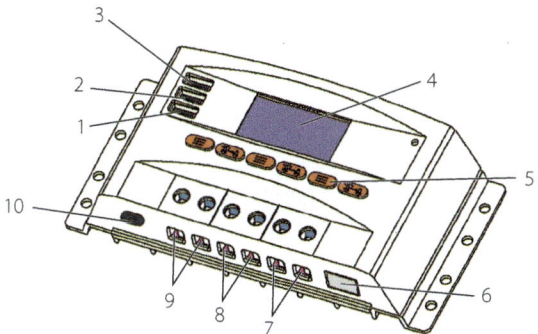

1. Sensor de temperatura
2. LED que indica fallos
3. LED que indica la carga
4. Pantalla de seguimiento de los parámetros del sol
5. Botones de las operaciones de control
6. Interfaz de las comunicaciones
7. Terminales de control de salida
8. Terminales para cargar la batería
9. Terminales de entrada
10. Conector de sensor remoto de la temperatura

Regulador de carga PWM

Durante su funcionamiento, este tipo de reguladores no tienen en cuenta el punto de máxima potencia, por lo que pueden estar por encima o por debajo de este. La tensión es la misma a la entrada que a la salida del regulador.

- **Regulador MPPT (seguidor de punto de máxima potencia).** Este tipo de regulador tiene como función principal maximizar la eficiencia de carga de las baterías al rastrear constantemente el punto de máxima potencia de los paneles solares.

A diferencia del tipo de regulador anterior, en este caso además del diodo también disponen de un convertidor de voltaje CC-CC y de un seguidor del punto de máxima potencia. Así, el convertidor transforma la tensión a la menor tensión de la batería, dependiendo de la carga.

Por tanto, en estos reguladores MPPT como en los anteriores PWM también la energía que sale y la que entra es la misma, pero en este caso la tensión y la corriente son diferentes.

De esta manera, un regulador MPPT busca continuamente la tensión donde el panel produce más energía y luego el convertidor transforma esta energía a la tensión óptima para la carga de la batería.

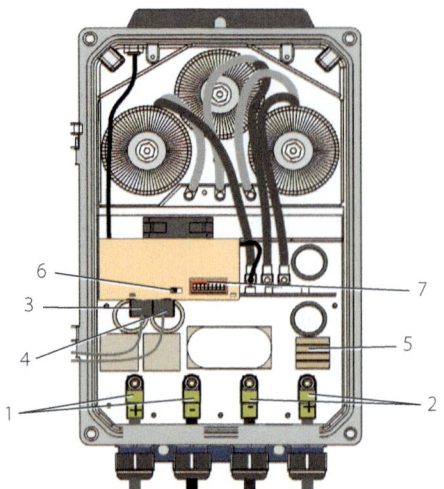

1. Bornes de conexión de la batería
2. Bornes de conexión del generador
3. Toma de conexión de la sonda de T.ª de la batería
4. Toma de conexión de los cables de comunicación
5. Fusible de protección
6. Conmutador
7. Interruptor para configurar el equipo

Regulador de carga MPPT

A continuación, incluimos una tabla comparativa entre los reguladores PWM (Modulación de Ancho de Pulso) y los reguladores MPPT (Seguimiento del Punto de Máxima Potencia) en función de la tipología de la instalación solar.

Tabla 2.7 Comparativa entre los reguladores

Característica	Regulador PWM	Regulador MPPT
Eficiencia	Menos eficiente que MPPT	Más eficiente, captura más energía solar
Coste	Más económico	Generalmente más costoso
Adaptación a condiciones cambiantes	Menos adaptable a cambios en la luz solar y temperatura	Altamente adaptable a cambios en las condiciones
Diseño de sistema	Adecuado para sistemas más pequeños y simples	Ideal para sistemas grandes y complejos
Vida útil	Tiende a ser duradero y confiable	También duradero, pero mayor inversión inicial
Aplicaciones comunes	Aplicaciones más simples y económicas	Aplicaciones que requieren alta eficiencia y rendimiento
Potencia de paneles solares	Ideal para paneles de baja potencia	Óptimo para paneles de alta potencia
Rendimiento en sombreado	Menos eficaz en sombreado parcial o irregular	Mejor rendimiento en sombreado parcial o irregular

La clasificación en base a su **forma de conmutación con la batería** es menos común, aunque podemos encontrar dos tipologías: reguladores en serie y en paralelo. Los reguladores en serie son los usados por casi todas las instalaciones hoy en día. En paralelo solo se usan para instalaciones de pequeña potencia.

- **Reguladores en serie.** Dispositivos compuestos por interruptores (electrónicos o electromecánicos) conectados en serie con los paneles solares y las baterías que tienen como misión desconectar cuando la tensión excede de un determinado valor. Durante la noche, el circuito de carga permanece abierto, evitando que las baterías se descarguen en el panel fotovoltaico.
- **Reguladores en paralelo.** En este caso, el exceso de tensión se controla derivando la corriente a un circuito que disipa el sobrante de energía cuando el sistema de baterías alcanza el estado de plena carga.

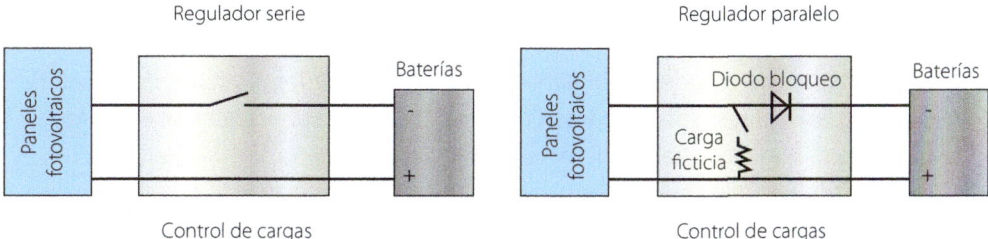

Regulador en serie y regulador en paralelo

Variación de las tensiones de regulación

El regulador de carga incorpora un algoritmo de control que se encarga de gestionar el proceso de carga de la batería. En su configuración debe tenerse en cuenta el tipo de batería, la aplicación y las condiciones climáticas de la zona. En base a la variación en el tiempo de los parámetros eléctricos de la batería, el regulador establece las maniobras de control adecuadas con el propósito de cargar y descargar la batería del modo más eficaz posible.

El **proceso de carga de una batería** se divide en cuatro fases o estados, como hemos visto anteriormente en el apartado Fases de carga de una instalación de acumuladores (se adjuntaba un gráfico con este proceso); pasamos a recordar los puntos más importantes y a añadir algunos aspectos referentes a los reguladores.

- **Etapa Bulk.** Esta etapa inicial de carga de la batería es un impulso inicial que suministra una corriente alta. Esto eleva rápidamente la tensión de la batería hasta un primer límite aproximadamente un 80-90 %. En esta etapa, el regulador no desempeña ningún papel, ya que se suministra la máxima potencia posible a la batería. Sin embargo, el regulador es esencial para evitar sobrecargar la batería al finalizar la carga, ya que sin él, la batería podría dañarse debido a la elevada corriente de los paneles solares.

- **Etapa absorción.** En la segunda etapa, la corriente de carga de la batería disminuye gradualmente hasta alcanzar su capacidad máxima (100 %), manteniendo la tensión límite lograda en la fase anterior, llamada tensión de absorción. Durante esta etapa, se restaura el electrolito afectado por la descarga profunda. Cuanto más profunda haya sido la descarga de la batería, más tiempo dura la etapa de absorción para asegurar la recuperación completa del electrolito.
- **Etapa de flotación.** En esta etapa final de carga, después de que las baterías están completamente cargadas al 100 %, el regulador las mantiene en ese estado suministrando una corriente muy baja para compensar la autodescarga, asegurando que se mantengan cargadas. Esta etapa también actúa como un mantenimiento de la carga en las baterías.
- **Etapa de ecualización.** En la etapa final se aplica un alto voltaje con baja corriente para que se produzca un proceso de burbujeo en el ácido de la batería. Esto mezcla y equilibra las densidades y voltajes entre la parte superior e inferior de la batería, evitando la sulfatación de las placas. El regulador de carga puede realizar este proceso de forma periódica o cuando detecta diferencias en la densidad del electrolito.

  Para baterías con electrolito líquido, se recomienda hacer esta ecualización al menos de 4 a 6 veces al año para igualar la carga de las celdas y prevenir la sulfatación de las placas de plomo. Sin embargo, si estando la batería completamente cargada, la densidad de alguna celda es demasiado baja (menos de 0,030 g/cm^3 por debajo de la máxima), se sugiere reemplazar la batería, ya que podría estar defectuosa o muy desgastada.

Etapa Bulk → Carga inicial con alta corriente hasta 80-90 %. Sin regulación.

Etapa Absorción → Corriente baja para cargar al 100 %, manteniendo la tensión límite.

Etapa Flotación → Mantenimiento con corriente baja para compensar autodescarga.

Etapa Ecualización → Alta tensión para mezclar y equilibrar electrolito, previene sulfatación. Se realiza periódicamente. Reemplazar batería si densidad es muy baja.

Esquema resumen de las etapas

Sistemas sin regulador

En alguna instalación fotovoltaica nos podemos encontrar que no se utilizan baterías y por tanto tampoco reguladores de carga.

Se trata de sistemas como:

- **Sistemas conectados a red:** toda la energía producida se vierte directamente a la red.

- **Sistemas directos aislados de red:** solo disponen de un generador y un inversor.
- **Autoconsumo instantáneo:** no disponen de baterías ni regulador, pero sí un analizador de red que indicará cuando la producción fotovoltaica es insuficiente y hay que tomar electricidad de la red.

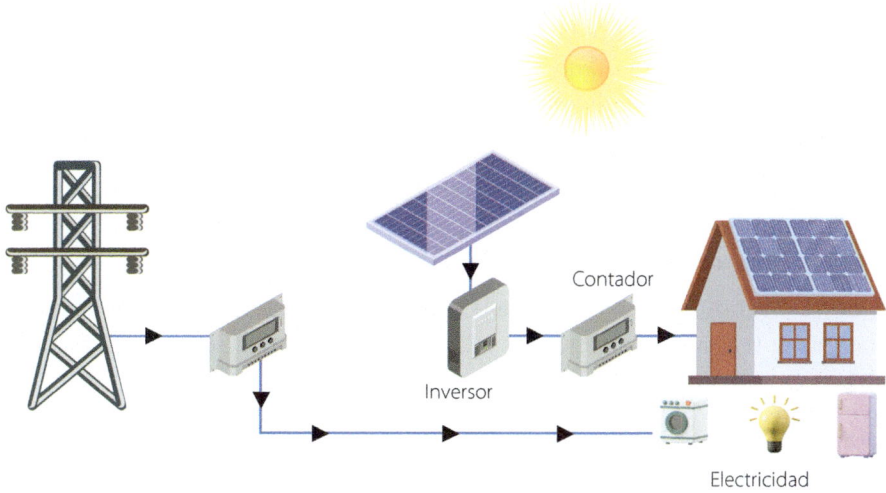

Instalación fotovoltaica con un autoconsumo instantáneo

Protección de los reguladores

Encontramos diferentes protecciones para los diferentes tipos de reguladores, aunque no todos incorporarán la misma tipología. Así, podemos encontrar:

- **Protección contra inversión de la polaridad.** Si se produce una inversión en los bornes de la batería, el regulador no arranca y tanto el panel como el consumo permanecerán abiertos. Así queda protegido el control interno.

  Por otro lado, si se produce una inversión de la polaridad en la entrada del panel, el regulador mantendrá la línea del panel abierta y en modo noche el estado de carga.

- **Protección térmica.** Si la temperatura interior del regulador sube excesivamente, la protección se activará abriendo los relés de carga y consumo para conseguir una bajada de la misma. El sistema se restablecerá cuando se vuelva a valores óptimos de temperatura.

- **Protección contra cortocircuitos en la salida de consumo.** El regulador se desconecta cuando detecta un cortocircuito o corriente elevada.

- **Protección contra sobretensiones.** El regulador puede incluir protecciones contra sobretensiones que suelen ser causadas principalmente por las descargas eléctricas durante tormentas. Normalmente no actúan contra descargas directas de rayos.

- **Protección contra sobrecargas.** La protección contra sobrecargas actúa para evitar que los componentes del sistema se dañen debido a corrientes excesivas.

- **Protección contra cortocircuitos en la entrada de paneles.** El regulador aísla el cortocircuito y protege el sistema y sus elementos al abrir el relé de panel de manera inmediata.

- **Protección contra descargas excesivas.** El regulador previene descargas excesivas en los acumuladores al establecer un nivel mínimo de carga del 20 % de su capacidad nominal, desconectando automáticamente la salida de consumo si se supera este umbral.

- **Protección contra sobrecorrientes.** El regulador se protege ante sobrecorriente por sobrecarga o sobreconsumo, interrumpiendo la carga o consumo para salvaguardar tanto sus propios componentes como el resto de elementos conectados.

- **Protección contra desconexión de la batería.** En caso de desconexión de la batería, para evitar tensiones peligrosas, los relés de entrada de paneles y salida de consumo se abrirán automáticamente para proteger el sistema.

2.5. Inversores

Funcionamiento y características técnicas de los inversores fotovoltaicos

En las instalaciones solares fotovoltaicas, tanto los módulos fotovoltaicos como las baterías proporcionan corriente continua (CC). En la instalación, aquellos consumos que funcionen con corriente continua (CC) pueden alimentarse directamente de la salida de corriente del regulador de carga, el cual la obtiene de la batería o del generador fotovoltaico. En el caso disponerse de consumos de corriente alterna (CA) será necesario convertir previamente la corriente de continua a alterna (CC/CA) El dispositivo encargado de efectuar esta conversión es el **inversor**.

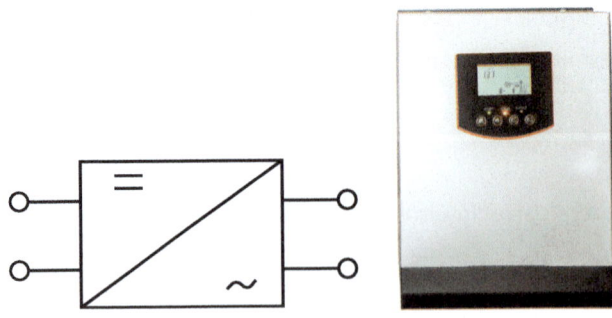

Inversor solar y su símbolo

Un inversor es un dispositivo electrónico que convierte corriente continua (CC) en corriente alterna (CA). El inversor debe convertir la tensión de salida de la instalación fotovoltaica (usualmente 12, 24 o 48 V) en una señal alterna de tensión que puede ser monofásica a 230 V / 50 Hz o trifásica a 400 V / 50 Hz.

Topologías

Podemos clasificar los inversores empleados en instalaciones fotovoltaicas en función de la tensión de salida, en función de la onda alterna generada, en función del tipo de conexión y de un modo genérico, en función de su aplicación.

En función de la **tensión de salida**, los inversores se clasifican en:

- **Inversores monofásicos.** Convierten la corriente continua generada en el sistema fotovoltaico en corriente alterna monofásica a 230 V / 50 Hz. Son los habitualmente empleados en autoconsumo para viviendas.

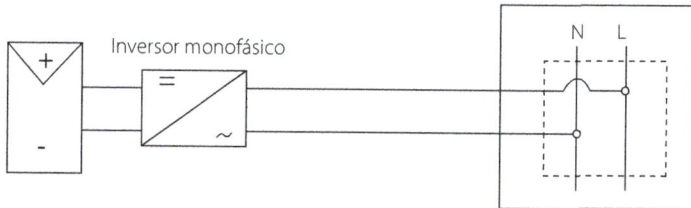

Esquema inversor monofásico

- **Inversores trifásicos.** Convierten la corriente continua generada en el sistema fotovoltaico en corriente alterna trifásica a 400 V / 50 Hz. Son más habituales en instalaciones de tamaño medio, viviendas unifamiliares de tamaño grande y grandes sistemas fotovoltaicos.

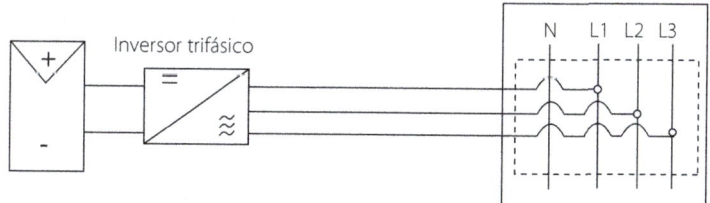

Esquema inversor trifásico

En función de la **onda alterna** que proporcionan en la salida, los inversores pueden clasificarse en:

- **Inversores de onda cuadrada.** Se trata del tipo de inversores de baja potencia más básicos y económicos, previstos para la alimentación de aparatos puramente resistivos, como elementos de iluminación.

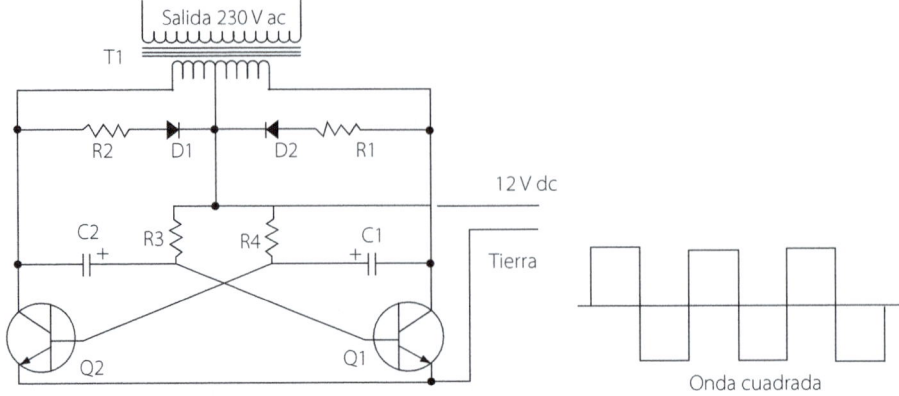

Esquema inversor de onda cuadrada

- **Inversores de onda cuadrada modulada.** También de baja potencia, pero con un espectro de posibles elementos de consumo más amplio que el tipo anterior, que incluye alumbrado, pequeños motores y equipos electrónicos no muy sensibles a la señal de alimentación.
- **Inversores de onda senoidal pura.** Este tipo de inversores proporciona una forma de onda a su salida que, a efectos prácticos, se puede considerar idéntica a la de la red eléctrica general, permitiendo así la alimentación de cualquier aparato de consumo o, en su caso, la conexión a red.
- **Inversores de onda senoidal modificada (o trapezoidal).** Intermedio entre los dos anteriores, permite ampliar el espectro de elementos de consumo y de potencia, limitado en el de onda cuadrada modulada.

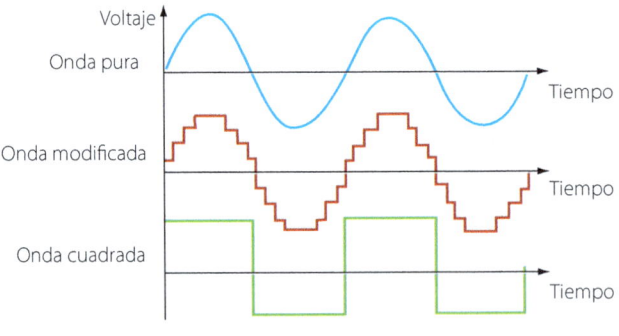

Tipos de ondas alternas

Una manera de medir la semejanza de la onda generada por el inversor con una señal senoidal pura es la tasa de distorsión armónica THD (%). Los armónicos o frecuencias armónicas de la tensión son componentes de frecuencia múltiplos enteros de la frecuencia fundamental. Si la tensión fundamental es de 50 Hz, el tercer armónico será de 150 Hz, el quinto armónico será 250 Hz, etc. La tensión senoidal pura no tiene armónicos, por lo que su distorsión armónica es nula al estar compuesta su señal por una sola frecuencia (la fundamental) Una señal de tensión distorsionada estará formada por una componente fundamental y otras de mayor frecuencia que son los armónicos. El valor de THD es la medida de la distorsión causada por armónicos en la señal, expresando la relación entre el valor eficaz con respecto a la componente fundamental o limpia. Se calcula según la expresión:

$$THD(\%) = 100 \times \frac{\sqrt{\sum_{n=2}^{\infty} V_n^2}}{V_1}$$

Donde:

V_n es el valor eficaz de la componente n

V_1 es el valor eficaz de la componente fundamental.

En función del **tipo de conexión a la red**, los inversores solares pueden clasificarse en:

- **Inversores de conexión a red.** Son los utilizados en los sistemas fotovoltaicos conectados a la red eléctrica externa, bien para venta de energía o bien en autoconsumo. Este tipo de inversor, llamado habitualmente inversor solar para conexión a red, debe disponer de unas características y cumplir unos requisitos reglamentarios específicos.

  Su función es conseguir el máximo de energía eléctrica posible a partir de la radiación existente en ese momento y efectuar el volcado a la red eléctrica o al consumo directo, sincronizando la señal generada por el inversor con la proveniente de la red. De modo resumido, el generador solar produce energía que es rectificada por el inversor solar. Si en ese momento existe demanda de consumo, la energía producida es derivada a la instalación para su utilización. Si no existe demanda, la energía producida puede volcarse a la red eléctrica de distribución. En el caso de que la demanda de consumo supere la producción, el inversor gestionará la operación de obtener la energía necesaria de la red eléctrica y la sumará a la producción obtenida.

- **Inversores para instalaciones aisladas y con batería.** Son los utilizados en los sistemas fotovoltaicos autónomos o aislados de la red eléctrica externa. Entre las variantes de este tipo de inversores para sistemas fotovoltaicos aislados existentes en el mercado destacan:

  - ✓ **Entrada de batería.** Es el tipo más común. En él, la entrada del inversor se conecta única y directamente a la batería solar. Este tipo de inversores suelen disponer de la función de protección contra la sobredescarga de la batería, ya que esta conexión directa constituye una línea de consumo no controlada por el regulador.

  - ✓ **Entrada de batería y campo fotovoltaico.** Este tipo incluye un regulador de carga interno que posibilita la conexión directa del campo fotovoltaico y hace innecesario el uso de un regulador externo.

✓ **Entrada de batería y generador auxiliar.** Permite la conexión directa de un grupo electrógeno auxiliar, posibilitando la carga de las baterías mediante una fuente distinta a la solar (función de cargador), y la alimentación directa del consumo mediante dicho grupo (función generador).

✓ **Salida alterna y continua.** Hay inversores que disponen de doble salida, alterna y continua, diseñados especialmente para su utilización en sistemas que precisan estos dos tipos de alimentación.

- **Inversores híbridos.** Son una combinación de inversores con conexión a red e inversores aislados. Se emplean habitualmente en instalaciones en las cuales existe red eléctrica, pero esta es de mala calidad o bien la reglamentación no permite verter el excedente de energía eléctrica a la red.

  Cuando la generación de energía supera la demanda, el excedente es almacenado en las baterías, y cuando la demanda supera la producción, el inversor intenta extraer el diferencial de las baterías y después de la red eléctrica.

En función de su **conexión en la instalación**, podemos establecer la siguiente clasificación:

- **Inversores centrales o centralizados.** Se trata de un único inversor que abastece a toda la instalación fotovoltaica. Todas las cadenas de módulos fotovoltaicos están reunidas en una conexión paralelo que se deriva al inversor.

  Son los de mayor potencia, eficiencia y simplicidad. Tienen la desventaja de que, al ser un solo inversor, y si este falla, caerá la producción de electricidad de la instalación.

Inversor central

- **Inversores de cadena o** *string*. A la entrada del inversor se conecta un *string* (una cadena de paneles conectados en serie), de este modo el seguimiento del punto de máxima potencia (MPPT) es independiente para cada *string*.

Su gran ventaja es que permite que no todos los *strings* tengan la misma orientación en instalaciones donde hay complicaciones de sombreado, por eso son ventajosos en tejados de viviendas, donde es habitual ese problema. Pero para una mejor optimización es mejor usar microinversores u optimizadores cuando hay diferentes orientaciones o sombras.

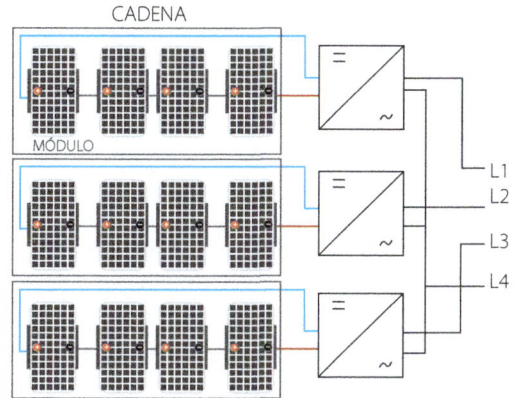

Inversor de cadena o *string*

- **Microinversores.** Se conectan a cada panel o cada dos paneles. Tienen ventajas en caso de sombras en los paneles y permiten ir ampliando la instalación gradualmente, pero la desventaja de ser más caro. Son los de mayor eficiencia.

Microinversor

- **Inversores híbridos.** Es un tipo de inversor que permite conectar las baterías y el suministro eléctrico (o un grupo electrógeno como un motor diésel), dando prioridad a una de ellas según sea necesario en cada momento. Por lo que pueden funcionar tanto en instalaciones solares con conexión a red, como en instalaciones solares aisladas (sin conexión a red).

- **Inversor-cargador.** Su comportamiento es el mismo que el de los inversores normales, pero además incorporan un cargador interno para la batería que se puede servir de un grupo electrógeno externo, como un motor diésel, usándolo como fuente de alimentación de 230 V. De este modo, esa fuente externa, puede usarse para alimentar la vivienda y cargar las baterías, en caso de la que la solar no esté disponible en ese momento. Además, al disponer todos de pantalla LCD, se hace muy intuitiva y fácil su instalación y puesta en marcha. Muchos de estos inversores están ya adaptados para trabajar con baterías para garantizar el suministro con falta de radiación.

- **Inversor con transformador.** Se trata de inversores que incorporan de serie un transformador de aislamiento en la salida CA.

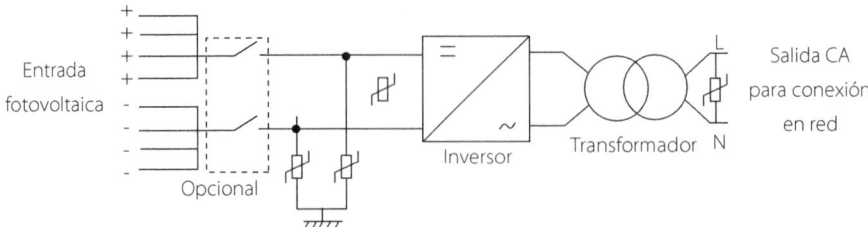

Esquema inversor con transformador

Se indican a continuación las **características de un inversor**:

- **Tensión nominal de entrada.** Valor de la tensión de corriente continua aplicado en la entrada del inversor a los que se añade el valor de tensión máxima y mínima permitida. Los valores habituales son 12, 24 y 48 V.
- **Tensión máxima y mínima de entrada.** Máxima y mínima tensiones admitidas en la entrada del inversor. Estos valores no deben ser superados en ningún caso, debiendo tenerse en cuenta la tensión en circuito abierto a baja temperatura del generador fotovoltaico.
- **Tensión nominal de salida.** Se corresponde con el valor eficaz de tensión alterna en la salida. El valor habitual es 230 V en inversores monofásicos y 400 V en inversores trifásicos.
- **Frecuencia nominal de salida.** Frecuencia de la señal alterna de tensión en la salida del inversor expresado en hercios. El valor habitual es 50 Hz con la indicación del rango de variación posible.
- **Intensidad máxima de entrada.** Valor máximo de la corriente de entrada al inversor.
- **Potencia nominal de salida.** Se corresponde con el valor de potencia máxima que puede proporcionar el inversor en su salida. El valor de potencia nominal se expresa en forma de potencia aparente VA. El valor de la potencia máxima de salida es función del tiempo de funcionamiento, facilitándose esta característica de modo habitual por parte del fabricante para tiempos de 5 segundos, 5 minutos, 30 minutos o para tiempo o funcionamiento constante, habitualmente en forma gráfica.
- **Potencia máxima de salida.** Es la potencia máxima que puede proporcionar el inversor durante periodos transitorios. Suele expresarse como porcentaje con respecto a la potencia nominal.
- **Potencia nominal de entrada.** Es la potencia máxima de entrada admitida proporcionada por el generador fotovoltaico.
- **Capacidad de sobrecarga.** Capacidad del inversor para proporcionar valores de intensidad y potencia superiores a los valores nominales durante un corto periodo de tiempo.
- **Distorsión armónica.** Valor de la tasa total de distorsión armónica THD (%) correspondiente a la señal alterna de tensión en la salida del inversor.

- **Autoconsumo.** Un inversor tiene un consumo de energía aun trabajando sin ninguna carga conectada en su salida. Este valor suele expresarse en W o mA. Algunos inversores disponen de un sistema de arranque y paro automático para reducir al máximo posible el consumo del equipo cuando trabaja en vacío, desconectando la etapa de potencia y manteniendo únicamente un circuito de control de bajo consumo.
- **Rendimiento o eficiencia.** Es la relación entre la potencia absorbida en la entrada y la potencia cedida en la salida del inversor. El rendimiento del inversor no es constante y depende de:
    - ✓ Factor de potencia de las cargas o consumos: estas pueden ser resistivas, inductivas o capacitivas. El máximo rendimiento se obtiene con cargas resistivas y disminuye con cargas inductivas.
    - ✓ Potencia: para un mismo tipo de carga el rendimiento es bajo cuando el inversor trabaja a baja potencia.

    Los fabricantes suelen facilitar el valor del rendimiento máximo que puede alcanzar el inversor.
- **Rango de tensión de búsqueda del punto de máxima potencia.** Es el rango de voltaje en el cual el inversor aplica el algoritmo de búsqueda del punto de máxima potencia del generador fotovoltaico.
- **Grado de protección IP.** Grado de protección eléctrica del inversor.
- **Rango de trabajo.** Intervalo de valores de temperatura y humedad entre los cuales puede trabajar el inversor.

Protección o sistemas de protección

Se indican a continuación las protecciones habituales incorporadas en un inversor bien de modo interno o añadidos externamente al mismo:

- **Protección contra cortocircuitos.** Sistema de protección para evitar cortocircuitos en la salida del inversor, como un magnetotérmico. Este sistema de protección puede ser externo al dispositivo o incorporado en el mismo de serie.
- **Protección contra baja tensión de entrada.** Una tensión baja en la entrada CC del inversor puede ser debida a un bajo estado de carga de la batería, una sección inadecuada de los cables en la entrada del inversor (caída de tensión en la línea de entrada) o a algún mal contacto en la línea de entrada. Los inversores incorporan un sistema de protección que interrumpe el funcionamiento si la tensión de entrada es inferior al valor límite establecido. El rearme del mismo puede ser manual o automático dependiendo del modelo.
- **Protección contra sobretensión de entrada.** Un valor de tensión CC de entrada por encima del valor máximo establecido puede suponer un daño para el inversor. Las causas más comunes de sobretensiones en la entrada son la desconexión de la batería,

recibiendo el inversor la tensión suministrada por el generador fotovoltaico de manera directa, o bien una tensión de salida de la batería elevada debido a una sobrecarga. Los inversores pueden incorporar sistemas de protección contra sobretensiones en la entrada CC.

- **Protección contra sobrecargas.** En el caso de una sobrecarga en la salida superior a un valor límite o durante un tiempo superior al fijado, el inversor reduce la tensión de salida hasta que la potencia suministrada se iguala a la potencia nominal.

- **Protección térmica.** El inversor incorpora un sensor de temperatura interno que interrumpe el funcionamiento en caso de que el calor generado por los circuitos electrónicos de potencia eleve la temperatura interna por encima del valor de seguridad prefijado.

- **Protección contra inversión de la polaridad en la entrada.** Un cambio en la polaridad en los terminales de entrada CC del inversor puede dar lugar a una avería en el mismo. Suelen incorporarse diodos de protección en la alimentación para evitar la inversión de la polaridad.

Dispositivos de conversión CC/CC

En ocasiones puede ocurrir que la tensión nominal de funcionamiento de algunos consumos de corriente continua sea diferente de la tensión nominal de las baterías de la instalación, siendo necesario emplear un convertidor CC/CC. Este es un dispositivo electrónico que convierte una tensión de entrada V_1 de corriente continua CC en una tensión de salida V_2 también de corriente continua CC.

La potencia P_1 en la entrada y P_2 en la salida vienen determinadas por los valores de intensidad y tensión en CC en entrada y salida.

$$P_1 = V_1 \times I_1$$

$$P_2 = V_2 \times I_2$$

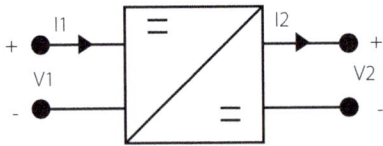

Esquema de un convertidor CC/CC

Se indican a continuación las características técnicas principales de un convertidor CC/CC:

- **Tensión nominal de entrada.** Valor de tensión nominal a aplicar en la entrada del convertidor.

- **Rango de tensión de entrada.** Valores límite superior e inferior de la tensión de entrada.
- **Tensión nominal de salida.** Tensión de salida ajustada de forma fija o mediante potenciómetro.
- **Intensidad nominal de salida.** Valor de intensidad máxima de trabajo proporcionada por el convertidor en salida de forma continua.
- **Intensidad máxima de salida.** Valor máximo que puede proporcionar en salida.
- **Consumo en vacío.** Consumo de potencia en la entrada cuando no se está proporcionando potencia en la salida del convertidor.
- **Rendimiento.** Cociente entre la potencia de salida y la potencia de entrada.
- **Grado de protección IP.**
- **Rango de trabajo.** Temperatura, humedad.

Los convertidores CC/CC integran sistemas de protección análogos contra sobrecargas, sobretensiones, inversiones de polaridad y sobretemperaturas, similares a los descritos para los inversores.

Métodos de control PWM

La modulación por ancho de pulso (PWM del inglés *Pulse Width Modulation*) es un tipo de señal de voltaje empleada para enviar información o modificar la cantidad de energía que se envía a una carga. Es una técnica empleada para transmitir señales analógicas cuya señal portadora es digital.

El **ciclo de trabajo** (*Duty cycle*, D) de una señal periódica es el ancho de su parte positiva (t) en relación con el periodo (T):

$$D = \frac{t}{T}$$

Básicamente consiste en activar una salida digital durante un tiempo y mantenerla apagada durante el resto, generando así pulsos positivos que se repiten de manera constante. La frecuencia es constante, mientras que se hace variar la anchura del pulso (el valor D).

La modulación PWM se usa para regular la velocidad de giro de motores, regulación de la intensidad luminosa, control de elementos termoeléctricos, control de fuentes conmutadas, etc.

En el caso de los inversores, el control PWM se utiliza para regular la frecuencia y el RMS (*Root Mean Square*, valor efectivo de la señal) de la forma de la señal de salida.

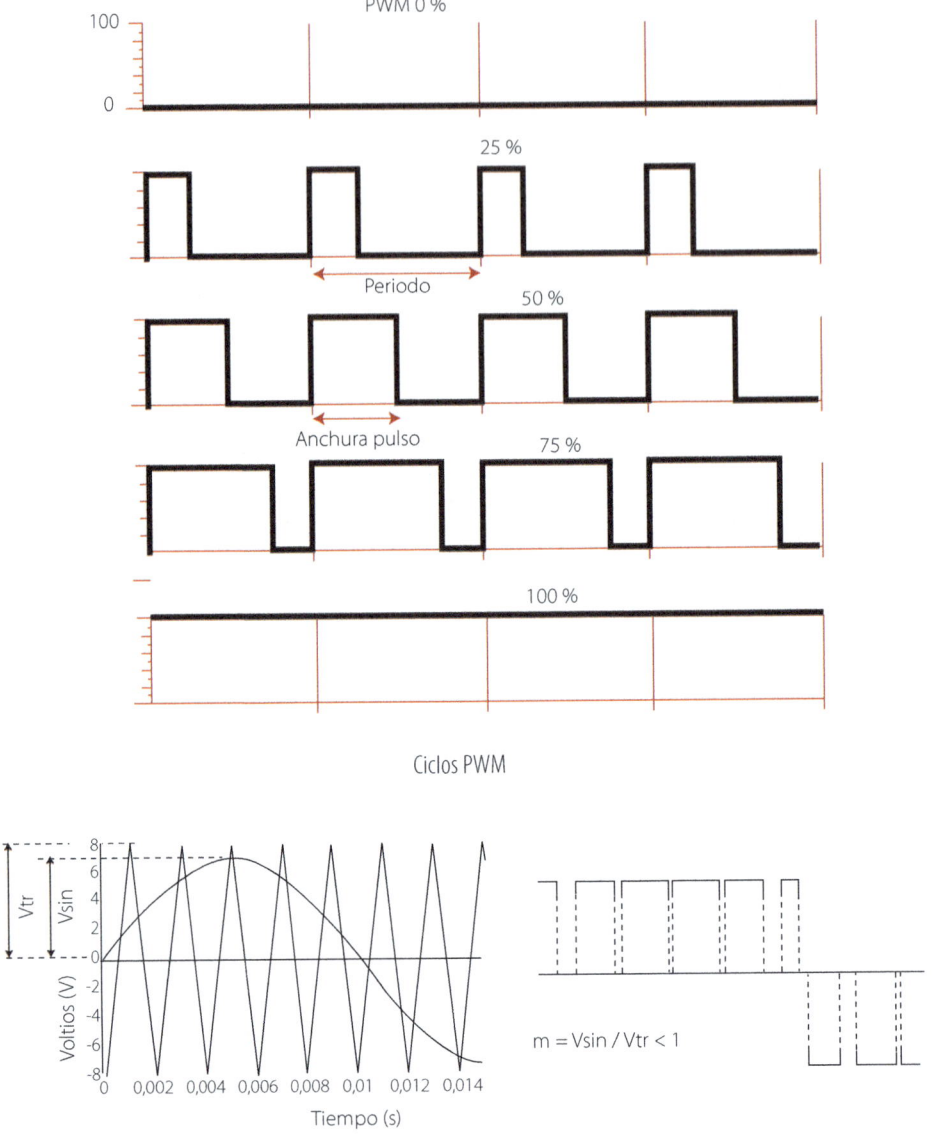

Ciclos PWM

Control de señal mediante PWM

Generación de armónicos

Los armónicos eléctricos son perturbaciones en la frecuencia real de la señal eléctrica. Los armónicos o frecuencias armónicas son componentes de frecuencia múltiplos enteros de la frecuencia fundamental. Si la corriente fundamental es de 50 Hz, el quinto armónico será de 250 Hz, el séptimo armónico será 350 Hz, etc. La corriente senoidal pura no tiene armónicos. Una señal de tensión distorsionada estará formada por una componente fundamental y otras de mayor frecuencia que son los armónicos.

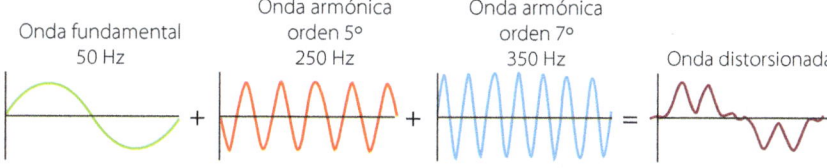

Onda distorsionada por armónicos

Los inversores, los rectificadores y los variadores de velocidad, entre otros, absorben armónicos.

Los armónicos pueden provocar daños en la instalación, como calentamiento de los conductores o elementos conectados, activación de las protecciones, vibraciones y acoplamientos o tensión entre neutro y tierra distinta de cero.

Para evitar los armónicos suelen emplearse:

- **Transformadores.** Se emplean transformadores tipo triángulo-estrella en cargas monofásicas.
- **Filtros pasivos.** Suelen ser filtros simples y económicos basados en bobinas en serie y paralelo que actúan sintonizando los armónicos.
- **Filtros activos.** Analizan cada una de las fases de manera permanente y en base a esto generan una señal de corriente que es igual a la diferencia entre la corriente de carga y la intensidad fundamental. Esta diferencia se inyecta a la carga de tal manera que la resultante será una corriente senoidal igual a la intensidad fundamental de la fuente.

2.6. Otros componentes

Diodos de bloqueo y de paso

Un diodo es un componente electrónico formado por dos puntos de conexión, que facilita el flujo de corriente eléctrica en una única dirección, ver símbolo en figura inferior.

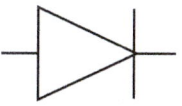

Símbolo de diodo

Un **diodo de bloqueo** permite que la corriente fluya en una sola dirección debido a su baja resistencia en esa dirección y a su alta resistencia en la dirección opuesta. Este principio es utilizado en celdas solares con diodos para proteger los paneles solares. Cuando el ánodo se conecta al positivo y el cátodo al negativo, la polarización es hacia adelante, permitiendo el flujo. Para bloquear la corriente en la dirección opuesta, se invierte la polarización: ánodo al negativo cátodo al positivo.

El **diodo de paso** asegura que la electricidad fluya de manera eficiente hacia la batería o la red, previniendo retrocesos no deseados que podrían afectar a la instalación. Actúa como una puerta unidireccional, permitiendo que la energía solar se dirija hacia donde es necesaria sin permitir que vuelva en la dirección contraria.

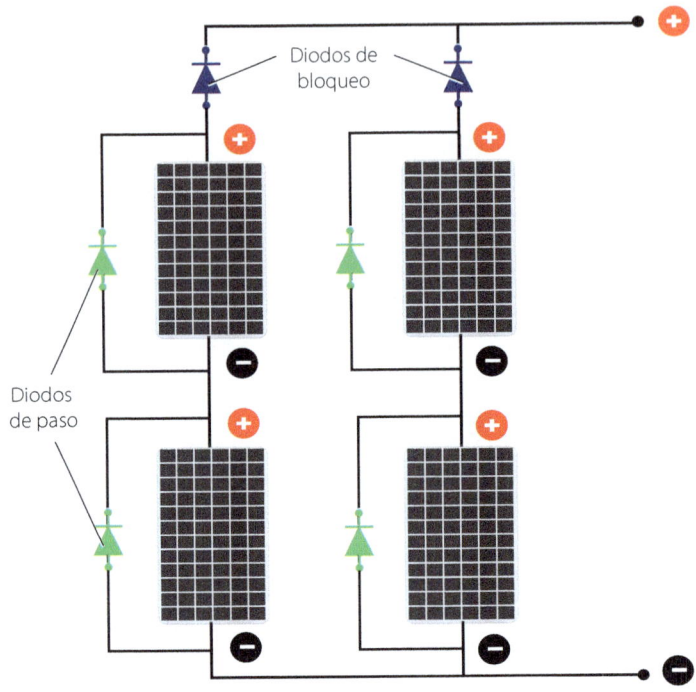

Esquema con diodos de bloqueo y diodos de paso

Equipos de monitorización, medición y control

La monitorización se centra en la recopilación continua de datos relacionados con el rendimiento y con las operaciones de la instalación fotovoltaica. Se incluyen sensores, medidores y sistemas de tratamiento de datos.

Estos equipos supervisan variables como la producción de energía, la radiación solar, la temperatura y otros parámetros importantes, proporcionando información en tiempo real sobre el estado del sistema para evaluar su eficiencia y detectar posibles problemas.

La medición implica evaluar cuantitativamente parámetros específicos (energía generada, energía consumida y otros datos eléctricos) para garantizar un funcionamiento óptimo de la instalación. Se incluyen medidores de energía, medidores de corriente, voltímetros, amperímetros…

Estos equipos permiten verificar de una manera precisa el rendimiento de la instalación y facilitar la toma de decisiones que ayuden a mejorar la eficiencia.

Los equipos de control se centran en gestionar y regular los componentes de la instalación para que su funcionamiento sea óptimo. Se incluyen inversores, dispositivos de seguimiento solar, sistemas de almacenamiento de energía, controladores…

Pueden regular la conversión de energía, la orientación de paneles solares, la distribución de energía, entre otros. Al adaptarse de forma automática a las variaciones del entorno, estos equipos aseguran la estabilidad y eficiencia del sistema al modificar sus parámetros de manera dinámica.

Sistemas de monitorización

Según IDAE, estos sistemas deben proporcionar, como mínimo, las siguientes medidas:

- **En sistemas aislados de red:** tensión y corriente CC del generador, potencia CC consumida, también el inversor como carga CC, potencia CA consumida, radiación solar en el plano de los módulos, temperatura ambiente en la sombra.
- **En sistemas conectados a red:** voltaje y corriente CC a la entrada del inversor, voltaje de fases en la red, potencia total de la salida del inversor, radiación solar en el plano de los módulos, temperatura ambiente en la sombra, temperatura de los módulos en integración arquitectónica y siempre que sea posible en potencias mayores de 5 kW.

Podemos distinguir los siguientes tipos de monitorización:

- **Instalaciones de pequeña capacidad, viviendas, etc.** En este caso es el propio inversor quien hace la monitorización de la instalación fotovoltaica, conectándose a internet vía WiFi y facilitando las lecturas al usuario mediante una app. Esta monitorización implica registrar constantemente la producción y el consumo de electricidad, creando un historial de datos.

  Con estos datos, los propietarios pueden ajustar sus hábitos de consumo para aprovechar al máximo la energía generada.

  Se instalan sensores y dispositivos de monitoreo en diferentes puntos de la instalación, para la recopilación de datos sobre la generación de electricidad, la temperatura de los paneles, la eficiencia de conversión, y otros parámetros relevantes.

  Los datos que recopilen los sensores se transfieren en tiempo real a un sistema central de monitoreo, que puede hacerse por medio de conexiones por cable o de forma inalámbrica.

  Los datos recopilados se procesarán y se presentarán en una plataforma en línea, a la que los propietarios podrán acceder a través de tabletas, ordenadores o dispositivos móviles.

La plataforma de monitoreo presenta la información de manera clara y visual, normalmente de modo gráfico o mediante tablas, lo cual facilita la fácil comprensión de cómo está funcionando la instalación.

Además de ver los datos, también analizará el rendimiento del sistema.

Estos sistemas de monitoreo suelen incluir alertas y notificaciones automáticas si detectan un problema, como una disminución en la generación de energía.

También permite el acceso remoto a la instalación solar, es decir, los propietarios pueden supervisar el rendimiento y realizar ajustes en la configuración desde cualquier lugar con conexión a internet.

Se mantiene un registro histórico de los datos recopilados a lo largo del tiempo.

- **Instalaciones de gran capacidad.** En este caso se emplean sistemas de monitorización más complejos, pero sigue principios similares a las de pequeña escala, solo que a una escala más grande, por ejemplo por strings (cadenas conectadas en serie), cada string consta de varios paneles solares conectados entre sí, formando una unidad de generación.

  Se instalarán dispositivos de monitorización en cada string para recopilar datos importantes, como la producción de energía, la tensión y la corriente, estos datos se transmitirán a un sistema centralizado, que dará visión completa del rendimiento de la planta, ayudando al control para un óptimo funcionamiento.

  Los datos de cada string se verán en tiempo real en un panel de control central, mediante gráficos y tablas que darán una representación clara del rendimiento individual de cada uno de los string y de la planta en conjunto.

  Se harán análisis avanzados para evaluar el rendimiento de cada string, incluyendo posibles problemas, como puede ser la pérdida de eficiencia o fallos en algún panel solar.

  La monitorización permitirá detectar problemas potenciales de un modo precoz, lo que facilitará el mantenimiento predictivo. Los tres niveles de monitorización de una planta son:

  - ✓ Nivel 1: es el primer estado de medición, implica la medición básica de la producción de energía, irradiación solar y temperatura. Esencialmente, captura datos fundamentales para evaluar el rendimiento inicial del sistema.
  - ✓ Nivel 2: es el segundo estado de medición, los centros de potencia están conectados entre sí mediante un anillo de fibra óptica. En estos centros se unifican las diferentes cajas de los strings a la entrada del inversor para convertir la corriente de estas de CC a CA.
  - ✓ Nivel 3: es el tercer estado y será el lugar central desde el cual se supervisará y controlará el sistema, incluyendo la subestación de la planta y el punto de conexión con la compañía eléctrica para distribuir la energía de manera controlada.

Aparamenta eléctrica de cableado, protección y desconexión

Las tipologías de cables empleados habitualmente en instalaciones fotovoltaicas son:

- Conexión entre los paneles fotovoltaicos y el campo solar: H1Z2Z2-K con clase CPR.
- Redes de baja tensión en CC: RZI-K (AS) con clase CPR; XZ1FA3Z-K (AS) con clase CPR.
- Redes de baja tensión en CA: Z1C4Z1-K (AS) con clase CPR; AL XZI (S) con clase CPR.
- Redes de media tensión: AL HEPRZ1 con clase CPR; AL RH5Z1 con clase CPR; AL RHZ1-2 OL con clase CPR.
- Comunicaciones: UC900 SS23 CaL 7 PE-S/FTP exterior; ICS IE ToughCat 7S Announred-S/FTP exterior; A-DQ (ZH) B2Y- FO exterior.
- Cables auxiliares para instalaciones de parques solares: se usarán para conectar a tierra las estructuras de los paneles (cable amarillo-verde tipo ES07-Z1 (AS)) y también para conectar los motores de seguimiento (RZ1-K (AS)).

Entre los elementos esenciales de protección se encuentran los interruptores diferenciales, que son los dispositivos diseñados para detectar corrientes de fuga y desconectar rápidamente el circuito en caso de un fallo, protegiendo tanto a las personas como al sistema eléctrico.

Existen diferenciales de varios tipos, nos centraremos en este punto en los de tipo B, que detectan corriente pulsante y pura continua y corriente residual alterna hasta 1.000 Hz, pero además también protegen ante los defectos que pueden detectar los de tipo CA (corriente residual alterna), los de tipo A (corriente residual alterna y pulsante) y los de tipo F (corriente residual alterna hasta 1.000 Hz y pulsante).

Estos diferenciales de tipo B pueden ser de relé diferencial o de interruptor diferencial, pueden estar disponibles en configuraciones diseñadas para instalaciones con corrientes nominales de hasta 40 A o 63 A y con una sensibilidad de 30 mA. En estas configuraciones, la sensibilidad de 30 mA significa que el interruptor diferencial se activará y desconectará el circuito cuando detecte una corriente de fuga de al menos 30 milésimas de amperio (mA). Esta sensibilidad es estándar para la protección contra descargas eléctricas indirectas y ayuda a prevenir situaciones peligrosas.

En cuanto a la desconexión, debemos saber que la normativa actual obliga a la instalación de un interruptor de interconexión para que haya una desconexión automática. Los fabricantes recomiendan que las placas no se manipulen si el interruptor no está desconectado, aconsejando también desconectar el cableado solar.

Elementos de consumo

Desde el punto de los consumos, las aplicaciones más habituales de la energía fotovoltaica son:

- La electrificación de viviendas mediante este tipo de energía solar es cada vez más común. La instalación de paneles solares en los techos de las casas, así como en áreas comunes de edificios, permite generar electricidad para los hogares. Esto no solo nos da autonomía energética, sino que además puede llevar a la total independencia de la red eléctrica convencional, dando lugar a ahorros significativos que pueden recuperarse en periodos relativamente cortos. La vida útil de los paneles es alrededor de 25 o 30 años, lo que significa que durante gran parte de este tiempo la producción de electricidad puede ser prácticamente gratuita.

- Generar electricidad para venderla a la red eléctrica. Si nuestra instalación produce más energía de la que necesitamos, esta se puede enviar de vuelta a la red eléctrica. Si esto sucede, el propietario de la instalación puede recibir una compensación económica o créditos en la factura de electricidad por la energía que suministra a la red. Es un modo de aprovechar la energía solar no solo para beneficio propio, sino también para contribuir a la producción de una energía sostenible para la comunidad.

- Alumbrado público entre otros sistemas de iluminación. Esta energía también se utiliza para iluminar calles, monumentos, paradas de autobús, parquímetros… En términos de alumbrado público, la energía solar se captura mediante paneles fotovoltaicos instalados en lugares estratégicos, ahorrando costes de electricidad y contribuyendo a la sostenibilidad.

- Señalización y comunicaciones. Por ejemplo, en carreteras se incluyen señales de tráfico, semáforos y/o sistemas de iluminación para cruces y zonas peligrosas, aprovechando la energía solar del día para iluminar las vías durante la noche, así se reduce la dependencia de la red eléctrica convencional.

  En la navegación aérea y marítima, esta energía se usa para alimentar señales luminosas y equipos de comunicación en faros, boyas y balizas.

- Electrificación de zonas rurales que están alejadas de redes eléctricas generales, siendo este tipo de instalación una buena solución. Proporciona electricidad para bombas de agua, iluminación y equipos esenciales.

- Explotaciones agrícolas y ganaderas. También puede usarse en tareas de regadío (bombeo de agua), en la electrificación de las cercas y vallas, en un ordeño eléctrico, en los sistemas de iluminación en establos y granjas, en la alimentación de maquinaria agrícola…

- Electrificación de la industria. Se usará para alimentar sistemas de iluminación en fábricas, cargar dispositivos electrónicos, alimentar equipos de soldadura, proporcionar energía para sistemas de refrigeración…

- Sistemas de telecomunicaciones. Se puede usar en telefonía móvil, en repetidores de televisión o de radio, en cámaras de vigilancia y sensores, en redes de emergencia…

Otros generadores eléctricos (pequeños aerogeneradores y grupos electrógenos)

Pequeños aerogeneradores. Minieólica

La energía minieólica es una forma de generación de energía renovable que utiliza pequeños aerogeneradores o turbinas eólicas (potencia inferior a los 100 kW) para convertir la energía del viento en electricidad. Estas instalaciones son más pequeñas que las eólicas convencionales.

Pequeños aerogeneradores

Ofrece varias ventajas:

- Proporciona electricidad en zonas apartadas, evita la necesidad de conexión a la red.
- Produce electricidad cerca del lugar donde se consume, reduciendo pérdidas en transporte.
- Se puede combinar con energía solar en instalaciones híbridas.

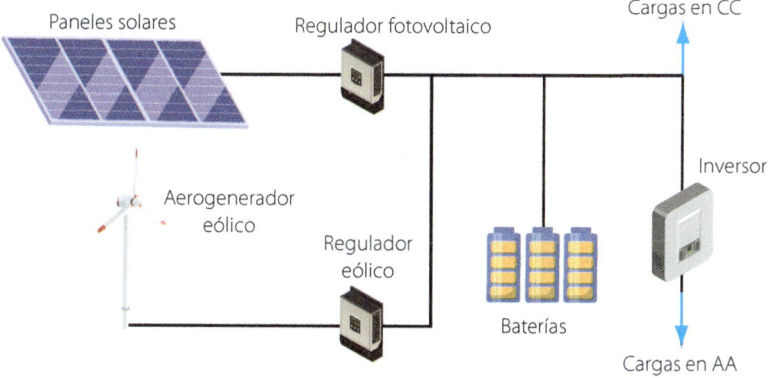

Esquema de instalación híbrida

Grupos electrógenos

En instalaciones fotovoltaicas pueden emplearse grupos electrógenos como apoyo para proporcionar energía eléctrica cuando los paneles solares no pueden proporcionar la energía suficiente o bien existe alguna avería parcial en el generador fotovoltaico.

Este uso puede ser para asegurar el suministro eléctrico durante periodos prolongados de mal tiempo, cuando la cantidad de energía solar acumulada es limitada, o para manejar momentos imprevistos de alta demanda.

Estos grupos utilizan combustibles como diésel o gas para generar electricidad, asegurando un suministro constante y respaldando la continuidad del servicio eléctrico, especialmente en instalaciones críticas donde la demanda es constante.

Aunque la energía solar es la fuente principal, los grupos electrógenos garantizan la fiabilidad del sistema en condiciones adversas o en momentos de mayor demanda. Su integración estratégica mejora la estabilidad y eficiencia de las instalaciones fotovoltaicas.

Están equipados con motores que utilizan diésel o gas como combustible, como ya se ha mencionado. Cuando se activan, el motor genera electricidad de manera similar a un generador convencional.

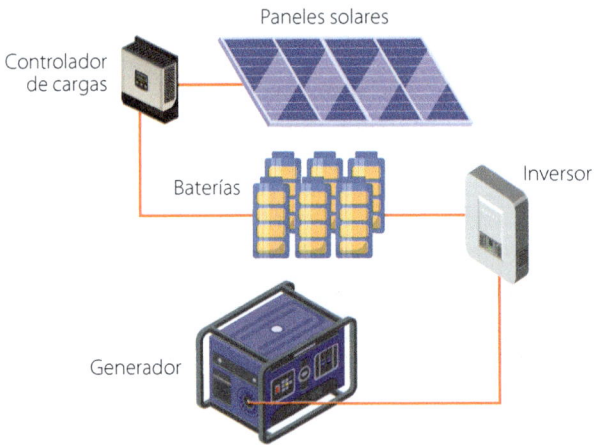

Esquema con grupo electrógeno

El diésel se almacena con mayor facilidad, estos grupos tienden a ser más eficientes en términos de consumo de combustible y a generar emisiones de gases de escape más altas en comparación con los de gas.

El gas es una opción más limpia, a menudo son más respetuosos con el medio ambiente. Emiten menos contaminantes.

La elección del grupo electrógeno dependerá de algunos factores:

- Comparar si el diésel o el gas natural son más accesibles y económicos en la ubicación específica de la instalación.
- Considerar la eficiencia del generador bajo las condiciones típicas de carga que necesitemos.
- Evaluar las emisiones y el cumplimiento con las regulaciones ambientales locales.
- Tener en cuenta el almacenamiento del que disponemos para el combustible.
- Analizar los costes y la frecuencia de mantenimiento asociados con cada opción.
- Considerar la duración y la aplicación específica del grupo electrógeno.

Dispositivos de optimización

Un **optimizador de potencia** es un dispositivo diseñado para minimizar las pérdidas de energía en una instalación fotovoltaica, causadas por sombreado u obstáculos cercanos. Su función es mejorar la eficiencia de cada panel solar de manera individual, maximizando así el rendimiento general. Los inversores actúan sobre todo el sistema, los optimizadores se instalan individualmente en cada placa solar para ajustar con precisión su potencia, permitiendo un alto rendimiento a la instalación.

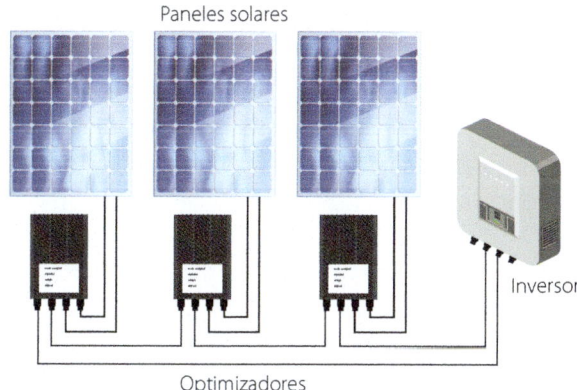

Esquema con optimizador

Se aconseja usar optimizadores cuando algunas placas de un conjunto estén sombreadas durante muchas horas al día, ya que esto afectaría a todo el conjunto. También son útiles para contrarrestar un mal acoplado entre las placas del mismo conjunto.

Algunas ventajas que puede presentar su uso:

- **Apagado de seguridad.** Los inversores se apagan automáticamente en caso de que haya problemas, pero los paneles siguen generando electricidad. Los optimizadores bajan el voltaje para que así las operaciones sean seguras durante las revisiones. La instalación tiene una mayor seguridad.

- **Monitorización.** Los optimizadores también pueden rastrear el rendimiento y detectar rápidamente fallos como sombreado o defectos eléctricos, así se puede proceder a su corrección.
- **Se adaptan a todo tipo de paneles.**
- **Ayudan a que aumente la eficiencia.** Contribuyen a aumentar la producción de energía del sistema.
- **Su mantenimiento tiene un bajo coste.**
- **Evitan pérdidas de energía.**
- **Permiten monitorización individual.**
- **Permiten trabajar con instalaciones fotovoltaicas con baterías.**

2.7. Aparatos de medida y protección

Los aparatos de medida y protección son esenciales para garantizar un funcionamiento seguro y eficiente. Como hemos estado viendo en diferentes apartados anteriores, los medidores monitorean la generación de energía y ayudan a evaluar el rendimiento del sistema. Los interruptores y fusibles protegen contra sobrecargas y cortocircuitos, previniendo daños. Además, por ejemplo, los dispositivos de protección contra rayos resguardan la instalación de descargas atmosféricas.

Se ha hecho referencia aparatos de medición como: piranómetro o solarímetro, pirheliómetro, albedómetro, pirgeómetro, radiómetro o pirradiómetro neto, radiómetro de rayos ultavioletas, heliógrafo, sensor de duración solar… Todos ellos vinculados a la medición de la irradiación solar.

Podemos tener en cuenta también dispositivos específicos para medir la tensión eléctrica, que la evaluarán en diferentes puntos del sistema, proporcionando información detallada sobre la calidad y estabilidad de la corriente en la instalación. Aquí tenemos los voltímetros, que son dispositivos usados para medir la diferencia de potencial eléctrico, o voltaje, en un circuito eléctrico. En el contexto de estas instalaciones, se emplearán para evaluar la tensión en diferentes puntos del sistema, asegurando que la corriente eléctrica se mantenga dentro de unos niveles seguros y necesarios para que los componentes funcionen adecuadamente.

La medición de la temperatura de los paneles fotovoltaicos se realizará mediante cámaras térmicas o termógrafos infrarrojos que capturan imágenes que representan la temperatura de los paneles; algunos paneles fotovoltaicos pueden estar equipados con sensores de temperatura; sensores ambientales que son dispositivos externos que miden la temperatura ambiental que puede afectar a los paneles.

También puede haber una medición de la curva I-V para evaluar el rendimiento de los paneles solares. Este tipo de medición implica examinar cómo varía la intensidad (I) en relación con el voltaje (V) aplicado a los paneles en diferentes condiciones. Se puede realizar mediante instrumentos especializados en analizar estas curvas, que aplican diferentes niveles de carga a los paneles solares y miden la respuesta en términos de corriente y voltaje, generando así la curva I-V.

2.8. Tipos y usos de las instalaciones fotovoltaicas

Instalación solar fotovoltaica

Una instalación solar fotovoltaica es aquella encargada de la producción de energía eléctrica a partir de la fuente de energía solar. De modo genérico, podemos distinguir los siguientes tipos de instalaciones fotovoltaicas en función de su tipo de conexión:

- **Instalaciones aisladas de la red (off grid).** Se trata de instalaciones totalmente desconectadas de la red eléctrica; la energía eléctrica generada por la instalación se consume en el mismo punto, evitando la dependencia de la red. Puede tratarse de instalaciones situadas en localidades apartadas o que no tengan acceso a la red eléctrica pública por alguna razón. Algunos ejemplos son instalaciones rurales, como granjas, casas de campo, establecimientos de turismo rural, sistemas de iluminación de áreas aisladas, instalaciones de bombeo de agua, casetas y antenas de telecomunicaciones, balizas o boyas de señalización.

Instalación fotovoltaica aislada

Este tipo de instalaciones suelen contar con módulos solares, inversor y baterías. Adicionalmente puede contarse con elementos adicionales de generación, como aerogeneradores o grupos electrógenos para garantizar el suministro y carga de baterías (instalación híbrida).

La ventaja de este tipo de instalaciones es que permiten proporcionar energía eléctrica a lugares a los cuales no resulta posible acceder mediante la red pública de suministro. Puede tratarse de sistemas centralizados, en los cuales un único gran sistema abastece a un conjunto de usuarios y sistemas descentralizados, en los cuales se abastece a una única vivienda.

- **Instalaciones conectadas a la red (on grid).** Son instalaciones conectadas a la red eléctrica de modo que puedan tomar energía de la misma cuando el sistema fotovoltaico no sea suficiente para abastecer las necesidades de la instalación. También puede inyectarse el excedente de la energía generada y no consumida a la red (con o sin compensación por el mismo).

Dentro del tipo de instalaciones conectadas a red podemos distinguir dos tipos genéricos:

  ✓ **Instalaciones generadoras interconectadas.** Son aquellas que trabajan en paralelo con la red de distribución pública. Puede tratarse de instalaciones con punto de conexión en la red de distribución de baja tensión (como por ejemplo edificios fotovoltaicos) o en la red de media o alta tensión (como huertos solares).

  ✓ **Instalaciones generadoras asistidas.** Son aquellas en las que existe una conexión a la red pública y en las cuales las cargas de la instalación pueden alimentarse tanto de la red como de la instalación fotovoltaica.

  Las instalaciones generadoras asistidas son las más comunes. Dentro de ellas encontramos las instalaciones de autoconsumo, que pueden ser:

  ○ **Instalación de autoconsumo sin excedentes**: en este tipo de instalaciones no se efectúa ningún tipo de inyección a la red eléctrica, tomándola de ella cuando es necesario. La instalación cuenta con un mecanismo antivertido que evita el volcado de excedentes eléctricos a la red.

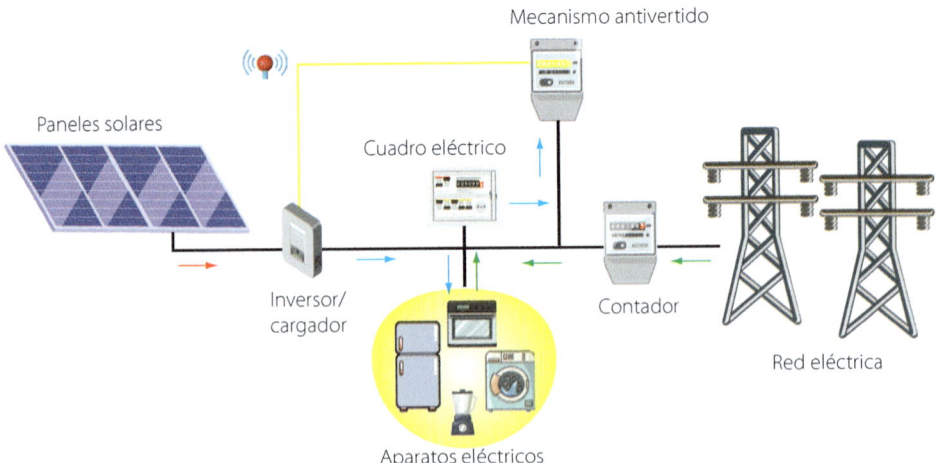

Instalación fotovoltaica de autoconsumo sin excedentes

○ **Instalación de autoconsumo con acumulación en baterías:** se trata de una tipología similar a la anterior, en la cual se incorporan baterías para almacenar el excedente producido que puede ser aprovechado en horas sin producción solar. No obstante, el sistema permanece conectado a la red eléctrica de modo que pueda obtenerse electricidad en caso de que las baterías estén descargadas. Este tipo de instalación asegura el aprovechamiento total de la energía producida en la instalación y garantiza el suministro en todo momento gracias a su conexión a la red, sin embargo, la inversión es más elevada al añadirse el coste de las baterías.

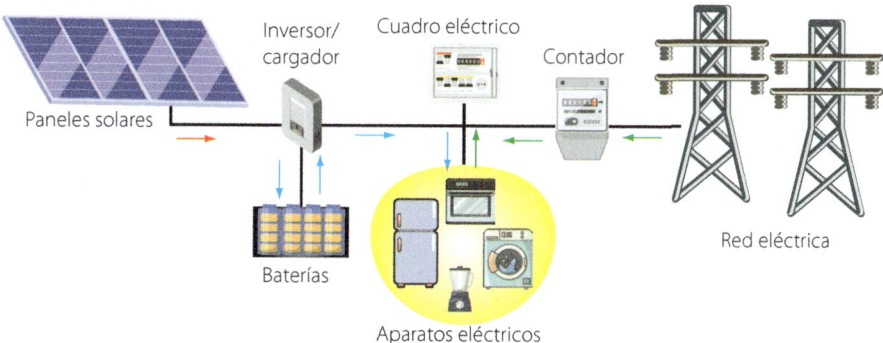

Instalación fotovoltaica de autoconsumo con baterías

○ **Instalación de autoconsumo acogida a compensación:** este tipo de instalaciones se caracteriza por utilizar el excedente de energía eléctrica no consumido para su inyección a la red recibiendo una compensación económica a cambio. Se aplica en viviendas unifamiliares, comunidades de vecinos o empresas. La instalación cuenta con un contador bidireccional que es el dispositivo que se encarga de contabilizar la energía eléctrica que fluye en ambos sentidos (de la red eléctrica a la instalación, así como la energía que inyecta a la red)

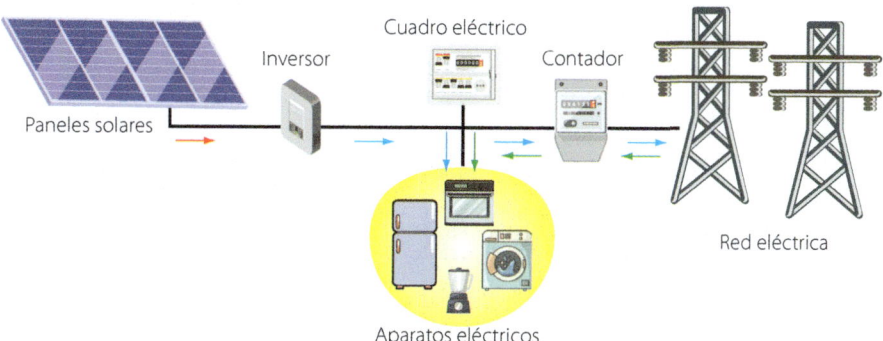

Instalación fotovoltaica de autoconsumo con compensación

Las instalaciones acogidas a compensación podrían obtener esta de tres modos diferentes:

– Balance neto: por cada kWh vertido a la red, el consumidor tiene derecho a consumir de la red un kWh sin coste cuando lo precise.

– Venta a red: se percibe una cantidad de dinero prefijada por cada kWh que se vierte a la red.

– Tarifa neta (compensación): cada kWh vertido a la red descuenta de la factura eléctrica una cantidad de dinero determinada.

El modo de compensación establecido dependerá de la legislación vigente en el lugar de instalación. En España el autoconsumo queda regulado por el RD 244/2019, decretándose un sistema de compensación en forma de ahorro. Para instalaciones de potencia inferior a 100 kW, el sobrante de energía vertida a la red genera una compensación que será reflejada en la factura, con saldo negativo en el término variable (el que refleja el consumo) Se trata de un descuento preestablecido aplicado, que no es lo mismo que una venta directa del kWh excedente.

Funcionamiento y configuración de una instalación solar fotovoltaica aislada

Hemos indicado que una instalación solar fotovoltaica aislada es aquella que funciona totalmente desconectada de la red.

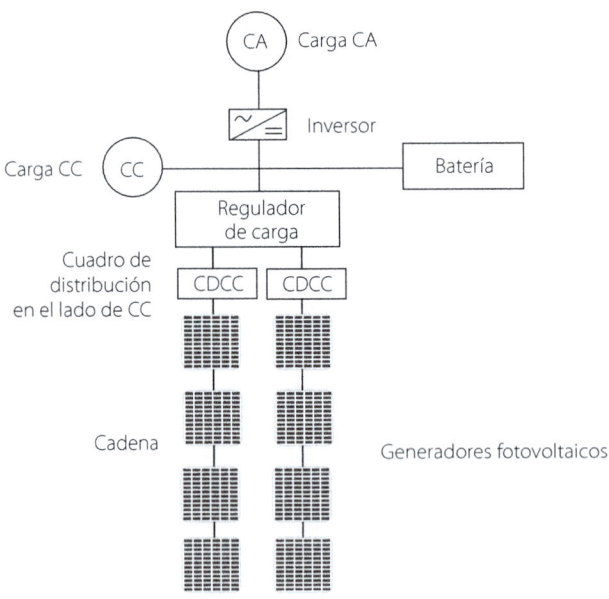

Instalación fotovoltaica aislada de red

Dentro de las instalaciones solares fotovoltaicas aisladas, distinguimos entre instalaciones cuya única fuente de energía es la radiación solar e instalaciones que cuentan con otras fuentes de energía adicionales, como aerogeneradores o grupos electrógenos (instalaciones híbridas). Indicamos a continuación los elementos, configuraciones y funcionamiento de cada una de ellas.

- **Instalaciones fotovoltaicas aisladas sin sistemas de apoyo adicionales.** Entre las configuraciones típicas encontramos:

  ✓ **Instalaciones sin inversor.** Estas instalaciones cuentan con un generador fotovoltaico, un regulador de carga, baterías de acumulación, alimentación a las cargas de corriente continua (CC) así como cuadro de distribución de corriente continua (CC) y sistema de cableado y puesta a tierra.

  Esta tipología de instalación se utiliza cuando todos los consumos eléctricos se alimentan en corriente continua (CC), conectándose en la salida del regulador de carga, el cual desconecta las cargas como medida de protección contra sobredescargas cuando las baterías alcanzan la profundidad máxima de descarga prefijada.

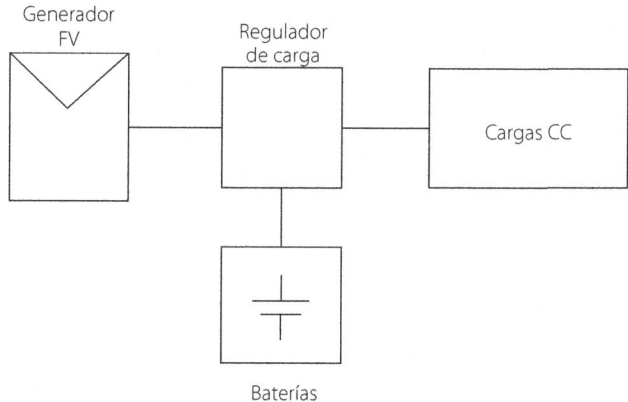

Instalación fotovoltaica aislada sin inversor

  ✓ **Instalaciones con inversor conectado en la salida del regulador de carga.** En este tipo de instalaciones se cuenta con consumos tanto en corriente continua (CC) como en corriente alterna (CA) por lo que se hace necesaria la inclusión de un inversor, así como cuadro de distribución de corriente alterna (CA).

  En este caso el inversor se considera una carga más y se sitúa en la salida de consumos de corriente continua del regulador de carga. Este debe ser capaz de soportar simultáneamente la corriente demandada por el inversor, así como la demandada por los consumos de corriente continua.

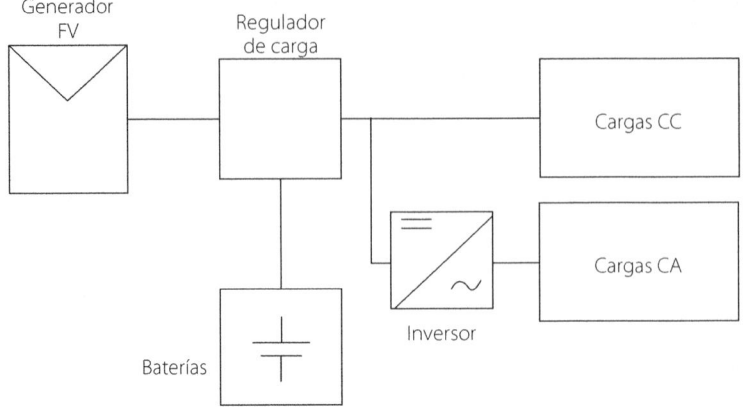

Instalación fotovoltaica aislada con inversor en la salida del regulador de carga

✓ **Instalaciones con inversor conectado directamente en baterías.** Esta tipología consta de los mismos elementos de la anterior, diferenciándose en que el inversor se conecta directamente al sistema de baterías. La corriente demandada por el inversor es proporcionada directamente por las baterías de acumulación, sin pasar por el regulador de carga. En este caso, la protección contra sobredescarga de batería del regulador se limita a la desconexión de los consumos de corriente continua (CC).

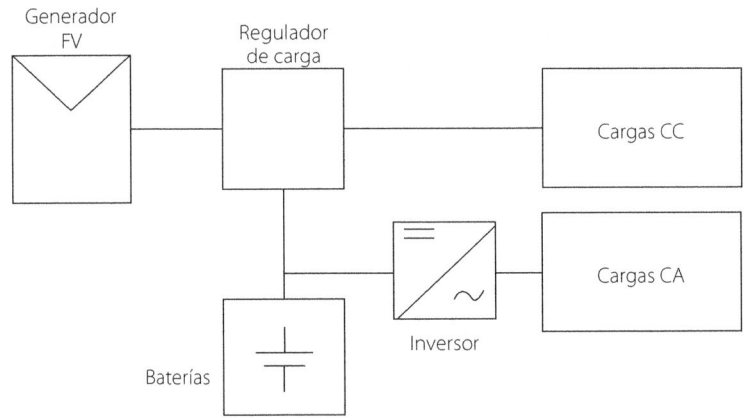

Instalación fotovoltaica aislada con inversor conectado directamente en baterías

- **Instalaciones fotovoltaicas aisladas híbridas.** En este tipo de instalaciones aisladas, la energía eléctrica no se obtiene únicamente de la radiación solar, sino que se incluye un sistema de aportación adicional. Los sistemas de aporte que suelen incorporarse son sistemas de generación eólica (microaerogeneradores) o bien grupos electrógenos.

En las figuras adjuntas se reflejan dos configuraciones posibles para este tipo de instalaciones, la primera basada en un bus de distribución de corriente continua (CC) y la segunda basada en un bus de distribución de corriente alterna (CA), ambas con un generador eólico de apoyo

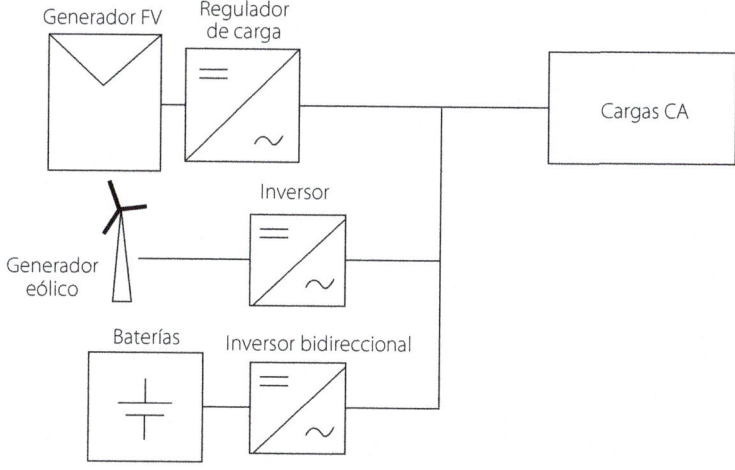

Instalación fotovoltaica híbrida con bus (CC)

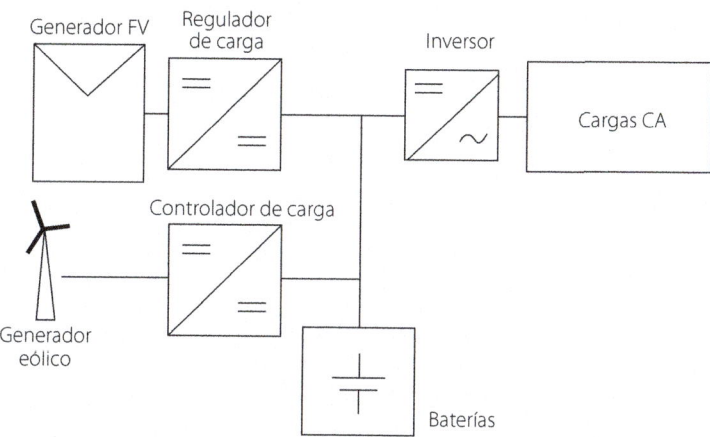

Instalación fotovoltaica híbrida con bus (CA)

Funcionamiento y configuración de una instalación solar fotovoltaica conectada a red

En el apartado anterior hemos distinguido entre los dos tipos básicos de instalaciones conectadas a red: instalaciones interconectadas e instalaciones asistidas. Los elementos, funcionamiento y configuración serán distintos para cada una de ellas.

- **Instalaciones interconectadas.** Tal y como hemos indicado, este tipo de instalaciones funcionan normalmente en paralelo con la red eléctrica, como puede ser el caso de huertos solares o edificios fotovoltaicos. Este tipo de instalaciones pueden definirse con punto de conexión en la red de distribución eléctrica de baja tensión (con otras instalaciones de baja tensión también conectadas a ella) o bien con punto de conexión en la red eléctrica de media tensión, empleando un transformador elevador de tensión. Una instalación básica de huerto solar constaría de los siguientes elementos:
  - ✓ Generador fotovoltaico constituido por el conjunto de módulos asociados por cadenas o strings.
  - ✓ Inversores.
  - ✓ Seguidores a un eje o dos ejes.
  - ✓ Cuadros de distribución de corriente continua (CC) y corriente alterna (CA) incluyendo los elementos de maniobra y protección.
  - ✓ Contadores.
  - ✓ Cables de interconexión.
  - ✓ Sistema de puesta a tierra.
  - ✓ Elementos auxiliares (alumbrado, alarmas, comunicación, etc.).
  - ✓ Centro de transformación de baja a media tensión (en el caso de instalaciones con venta de energía a media tensión).

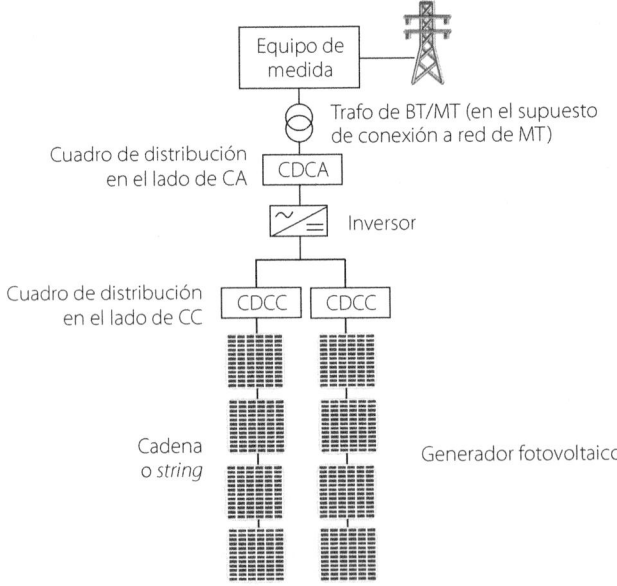

Configuración básica de un huerto solar

Existen distintas disposiciones posibles del generador fotovoltaico en función del sistema de inversor o inversores seleccionados. Se indican a continuación algunas de las tipologías posibles.

✓ **Un inversor por cada módulo fotovoltaico.** En este tipo de instalación cada módulo cuenta con un inversor, garantizando de este modo que trabaje en su punto de máxima potencia. El inconveniente es el elevado coste.

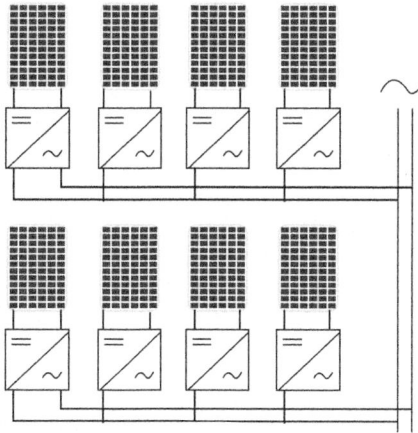

Un inversor por módulo fotovoltaico

✓ **Un inversor por cada cadena o string.** Aplicable en instalaciones de media potencia en las cuales se consigue que cada cadena funcione en su punto de máxima potencia, con independencia de posibles averías o sombreados en el resto de cadenas.

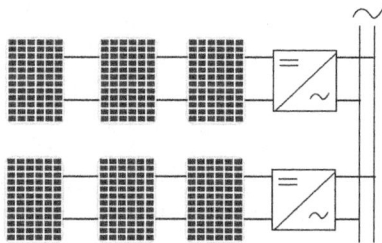

Un inversor por cadena o string

✓ **Un inversor central.** En este tipo de instalaciones se aplica un único inversor para todo el conjunto generador fotovoltaico. Se aplica especialmente en instalaciones de baja potencia debido a su coste de inversión reducido, así como a su bajo mantenimiento. Su principal desventaja es que un fallo en el inversor provoca el paro de toda la instalación. Adicionalmente, si el inversor dispone de un único dispositivo de seguimiento del punto de máxima potencia, el fallo en una cadena daría lugar a una reducción en la producción de energía. Este problema puede evitarse empleando un inversor multitracker (incorporando varios seguidores de punto de máxima potencia independientes).

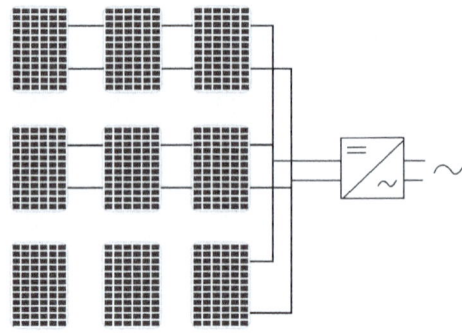

Un inversor central

- **Instalaciones asistidas.** Se trata del tipo de instalaciones conectadas a red más común. Los elementos y configuración dependerán básicamente del tipo de autoconsumo previsto en la instalación.

  ✓ **Autoconsumo sin excedentes.** Dado que en este tipo de instalaciones conectadas a red no se efectúa ningún tipo de inyección a la red eléctrica, debe incluirse un sistema que evite el volcado de posibles excedentes eléctricos a la red. El dispositivo utilizado es un **sistema antivertido o de inyección cero** que mide la producción solar y el consumo eléctrico de la instalación en tiempo real, vigilando que, en el que caso de que la producción solar supere al consumo, el sistema disminuya automáticamente la producción solar para evitar la generación de electricidad que se vertería en la red eléctrica.

  Este tipo de instalación se compone de generador fotovoltaico, cuadro de distribución de corriente continua (CC), inversor, sistema antivertido, cuadro de conexión y contador de corriente alterna (CA).

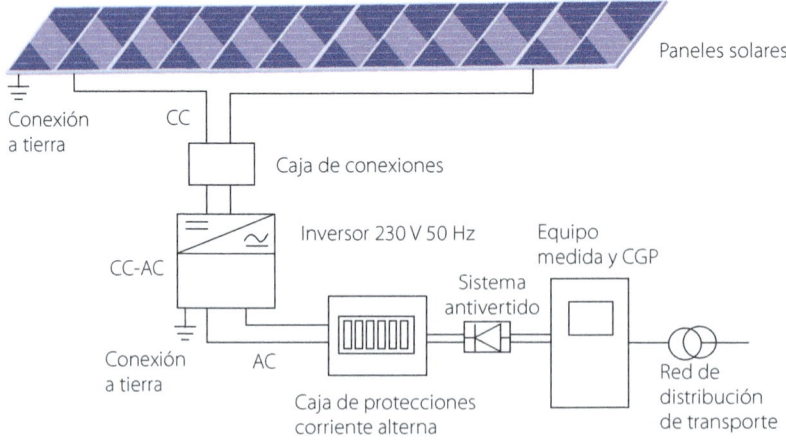

Esquema de instalación de autoconsumo sin excedentes

El sistema antivertido puede funcionar mediante un mecanismo de corte o limitación de la corriente o bien mediante un mecanismo de regulación entre el generador fotovoltaico y la instalación (control de las cargas o del almacenamiento en baterías).

✓ **Autoconsumo con baterías.** Este sistema permite la generación de electricidad a través de los módulos solares y el almacenamiento del exceso de energía en baterías para su uso posterior. Puede funcionar en la modalidad sin excedentes (sin inyección a la red) o con excedentes (inyección a la red sujeta a compensación).

Una instalación de este tipo se compone de generador fotovoltaico, regulador de carga, inversor, baterías de almacenamiento y cuadros de distribución (CC) y (CA) con los elementos de seguridad y protección correspondientes. En el caso de funcionamiento en la modalidad sin excedentes, se incorporará un sistema antivertido como el descrito en el apartado anterior, y en el caso de funcionamiento con excedentes se incorporará un contador bidireccional, que registra tanto la electricidad consumida de la red eléctrica como la vertida a la red cuando hay excedentes.

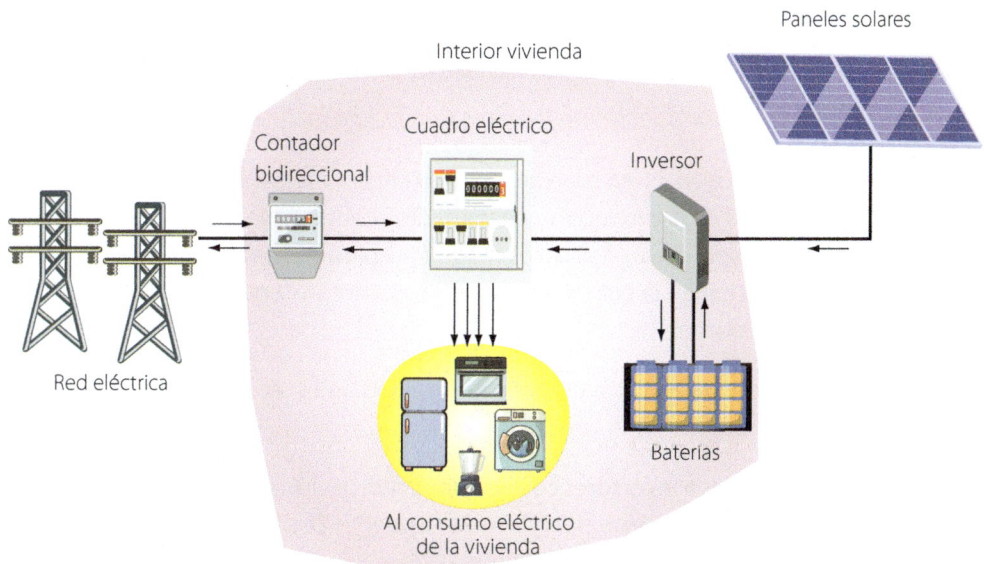

Esquema de instalación de autoconsumo con excedentes y baterías

✓ **Autoconsumo acogido a compensación.** Básicamente se trataría del mismo tipo de instalación anterior sin contar con el sistema de acumulación mediante baterías. La instalación constaría de generador fotovoltaico, inversor, cuadros de distribución y contador bidireccional.

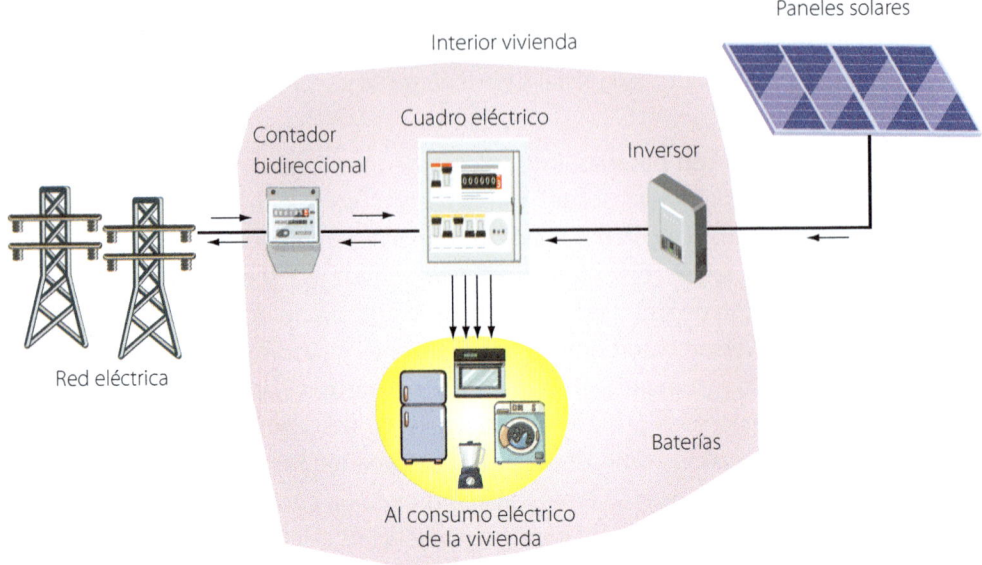

Esquema de instalación de autoconsumo con excedentes

Inversores conectados a red y autónomos: requerimientos, compatibilidad y configuración circuito de potencia

El inversor incorporado en la instalación debe cumplir una serie de requisitos para garantizar la estabilidad en la producción de corriente alterna partiendo de la producción en continua del generador fotovoltaico. Los requisitos aplicables dependerán en parte de la tipología de instalación en la cual se integra el inversor: con conexión a red eléctrica o bien en sistemas autónomos.

Se relacionan a continuación los requerimientos aplicables en función del tipo de instalación:

- **Requisitos aplicables a inversores conectados a red.** Los inversores para instalaciones conectadas a red deben reproducir lo más fielmente posible la tensión de la red, intentando optimizar y maximizar la energía de salida de los módulos solares. Los requisitos técnicos aplicables serían (según norma UNE-EN 206.007-1):
    - ✓ El inversor no debe generar sobretensiones en su lado de corriente alterna (CA).
    - ✓ El inversor debe realizar una medida de la impedancia del generador fotovoltaico a tierra. En inversores sin transformador, este sistema de protección solo estará activo antes de que el inversor se conecte a red.
    - ✓ En inversores sin transformador es necesaria entre la red y el generado fotovoltaico una unidad de vigilancia de corriente de defecto a tierra.

✓ El inversor debe soportar una reconexión fuera de sincronismo en previsión de que pueda producirse una reconexión a la red en un tiempo inferior al del que dicho sistema esté conectado.

✓ La protección de desconexión debe garantizar que la conexión a la red del inversor se produzca después de que la tensión de la red dentro de los límites especificados de acuerdo con la legislación vigente durante tres minutos y la frecuencia de la red dentro los límites especificados.

✓ El inversor debe desconectar de la red si la legislación vigente que le aplique así lo exija cuando la tensión y la frecuencia del punto de conexión estén fuera de los límites establecidos.

✓ El inversor debe garantizar que la corriente continua inyectada a la red no sobrepase el 0,5 % de la corriente nominal.

• **Requisitos aplicables a inversores autónomos.** Los inversores para instalaciones fotovoltaicas aisladas y con baterías deben ser capaces de proporcionar una tensión en el lado de corriente alterna (CA) lo más constante posible dentro de la variabilidad de la producción del generador y de la demanda de carga. Adicionalmente cumplirán con los siguientes requisitos de carácter general:

✓ Deben ser de onda senoidal pura, permitiéndose el uso de inversores de onda no senoidal si su potencia nominal es inferior a 1 kVA, no producen daños a las cargas y aseguran una correcta operación de estas.

✓ La regulación del inversor debe garantizar que la tensión y la frecuencia de salida estén en los márgenes siguientes, en cualquier condición de trabajo:
  – Tensión: Vn ± 5 %, siendo Vn = 230 V
  – Frecuencia: 50 Hz ± 2 %

✓ El autoconsumo del inversor sin carga conectada será inferior o igual al 2% de la potencia nominal de salida.

✓ Se recomienda que el inversor disponga de un sistema de stand-by para reducir las pérdidas cuando el inversor trabaje sin cargas.

✓ El inversor debe estar protegido contra una tensión de entrada fuera del margen de operación, la desconexión de las baterías, un cortocircuito en la salida de corriente alterna (CA) y sobrecargas que superen la duración y límites permitidos.

✓ El inversor debe asegurar una correcta operación en todo el margen de tensiones de entrada permitida por el sistema.

La **compatibilidad electromagnética (CEM)** se define como la capacidad de un dispositivo para funcionar sin problemas en un entorno electromagnético perturbador sin provocar a su vez interferencias electromagnéticas en otros equipos de su entorno.

Todo aparato eléctrico en funcionamiento está rodeado de un campo electromagnético propio que puede afectar a su entorno a otros equipos y a su vez está sujeto a interferencia provocadas por otros dispositivos del entorno que pueden propagarse hasta él a través de los cables de conexión.

Para que un conjunto de dispositivos eléctricos puedan funcionar juntos es necesario garantizar que cada uno de ellos soporte un nivel mínimo de interferencias, así como que no actúe como emisor por encima de unos límites que afecten al funcionamiento de su entorno. Los requerimientos básicos que debe cumplir un dispositivo en este sentido quedan fijados en la Directiva Europea sobre Compatibilidad Electromagnética (CEM) 2014/30/UE.

Esta Directiva clasifica los dispositivos en dos categorías con requisitos específicos:

- **Dispositivos en áreas residenciales.** Son aquellos de aplicación en zonas residenciales habitadas, como viviendas. Los requisitos exigibles son muy estrictos, estableciéndose unos límites de radiación emitida muy bajos. Por otro lado, los requerimientos aplicados a inmunidad a interferencias son menos exigentes.
- **Dispositivos en áreas industriales o estaciones emisoras.** En este caso el nivel de emisión de interferencias es más alta. Por el contrario, los requerimientos relativos a la inmunidad a interferencias son más exigentes en este entorno de fuertes perturbaciones.

Los inversores deberán contar con la correspondiente homologación acorde a la Directiva de Compatibilidad Electromagnética (CEM) 2014/30/UE, debiendo cumplir las normas aplicables.

Un inversor es un dispositivo de electrónica de potencia integrado por un circuito electrónico con elementos semiconductores (transistores, diodos, multivibrador, tiristor), resistencias óhmicas, condensadores e interruptores.

Dentro de los inversores de conexión a red podemos encontrar **inversores con transformador**, que proporcionan un aislamiento galvánico a la instalación, aumentando así la seguridad eléctrica. El transformador incluido puede ser de baja frecuencia (BF) o de alta frecuencia (AF). Estos inversores pueden ser empleados con cualquier tipo de módulo fotovoltaico.

Adicionalmente existen **inversores sin transformador** (TL), que utilizan un sistema alternativo para proporcionar aislamiento galvánico. Estos inversores tienen una mayor eficacia y menor peso, aunque no pueden emplearse con determinados tipos de módulos.

La configuración interna del circuito de potencia de un inversor puede efectuarse con distintas topologías. Para el caso de inversores monofásicos, algunas configuraciones son configuración tipo Push-Pull, configuración semipuente o configuración puente completo.

Sistemas de protección y seguridad en el funcionamiento de las instalaciones

Los sistemas de protección y seguridad integrados en una instalación fotovoltaica dependerán del tipo de instalación (aislada o conectada) así como de su potencia. Se indican a continuación las protecciones incluidas en cada una de las secciones de la instalación. Distinguiremos entre las protecciones incluidas en el circuito de corriente continua (generador fotovoltaico, baterías, regulador de carga, inversor) y en el circuito de corriente alterna (salida de inversor, transformadores, conexión a red). Las protecciones se agrupan de modo habitual en cuadros eléctricos.

Relacionamos a continuación los equipos de protección y seguridad incluidos en una **instalación conectada a red de pequeña potencia**:

- **Elemento de corte general** con el nivel de aislamiento mínimo exigido (Real Decreto 614/2001).
- **Interruptor automático diferencial** para proteger a las personas en el caso de derivación a tierra.
- **Interruptor automático de conexión** que permita la conexión-desconexión automática de la instalación en caso de anomalía de tensión o frecuencia de la red, junto a un relé de enclavamiento.
- **Protecciones de conexión de máxima y mínima frecuencia** (50,5 Hz y 48 Hz con una temporización máxima de 0,5 y 3 segundos respectivamente) y **mínima tensión entre fases** (1,15 U_n y 0,85 U_n), donde lo propuesto para baja tensión se generaliza para todos los demás niveles.
- Para una tensión mayor de 1 kV y hasta 36 kV inclusive, debe añadirse el criterio de desconexión por máxima tensión homopolar.

Las protecciones anteriormente indicadas suelen estar incorporadas en el inversor, no siendo en este caso necesario duplicarlas en la instalación.

En lo relativo a puesta a tierra en instalaciones conectadas a red de pequeña potencia, deben cumplirse los siguientes requisitos:

- La puesta a tierra se debe hacer de forma que no se alteren las condiciones de puesta a tierra de la red de la empresa distribuidora, asegurando que no se produzcan transferencias de defectos a la red de distribución.
- La instalación debe disponer de una separación galvánica entre la red de distribución y la instalación generadora, bien sea por medio de un transformador de aislamiento o cualquier otro medio que cumpla las mismas funciones de acuerdo con la reglamentación aplicable.

- Las masas de la instalación de generación deben estar conectadas a una tierra independiente de la tierra del neutro de la empresa distribuidora. Además, deben cumplir con lo indicado en los reglamentos de seguridad aplicables.

Las conexiones de protección y seguridad serán diferentes para instalaciones de mayor potencia. En la figura adjunta se incluye un esquema general de una **instalación fotovoltaica conectada a una red de alta tensión**.

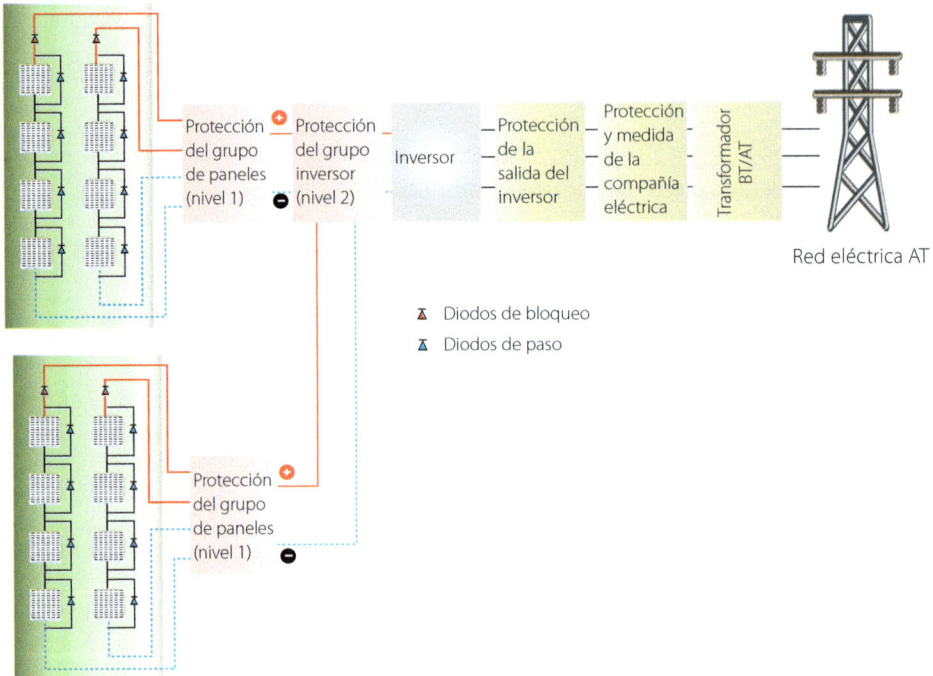

Esquema general de una instalación fotovoltaica conectada a la red de AT

Los principales elementos de protección incluidos son:

- **Protección del grupo de módulos (nivel 1).** Estos cuadros protegen los módulos fotovoltaicos de posibles sobretensiones y sobreintensidades. Permiten también agrupar los módulos en cadenas o *strings*. El cuadro está provisto de un interruptor de carga que permite cortar la línea del grupo de módulos para trabajos de reparación o mantenimiento.
- **Protección del grupo inversor (nivel 2).** Se sitúa previo a la entrada del inversor, agrupando las salidas de los cuadros nivel en una única salida hacia el inversor. Tiene la función de proteger el inversor o grupos de inversores de posibles sobretensiones y sobreintensidades. Cuenta con un interruptor de corte para permitir el corte de toda la instalación o una zona determinada para tareas de reparación o mantenimiento.

- **Inversor.** Incorpora internamente protecciones como el aislamiento galvánico, mínima y máxima tensión, mínima y máxima frecuencia, relé anti-isla, temperatura máxima de trabajo, tensión baja del generador fotovoltaico o intensidad del generador fotovoltaico insuficiente.
- **Protección en la salida del inversor.** Destinado a proteger la línea desde la salida del inversor hasta la entrada del equipo de protección y medida regulados por la compañía eléctrica. Incorpora un interruptor magnetotérmico y un interruptor diferencial con rearme automático.

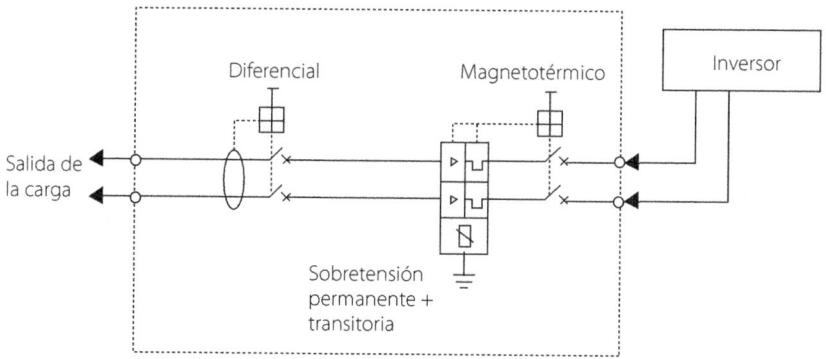

Protección en salida de inversor

- **Protección y medida de la compañía eléctrica.** Incorpora un contador bidireccional que permite el contaje tanto de la energía eléctrica consumida de la red como de la energía eléctrica inyectada a la misma desde la instalación fotovoltaica. Son equipos regulados por la propia compañía eléctrica.

Relacionamos a continuación los requisitos de protección y seguridad en una **instalación solar fotovoltaica aislada**:

- Todas las instalaciones con tensiones nominales superiores a 48 V contarán con una toma de tierra a la que estará conectada, como mínimo, la estructura soporte del generador y los marcos metálicos de los módulos.
- El sistema de protecciones asegurará la protección de las personas frente a contactos directos e indirectos. En caso de existir una instalación previa no se alterarán las condiciones de seguridad de la misma.
- La instalación estará protegida frente a cortocircuitos, sobrecargas y sobretensiones. Se prestará especial atención a la protección de la batería frente a cortocircuitos mediante un fusible, disyuntor magnetotérmico u otro elemento que cumpla con esta función.

A continuación se indican las protecciones y seguridades más comunes en **instalaciones aisladas de red**:

- **Fusibles para el campo de captadores.** Se trata de fusibles de corriente continua (CC) incorporados para proteger los módulos fotovoltaicos de corrientes inversas que puedan darse en la cadena.
- **Fusibles para baterías.** Aplicados para proteger las baterías de picos de carga que puedan afectar a su correcto funcionamiento. Se recomienda instalar uno por cada cable positivo que vaya del inversor a la batería. Algunos tipos de baterías incorporan protecciones de este tipo, por lo que no será necesario redundar incluyendo fusibles adicionales.
- **Dispositivos de protección contra sobretensiones (DPS o SPD).** Las instalaciones fotovoltaicas pueden estar sometidas a sobretensiones transitorias debidas a acciones externas, como descargas atmosféricas o de la propia línea.

Dispositivos de protección contra sobretensiones SPD

Estas protecciones deberán ser tanto para el lado de corriente continua, antes del inversor, como para el lado de corriente alterna, después del inversor. Dichos protectores SPD estarán acorde a la norma relativa a los dispositivos de protección contra sobretensiones transitorias conectados a sistemas eléctricos de baja tensión (UNE-EN 61.643-11).

Para el lado de CC, se requiere un SPD de CC específico, y lo mismo es para el lado de CA. El uso de un SPD en el lado de CA o CC incorrecto es peligroso en condiciones de falla.

En aplicaciones fotovoltaicas, los SPD se pueden clasificar en tres tipos según su resistencia:

✓ SPD tipo 1: Hacer frente a un golpe directo que trae una oleada de energía.

✓ SPD tipo 2: Reduce las sobretensiones provenientes de numerosas fuentes.

✓ Tipo 1+2 SPD: Ambas características se pueden combinar para una protección completa.

- **Interruptor diferencial de corriente alterna (CA).** Destinado a proteger a las personas en el caso de derivación de algún elemento a tierra. Se sitúa en el lado de corriente alterna (CA), recomendándose que sea del tipo B. En ciertas instalaciones podemos tener saltos intempestivos del diferencial. Esto es debido a que, en ocasiones, parte de componente de corriente continua puede pasar al lado de corriente alterna. Para estos casos se recomienda hacer uso de diferenciales superinmunizados o selectivos de Clase A.

Tipo A

Símbolo diferencial superinmunizado

- **Fusibles de corriente continua (CC).** Tienen por objeto proteger los polos positivo y negativo de sobreintensidades de corriente continua. Se instalan fusibles tipo gPV.
- **Interruptor magnetotérmico de corriente continua (CC).** Tienen por objeto proteger los polos positivo y negativo de sobreintensidades de corriente continua.
- **Protección contra contactos directos.** El contacto de una persona con un elemento en tensión puede ser directo o indirecto. Se dice que es directo cuando dicho elemento se encuentra normalmente bajo tensión. Por el contrario, el contacto se define como indirecto si el elemento ha sido puesto bajo tensión accidentalmente (por ejemplo, por un fallo en el aislamiento).

Las protecciones habituales contra contactos directos son protección por aislamiento de las partes activas, protección por medio de barreras o envolventes, protección por medio de obstáculos y protección por puesta fuera de alcance por alejamiento. Adicionalmente puede aplicarse una protección complementaria por dispositivos de corriente diferencial-residual.

Esta medida de protección está destinada solamente a complementar otras medidas de protección contra los contactos directos. El empleo de dispositivos de corriente diferencial-residual, cuyo valor de corriente diferencial asignada de funcionamiento sea inferior o igual a 30 mA, se reconoce como medida de protección complementaria en caso de fallo de otra medida de protección contra los contactos directos o en caso de imprudencia de los usuarios.

- **Protección contra contactos indirectos.** Se incorpora una protección por corte automático de la alimentación. El corte automático de la alimentación después de la aparición de un fallo está destinado a impedir que una tensión de contacto de valor suficiente, se mantenga durante un tiempo tal que puede dar como resultado un riesgo.

El corte automático de la alimentación está prescrito cuando puede producirse un efecto peligroso en las personas o animales domésticos en caso de defecto, debido al valor y duración de la tensión de contacto.

La tensión límite convencional es igual a 50 V, valor eficaz en corriente alterna, en condiciones normales.

Se emplean dispositivos del tipo: dispositivos de protección de máxima corriente, tales como fusibles, interruptores automáticos y diferenciales.

Se incorpora también un sistema de protección mediante el empleo de equipos de clase II o aislamiento equivalente. Se asegura esta protección por:

- ✓ Utilización de equipos con un aislamiento doble o reforzado (clase II).
- ✓ Conjuntos de aparamenta construidos en fábrica y que posean aislamiento equivalente (doble o reforzado).
- ✓ Aislamientos suplementarios montados en el curso de la instalación eléctrica y que aíslen equipos eléctricos que posean únicamente un aislamiento principal.
- ✓ Aislamientos reforzados montados en el curso de la instalación eléctrica y que aíslen las partes activas descubiertas, cuando por construcción no sea posible la utilización de un doble aislamiento.

Otros sistemas de protección y seguridad incorporados en los módulos fotovoltaicos y que son aplicables a cualquier tipo de instalación son:

- **Diodos de bloqueo.** A instalar en la salida de cada cadena o string de cara a evitar la disipación de energía eléctrica en los paneles proveniente de las baterías de acumulación. El diodo evita la circulación de la corriente en sentido inverso durante la noche o cuando no hay producción eléctrica. Los diodos se asocian en paralelo con los módulos.
- **Diodos de paso o bypass.** Tienen por objeto evitar la reducción de potencia o mal funcionamiento debido al sombreado de uno o algunos de los módulos fotovoltaicos. Se sitúan en paralelo con el módulo o conjunto de módulos, en la caja de conexiones, permitiendo la circulación a su través cuando el módulo está anulado por sombras o defecto interno. Los diodos de paso suelen estar integrados en cajas de conexión, bien por módulo individual o bien integrados en cadenas.

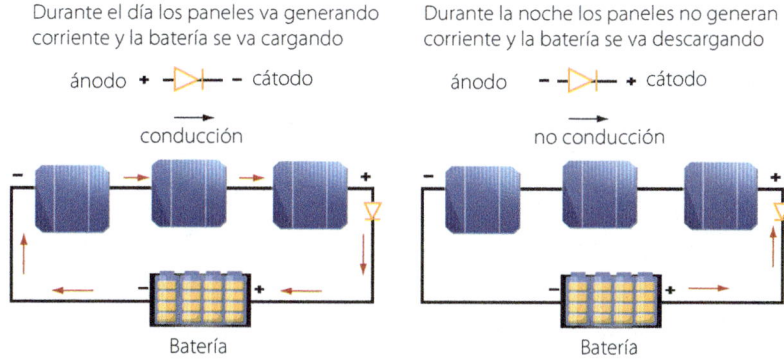

Diodos de bloqueo

Un aspecto fundamental en lo relativo a seguridad en una instalación fotovoltaica es la **puesta a tierra**. Su función es derivar al terreno las intensidades de corriente, ya sean debidas a descargas atmosféricas o a un defecto de la instalación a alguno de sus componentes. Por tanto, evitan diferencias de potencial que puedan dañar a las personas o a las instalaciones.

Las instalaciones fotovoltaicas deben conectarse a tierra en un único punto (deben tener una única tierra), ya que en caso contrario podrían dañar ciertos componentes, como reguladores de carga o inversores.

Es recomendable que todas las tomas de tierra estén unidas, existiendo una red de tierra general a la que se conecten todos los módulos solares. Adicionalmente, las masas metálicas (cajas soporte, cubiertas, cercos metálicos) deben también conectarse a tierra para asegurar la equipotencialidad de todos los elementos, evitando posibles diferencias de potencial.

En las instalaciones fotovoltaicas conectadas a red, la tierra de las masas será independiente de la del neutro de la empresa distribuidora.

Existen distintos sistemas de conexión a tierra:

- **Sistemas TT.** Con un punto puesto a tierra directamente. Las masas de la instalación eléctrica están conectadas a tomas de tierra independientes eléctricamente de las tomas de tierra para la puesta a tierra del sistema.
- **Sistemas TN.** Con un punto puesto a tierra directamente y las masas de la instalación eléctrica están conectadas a este punto mediante conductores de protección.
- **Sistemas IT.** Con todos los conductores activos separados de tierra o un punto puesto a tierra con una impedancia.

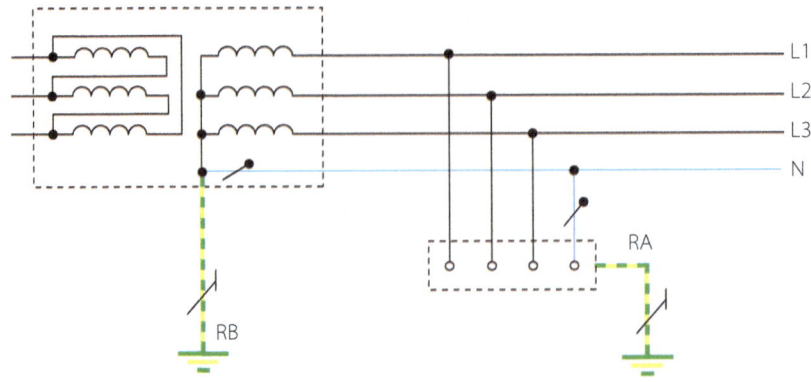

Sistema de puesta a tierra TT

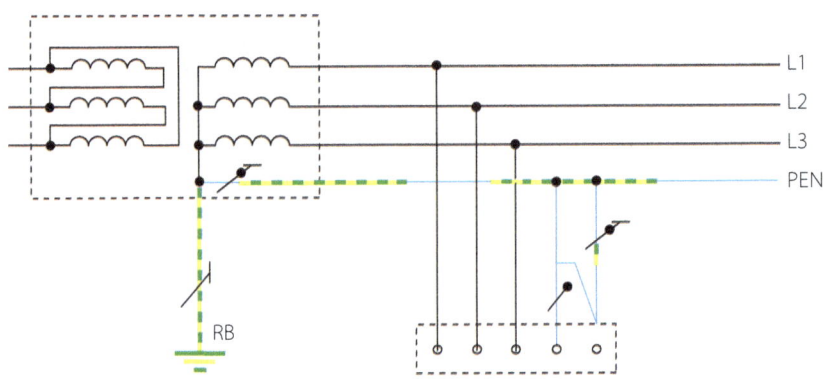

Sistema de puesta a tierra TN

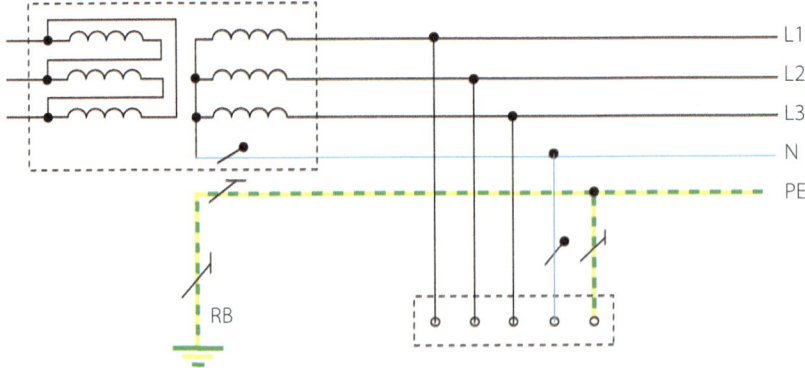

Sistema de puesta a tierra IT

En instalaciones fotovoltaicas se utiliza para la parte de continua el sistema IT, conocido como sistema flotante. En este sistema, un primer fallo no genera tensiones de contacto peligrosas, pero en un segundo fallo (existiendo el primero) aparecen tensiones peligrosas entre las masas accesibles simultáneamente.

En el sistema IT debe tenerse un dispositivo para señalizar la presencia del primer defecto a tierra al objeto de poder eliminarlo en prevención de cualquier problema derivado de un segundo defecto a tierra.

Los sistemas IT presentan menos riesgo de incendio debido a arcos eléctricos, siendo estos sistemas junto con aislamiento clase II y de bajo voltaje, la mejor opción.

En el lado de corriente alterna (CA) se utiliza el sistema TT.

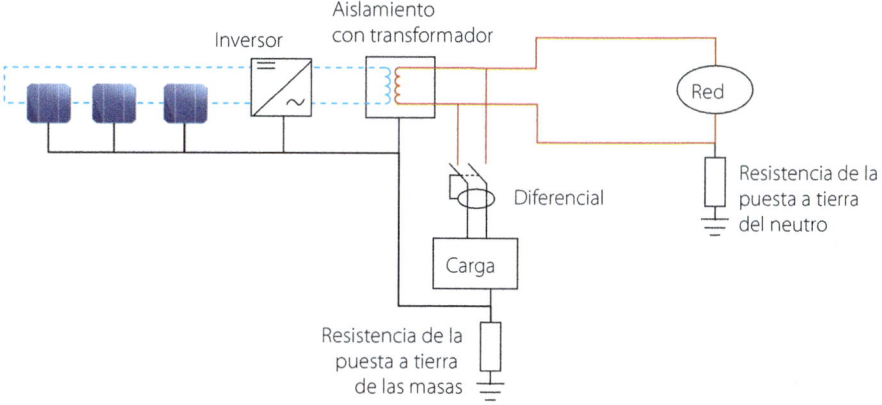

Puesta a tierra con sistema IT (CC) y TT (CA)

El IDAE establece los siguientes requisitos relativos a la puesta a tierra en instalaciones fotovoltaicas en función de su tipología:

- **Instalaciones aisladas de red.** Todas las instalaciones aisladas con tensiones nominales superiores a 48 V contarán con una toma de tierra a la que estarán conectados, como mínimo, la estructura soporte del generador y los marcos metálicos de los módulos.
- **Instalaciones conectadas a red.** Todas las masas de la instalación, tanto del lado de continua como de alterna, estarán conectadas a una única tierra. Esta será independiente de la del neutro de la empresa eléctrica distribuidora.

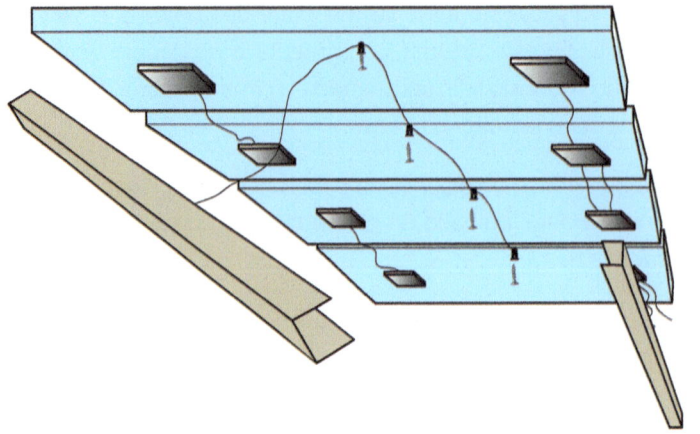

Puesta a tierra de módulos y soporte

3

Emplazamientos y dimensionado de una instalación solar fotovoltaica

3.1. Optimización y elección de emplazamientos

Criterios generales

Una instalación fotovoltaica está constituida por diversos componentes, como generador fotovoltaico, inversor, regulador, baterías, cuadros y cables de conexión, etc., algunos de los cuales deben emplazarse en el exterior para captar la radiación solar. La elección del emplazamiento es una parte de especial importancia, particularmente en lo que se refiere a los módulos solares, ya que de su correcta ubicación dependerá el buen funcionamiento y rendimiento de la instalación. Adicionalmente deben tenerse en cuenta otros factores relacionados con la ubicación previo al dimensionado y proyecto de la instalación, se indican a continuación aquellos aspectos a ser considerados de modo general.

Aspectos climatológicos

Parte de los componentes de la instalación (módulos fotovoltaicos, su sistema de soporte y cableado) estarán sometidos a las condiciones climatológicas exteriores, por lo que deberá recabarse la siguiente información relativa al emplazamiento y evaluar su compatibilidad con la instalación proyectada:

- Datos de irradiación en la zona a lo largo del periodo de utilización previsto.
- Histórico de temperaturas máximas y mínimas, así como datos de humedad relativa.
- Datos relativos a velocidad de viento.
- Evaluación de riesgos de nevadas de cara a determinar la carga de nieve.
- Proximidad del mar de cara a determinar el sometimiento de los componentes a ambiente salino.

Aspectos reglamentarios

La reglamentación básica aplicable será la derivada del Reglamento Electrotécnico para Baja Tensión, particularmente lo dispuesto en la IT-BT-30, que define los requisitos de instalaciones de baja tensión situadas a la intemperie. En esta guía técnica de aplicación se indica que el material eléctrico deberá seleccionarse e instalarse en función de las influencias externas definidas en la norma UNE 20.460-3 y UNE 20.460-5-51, y en la norma UNE 20.460-5-52 para las canalizaciones.

Para instalaciones en edificios deben considerarse los requisitos establecidos en el Código Técnico de la Edificación (CTE) en sus Documentos Básicos HE5 relativo a la contribución fotovoltaica mínima de energía eléctrica y SE-AE relativo a Seguridad Estructural Acciones en la Edificación.

El documento HE5 establece que los edificios de los usos indicados en la siguiente tabla deberán incorporar sistemas fotovoltaicos cuando superen los límites de aplicación indicados.

Tabla 3.1 Ámbito de aplicación HE5

Tipo de uso	Límite de aplicación
Hipermercado	5.000 m² construidos
Multitienda y centros de ocio	3.000 m² construidos
Nave de almacenamiento	10.000 m² construidos
Administrativos	4.000 m² construidos
Hoteles y hostales	100 plazas
Hospitales y clínicas	100 camas
Pabellones de recintos feriales	10.000 m² construidos

La normativa no obliga a instalar energía solar fotovoltaica en edificios, pero sí a hacer uso de energías renovables (Documento Básico de Ahorro de Energía HE4) y a reducir el consumo energético en los mismos (Documento Básico HE0), por lo que la integración de módulos solares fotovoltaicos en edificios de viviendas puede ser finalmente una obligación normativa de cara a cumplir con estos aspectos.

Adicionalmente deberá recabarse información relativa a la reglamentación local aplicable en lo relativo a instalaciones fotovoltaicas, ya que algunos ayuntamientos o comunidades autónomas han desarrollado ordenanzas o decretos particulares aplicables a instalaciones de este tipo.

Aspectos medioambientales

Aunque una instalación fotovoltaica tiene un impacto medioambiental relativamente bajo en comparación con otras formas de generación de energía (no hay emisión de gases de efecto invernadero u otros contaminantes ni emisión de ruidos) puede ser necesaria la evaluación del impacto producida por una instalación de este tipo, especialmente en el caso de huertos solares en los cuales se requiere la utilización de grandes superficies de terreno. Una instalación solar fotovoltaica puede tener un impacto en el ecosistema previsto para su ubicación si deben desbrozarse ciertas extensiones de terreno, construir nuevos accesos como vías de servicio o carreteras, implementar nuevos tendidos eléctricos y estaciones o subestaciones de transformación. Adicionalmente debe considerarse el posible impacto paisajístico, que será más o menos relevante en función del emplazamiento elegido.

En determinados emplazamientos será por tanto necesario hacer un estudio de impacto ambiental evaluando las consecuencias sobre el ecosistema, población, paisaje, vías, etc. de la instalación. Al objeto de definir una metodología para ello, el Ministerio para la Transición Ecológica y el Reto Demográfico publicó en marzo de 2022 una Guía para la elaboración de estudios de impacto ambiental de proyectos de plantas solares fotovoltaicas y sus infraestructuras de evacuación.

Un aspecto adicional a considerar en lo relativo al impacto ambiental de las instalaciones fotovoltaicas es la vida útil de los componentes, así como los requisitos de reciclaje, particularmente los aplicados a las baterías.

Características del terreno

Inicialmente debe comprobarse si el terreno es apto para su uso en instalaciones fotovoltaicas. El tipo de uso (calificación) debe ser específico industrial para este tipo de instalaciones. Si el terreno tiene otro tipo de calificación (por ejemplo, rústico o residencial) deberá tratarse la recalificación de este a través del ayuntamiento correspondiente.

Una vez asegurada la idoneidad del terreno desde el punto de vista jurídico, es necesario verificar la idoneidad del emplazamiento desde un punto de vista físico mediante un estudio que contemple las siguientes variables:

- **Pendiente y orientación del terreno.** La instalación del campo de captación requiere disponer de una superficie plana y extensa, por lo que será necesario verificar la orografía, así como realizar una evaluación del movimiento de tierras, desmontes y terraplenes necesarios.
- **Caracterización geológica del emplazamiento.** Deberá efectuarse una investigación relativa a la composición del suelo y su resistencia para determinar su idoneidad en lo relativo a la selección de las estructuras soporte.
- **Hidrología.** Se determinará la presencia de cursos de agua a nivel superficial o subterráneo o sistemas de regadío que pudieran quedar afectados por la instalación fotovoltaica, evaluando posibles actuaciones necesarias sobre la hidrología del terreno.
- **Obstáculos.** De especial importancia será determinar la presencia de obstáculos, como árboles u otros obstáculos naturales o no, que pudieran provocar sombras sobre el campo de captación. Estos deberán ser tenidos en cuenta a la hora de realizar el estudio de sombras y su influencia en la pérdida de captación.
- **Calidad del aire.** La calidad del aire es también un aspecto a considerar, ya que la presencia de emisiones industriales o polvo excesivo pueden conllevar que los paneles reduzcan su eficiencia debido a la deposición de partículas sobre su superficie.

La existencia de aeropuertos o aeródromos cercanos puede resultar un obstáculo de cara a la elección del emplazamiento, ya que el campo de captación puede provocar deslumbramientos que perjudiquen el tráfico aéreo.

Características del edificio

En el caso de instalaciones fotovoltaicas en edificios deberá determinarse la idoneidad del emplazamiento basándonos en:

- **Clasificación del edificio.** Es importante conocer la clasificación del edificio, ya que una instalación fotovoltaica estará sujeta a condicionantes distintos si se trata de un edificio industrial o de un edificio residencial o un edificio protegido (por ejemplo, un edificio histórico), en el cual la instalación puede conllevar trabajos adicionales de integración o ser directamente inviable.
- **Orientación y superficie de instalación disponible.** Se determinará la superficie de instalación prevista para el campo de captación (en cubierta, fachada u otros posibles emplazamientos) verificando también su orientación de cara a evaluar el nivel de captación solar a lo largo del periodo de utilización previsto. Podría ocurrir que la superficie o superficies disponibles en el edificio no fueran suficientes para abastecer la demanda de energía necesaria para hacer viable el proyecto.
- **Obstáculos cercanos.** Deberán determinarse los obstáculos cercanos (edificios colindantes, construcciones cercanas, antenas, etc.) de cara a efectuar un estudio de las sombras, determinando su influencia en el nivel de captación del emplazamiento previsto.
- **Estructura.** Se analizará la estructura del emplazamiento previsto determinando su grado de resistencia y su idoneidad para soportar la estructura del campo de captación. Deberá prestarse atención también a los puntos previstos de anclaje y fijación de la estructura soporte a la superficie, evitando interferir con canalizaciones de agua o eléctricas.

Conexión

En el caso de instalaciones conectadas a red, especialmente las ubicadas en terrenos apartados, se deberán evaluar los costes derivados de la conexión a la red, que dependerán en gran medida de la distancia del emplazamiento previsto al punto de conexión que la compañía distribuidora que opera en la zona determine como idóneo y más cercano.

Una vez realizada la solicitud de punto de conexión a la compañía distribuidora, esta debe facilitar una respuesta en un plazo máximo de 60 días. La compañía puede denegar el acceso argumentando superación del límite de capacidad de la línea en ese punto. En este caso se deberá facilitar un punto de acceso alternativo. Por otro lado, Red Eléctrica (REE) deberá elaborar un Informe de Viabilidad de Acceso que debe ser favorable.

Distribución y protección de componentes

Además del campo de captación, deberá preverse el emplazamiento del resto de componentes de la instalación, como inversor, baterías si las hubiera, regulador de carga, cuadros eléctricos, etc. Estos elementos deberán estar convenientemente protegidos, por lo que la idoneidad del emplazamiento deberá contemplar la ubicación de estos con sus correspondientes protecciones contra elementos externos.

El regulador de carga y el inversor deben estar protegidos contra los agentes atmosféricos. Para su correcto funcionamiento, la temperatura ambiente debe encontrarse dentro del rango de temperaturas de trabajo especificado por el fabricante.

El sistema de baterías también debe estar protegido contra la intemperie, debiendo instalarse en un lugar que no implique riesgo para las personas, como un local ventilado con acceso restringido.

Servicios

Una instalación fotovoltaica de una cierta envergadura conlleva asociada disponer de facilidad de acceso para trabajos previos de instalación, así como posteriores de mantenimiento. El estudio de idoneidad del emplazamiento previsto deberá contemplar la existencia de accesos o bien la posibilidad de acometerlos.

Emplazamientos en áreas rurales

Los emplazamientos de instalaciones fotovoltaicas en áreas rurales son de aplicación básicamente a granjas, viviendas aisladas de núcleos de población y huertos solares.

En todos los casos serán de aplicación los criterios generales del apartado anterior de cara a evaluar la idoneidad del emplazamiento. De modo resumido podemos concretar:

- **Granjas, explotaciones agrarias y ganaderas.** Puede tratarse de instalaciones aisladas sin acceso a la red eléctrica en las cuales se implementaría una instalación no conectada a red, incluyendo un sistema de baterías, o bien puede tratarse de explotaciones con conexión en las cuales implementar un sistema de autoconsumo. Los consumos eléctricos que suelen incluir instalaciones de este tipo son iluminación, bombeo, ventilación, así como maquinaria específica. Una instalación de este tipo en zonas aisladas sin conexión puede hacer necesario incluir sistemas híbridos como aerogeneradores o grupos electrógenos.

  Algunas aplicaciones particulares de la energía solar fotovoltaica en explotaciones agrarias o ganaderas son construcción de invernaderos con paneles solares (aprovechamiento de la cubierta de los invernaderos para el emplazamiento de los módulos) o riego solar fotovoltaico (generación de electricidad empleada en los sistemas de bombeo y eléctricos de la instalación de riego).

  El emplazamiento de los módulos solares puede realizarse integrado en cubiertas o bien en zonas anexas a la explotación, siempre y cuando se respeten los requisitos generales relacionados.

- **Huertos solares.** La disposición de terrenos en áreas rurales no empleados para cultivo o explotaciones ganaderas o bien utilizados en explotaciones poco rentables, pueden convertirlos en una opción interesante para la instalación de huertos solares destinados a la producción y venta de energía eléctrica.

Un huerto solar es un terreno con una extensión que no suele ser superior a 15 hectáreas, situado en una zona rural o próximo a núcleos urbanos, en el cual se sitúa una instalación fotovoltaica destinada a la producción de electricidad para abastecer a núcleos cercanos o bien para su venta a través de su punto de conexión.

La elección de su emplazamiento pasa por seguir los requisitos generales relacionados en el apartado anterior.

Instalación solar fotovoltaica en explotación ganadera

Huerto solar

Emplazamientos en zonas urbanas

Las instalaciones fotovoltaicas en zonas urbanas pueden abarcar diversas aplicaciones como alumbrado público, señalización y comunicaciones, etc., no obstante, la aplicación más habitual es su empleo en edificación, bien en viviendas, bien en el sector industrial o de servicios.

Edificios

El emplazamiento de una instalación solar en un edificio debe respetar lo recogido en la normativa relativa a edificación. Desde el punto de vista normativo, el CTE en su Documento Básico HE5 de fecha junio 2022 establece los requisitos de generación mínima de energía eléctrica procedentes de fuentes renovables aplicables a:

- Edificios de nueva construcción cuando superen los 1.000 m² construidos.
- Ampliaciones de edificios existentes cuando se incremente la superficie construida en más de 1.000 m².
- Edificios existentes que se reformen íntegramente o en los que se produzca un cambio de uso característico del mismo, cuando se superen los 1.000 m² de superficie construida.

En este ámbito de aplicación, la potencia mínima a instalar $P_{mín}$ será la menor de la resultante de estas dos expresiones:

$$P_1 = F_{pr,el} \times S$$
$$P_2 = 0,1 \times \left(0,5 \times S_c - S_{oc}\right)$$

Donde:

P_{min} es la potencia a instalar en kW

$F_{pr,el}$ es el factor de producción eléctrica, que toma valor de 0,005 para uso residencial privado y 0,010 para el resto de usos, en kW/m²

S es la superficie construida del edificio en m²

S_c es la superficie de cubierta no transitable o accesible únicamente para conservación, en m²

S_{oc} es la superficie de cubierta no transitable o accesible únicamente para conservación ocupada por captadores solares, en m²

El emplazamiento de los módulos solares fotovoltaicos en el edificio se efectuará en los espacios disponibles más adecuados en función de la superficie disponible. Pueden darse cuatro casuísticas de ubicación: sobre cubierta plana, sobre cubierta inclinada, en fachada y a modo de marquesinas.

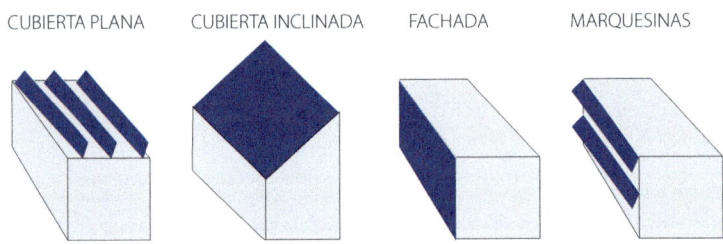

CUBIERTA PLANA   CUBIERTA INCLINADA   FACHADA   MARQUESINAS

Emplazamiento de módulos fotovoltaicos en edificios

En todos los casos se debe analizar con detalle la superficie real disponible, la orientación y las sombras que puede haber sobre esta superficie con el fin de diseñar una instalación solar lo más eficiente posible. Deberá verificarse también la accesibilidad y la seguridad que ofrece el emplazamiento.

Aparcamientos fotovoltaicos

Se trata de aparcamientos en los cuales se aprovecha la cubierta para la integración de paneles solares fotovoltaicos. La energía producida por los aparcamientos solares fotovoltaicos puede ser utilizada para el autoconsumo o vendida.

Las marquesinas solares pueden ser instaladas en cualquier lugar, ya sea en el aparcamiento de empresas, viviendas u en otro tipo de emplazamientos.

Cuentan con estructuras de acero galvanizado y perfiles de aluminio que fijan las placas solares. Al igual que ocurre con las marquesinas convencionales, estas se instalan por módulos, lo que facilita que puedan unirse varios de ellos.

La idoneidad del emplazamiento pasará por contar con una superficie suficiente, ausencia de elementos constructivos cercanos que provoquen sombras y una orientación adecuada.

Los aparcamientos fotovoltaicos pueden incorporar elementos adicionales asociados, como sistemas de carga para vehículos eléctricos.

Industrias

La energía solar fotovoltaica tiene una interesante aplicación en industrias en el llamado autoconsumo para empresas o industrial. La instalación produce energía eléctrica (habitualmente en trifásico) que es utilizada para el consumo de los procesos industriales propios, reduciendo los costes de operación de la empresa y su nivel de emisiones.

En este tipo de aplicaciones suele aprovecharse la cubierta de naves industriales para la integración del campo de captación. Adicionalmente pueden integrarse en aparcamientos del personal, cubiertas de edificios de oficinas o superficies sin uso específico dentro de la instalación industrial. La implementación en cubiertas suele ser la aplicación más habitual; la disposición de una superficie suficiente, la ausencia de elementos constructivos que pudieran generar sombras, la resistencia estructural de la superficie y la orientación de la cubierta son aspectos que considerar de cara a evaluar la idoneidad del emplazamiento. Deberá verificarse adicionalmente la existencia o no de emisiones por parte de la industria que pudieran afectar el rendimiento y efectividad de los módulos solares.

Aparcamiento fotovoltaico   Instalación solar fotovoltaica en una industria

Otros

Las instalaciones fotovoltaicas tienen particular interés en espacios en los cuales existan grandes superficies planas libres de uso. En este sentido, centros de ocio y grandes centros comerciales son edificaciones idóneas para dotarse de instalaciones fotovoltaicas para autoconsumo que pudieran reducir el gasto en electricidad derivado de iluminación y climatización.

La idoneidad del emplazamiento vendrá determinada por la superficie disponible (habitualmente se cuenta con una gran extensión disponible en la cubierta), orientación, inclinación (habitualmente se trata de superficies planas) y ausencia de obstáculos.

Protección contra robos y actos vandálicos

Una instalación fotovoltaica, especialmente aquellas aisladas de núcleos habitados, corre el riesgo de sufrir robos o actos vandálicos sobre sus componentes principales, como paneles fotovoltaicos. Algunos elementos de protección que pueden emplearse son:

Anclajes antirrobo

Se emplean estructuras prefabricadas que incluyen anclajes antirrobo laterales que impiden la sustracción del panel una vez colocado. Una alternativa son las tuercas antirrobo que constan de una parte cónica y una hexagonal que se desprende al apretarla sobre el espárrago de fijación haciendo imposible su extracción sin el uso de herramientas especiales.

Anclaje y tuerca antirrobo

Sistemas de protección antirrobo mediante fibra óptica plástica

Se tiende un cable de fibra óptica enlazando todos los elementos de la instalación que se desee proteger (paneles, inversor, baterías, etc.). El cable de fibra óptica está conectado a un sistema de seguridad que activa una señal de alarma en el caso de ser cortado. El sistema cuenta además con una serie de complementos para facilitar el montaje de la fibra en los paneles, como tornillos y anclajes de seguridad.

Sistema antirrobo mediante fibra óptica plástica

Otros

Otros sistemas empleados, especialmente en instalaciones aisladas y de gran potencia, son sistemas de videovigilancia, sistemas mediante sensores de presencia (barrera de microondas), barreras y detectores de infrarrojos y cable sensor.

3.2. Dimensionado de los componentes de una instalación solar fotovoltaica

Caracterización de las cargas y cálculo del consumo

Definimos el concepto de **carga eléctrica** como todo aquel equipo o dispositivo que requiere energía eléctrica para su funcionamiento. Una carga eléctrica se caracteriza por su potencia, que es la energía eléctrica consumida por unidad de tiempo (hora). La cantidad de energía eléctrica que la carga ha utilizado durante un periodo de tiempo determinado será su **consumo**. Obtendremos el consumo de una carga multiplicando su potencia por el tiempo de funcionamiento. Recordemos que la unidad de medida para la potencia es W o kW, mientras que emplearemos unidades de energía para el consumo (Wh o kWh).

Además de por su potencia, una carga eléctrica se caracteriza por su tensión de alimentación, pudiendo ser alterna (monofásica o trifásica) o continua. La red eléctrica pública de distribución es de corriente alterna con una frecuencia de 50 Hz, tensión entre fase y neutro de 230 V y entre fases de 400 V. Por este motivo, la mayoría de los equipos y dispositivos del mercado funcionan con corriente alterna. Sin embargo, las instalaciones fotovoltaicas generan energía eléctrica en forma de corriente continua, debiendo incorporarse inversores para su paso a alterna si las cargas alimentadas así lo requieren.

En una instalación fotovoltaica podríamos encontrar por tanto cargas con funcionamiento con corriente continua o con corriente alterna (o incluso de ambos tipos). Las razones principales para optar por uno u otro tipo de instalación serían:

Tabla 3.2 Comparativa utilización cargas en CC / CA

Corriente alterna		Corriente continua	
Ventajas	Inconvenientes	Ventajas	Inconvenientes
Mayor disponibilidad de equipos en el mercado	Mayor coste de instalación (inversor)	No es necesario incluir un inversor en la instalación (menor coste y averías)	Mayor intensidad de corriente y por tanto mayor sección de cable
Mayor disponibilidad de dispositivos de protección y seguridad	Pérdidas de energía en el inversor	Valores de tensión menos peligrosos que en alterna (12-24 V)	Mayor dificultad para encontrar equipos y protecciones en el mercado

Corriente alterna		Corriente continua	
Ventajas	Inconvenientes	Ventajas	Inconvenientes
Facilidad de conversión de tensión	Mayor tasa de fallo y averías (inversor)		Es necesario emplear convertidores CC/CC para adaptar la tensión continua
Menores pérdidas en conductores y menores secciones	Mayor posibilidad de funcionamiento anómalo por generación de armónicos		

Las cargas de corriente continua suelen funcionar con tensiones de 12, 24, 48 o 120 V en función de la potencia. Un reparto aproximado sería:

$$P < 1.000\ W \rightarrow 12\ V$$
$$1.000\ W\ < P < 2.500\ W \rightarrow 24\ V$$
$$2.500\ W\ < P < 5.000\ W \rightarrow 48\ V$$
$$P \geq 5.000\ W \rightarrow 120\ V$$

Las instalaciones de corriente alterna pueden ser:

- **Monofásicas:** se trata de las más frecuentes en viviendas. Se caracterizan por emplear una única fase y corriente alterna. Trabajan con tensiones normalizadas de 230 V 50 Hz. La potencia máxima que contratar es de 14,49 kW.
- **Trifásicas:** son instalaciones habituales en edificios comerciales, centros deportivos y empresas (también en viviendas que requieran equipos de alta potencia eléctrica) Las tensiones normalizadas son 380 o 400 V 50 Hz (siendo 400 V la recomendada) La potencia contratada es superior a 15 kW. Una instalación fotovoltaica conectada en un sistema trifásico para autoconsumo (por ejemplo, una industria) deberá contar con un inversor trifásico (conversión de corriente continua a corriente alterna trifásica).

El consumo de energía eléctrica en una instalación no será constante a lo largo del día, semana, mes o año. Definiremos el **perfil de consumo** como el registro de consumos eléctricos a lo largo de un periodo determinado. El perfil de consumo suele presentarse en forma gráfica y nos mostrará la variación del consumo de una instalación dentro de un periodo.

El perfil de consumo de una instalación dependerá de diversos factores:

- **Uso del edificio:** el uso del edificio (hogar, industria, edificio comercial) y nivel de ocupación determinarán el perfil de consumo. La ubicación, orientación y nivel de aislamiento serán también factores determinantes.
- **Hábitos de consumo:** los hábitos de consumo de los usuarios de la instalación determinarán los periodos con mayor y menor consumo, como por ejemplo la utilización de electrodomésticos a lo largo del día.

- **Cambios estacionales:** la variación de temperatura exterior y las horas de sol determinarán el perfil de consumo anual debido al uso de sistemas de climatización e iluminación en mayor o menor grado a lo largo del periodo.
- **Nivel de equipamiento del edificio:** el mayor o menor grado de electrificación del edificio influirá también sobre el perfil de consumo. Un hogar equipado con todos los dispositivos eléctricos (electrodomésticos, climatización, cocina, etc.) tendrá un perfil de consumo distinto al de un hogar híbrido con otros sistemas (calderas, cocina de gas, etc.).

El perfil de consumo diario será la representación del consumo a lo largo de las 24 horas del día, presentado picos de consumo en función de los hábitos de los usuarios de la instalación. En la figura adjunta se muestra un ejemplo de perfil de consumo eléctrico para una instalación doméstica.

Los perfiles de consumo semanales y anuales nos facilitarán el registro de los consumos diarios y mensuales, mostrando la estacionalidad propia de la instalación. Las facturas de las compañías comercializadoras incluyen un gráfico de consumo por mes para un periodo de los 14-16 últimos meses.

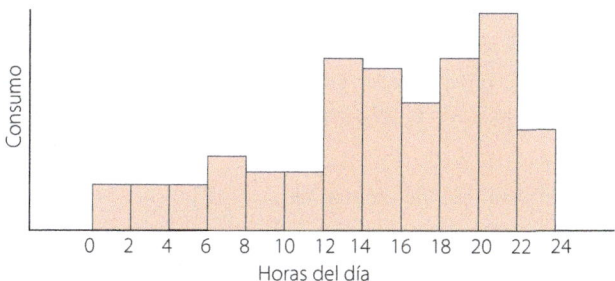

Ejemplo de perfil de consumo diario en una instalación doméstica

Para el correcto dimensionado de la instalación fotovoltaica y evitar interrupciones en el suministro será necesario evaluar el consumo a lo largo de los distintos periodos de utilización. Para la evaluación del consumo eléctrico de una instalación podemos optar por las dos metodologías siguientes.

Evaluación del consumo de manera directa

A partir de los registros de consumos existentes de la misma con los cuales podremos obtener el consumo medio diario, así como picos de consumo, distribución a lo largo de la semana, mes y año. Una fuente de información puede ser la factura energética en la cual podemos ver el registro de consumos a lo largo de los últimos meses.

Si no se dispone de una factura energética, es posible también realizar una medición directa de consumos durante un periodo mediante contadores y extrapolar los datos obtenidos para evaluar así el consumo de la instalación durante el periodo de utilización.

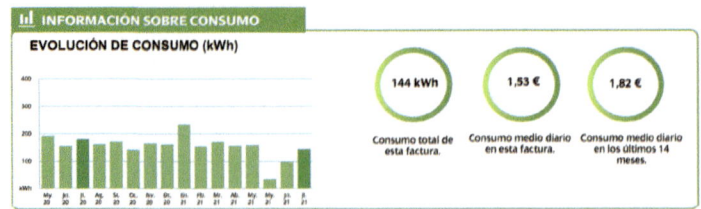

Ejemplo de perfil de consumo de una factura energética

Evaluación del consumo de manera indirecta

En instalaciones en las cuales no dispongamos del histórico de datos (por ejemplo, en una instalación en la cual no hay registro de datos) podremos estimar el consumo a partir de las cargas eléctricas presentes en la instalación determinando su potencia y haciendo después una estimación de las horas de funcionamiento.

En una vivienda las cargas a considerar serán iluminación, electrodomésticos, aparatos de climatización, producción de agua caliente sanitaria en algunos casos (por ejemplo, termos eléctricos), ordenadores, así como otros posibles consumos puntuales a través de enchufes (como cargadores). El dato de la potencia eléctrica de los distintos dispositivos puede obtenerse a partir de la placa de características, de su etiqueta energética (si dispone de ella) o bien de información del fabricante.

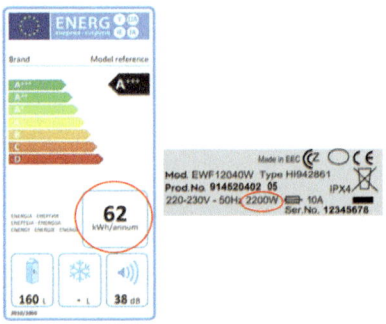

Etiqueta energética y placa de características de un dispositivo

Si no se dispone del dato de potencia del aparato deberá hacerse una estimación aproximada. Algunos valores aproximados de potencia para los aparatos más comunes en una vivienda se reflejan en la siguiente tabla.

Tabla 3.3 Valores de potencia eléctrica para diferentes dispositivos

Dispositivo	Potencia (W)
Frigorífico	250 – 350
Lavadora	1.500 – 2.500
Lavavajillas	1.500 – 2.500
Televisor	200 – 400
Microondas	100 – 1500
Vitrocerámica	1.000 – 2.000
Horno	1.000 – 2.500

Dispositivo	Potencia (W)
Aspiradora	1.000 - 1.500
Aire acondicionado	1.000 - 2.000
Plancha	1.500 - 2.000
Cafetera	900 - 1400
Ordenador portátil	30 – 140
Ordenador de sobremesa	120 - 600
Tostadora	800 - 1.300
Termo eléctrico	1.200 - 3.000
Bombilla 800 lúmenes incandescente	60
Bombilla 800 lúmenes bajo consumo	13 - 15
Bombilla 800 lúmenes Led	10 -15
Fluorescente	35
Tubo Led	8 - 12
Campana extractora	70 - 200

En el caso de otro tipo de instalaciones (industrias, centros deportivos, centros comerciales, etc.) que incorporen maquinaria y dispositivos específicos, la potencia deberá determinarse a partir de los datos técnicos facilitados por el fabricante o placa de características sobre el producto.

Conocida la potencia de cada una de las cargas de la instalación y la estimación del número de horas de funcionamiento diario, puede calcularse el consumo diario estimado. En la tabla siguiente se incluye un ejemplo de cálculo de consumo diario estimado para una vivienda.

Tabla 3.4 Ejemplo de cálculo de consumo diario

Dispositivo / Carga	Unidades	Potencia W	Horas / día h	Consumo diario Wh
Frigorífico	1	250	8	2.000
Lavadora	1	1.500	1	1.500
Vitrocerámica	1	1.000	1,5	1.500
Campana extractora	1	140	1	140
Lavavajillas	1	1.500	0,5	750
Microondas	1	400	0,5	200
Horno	1	1.800	0,1	180
Televisor	1	200	2	400
Ordenador portátil	2	90	3	540
Bombilla LED 800 Lúmenes	20	15	3	900
Fluorescente	3	35	2	210

Dispositivo / Carga	Unidades	Potencia W	Horas / día h	Consumo diario Wh
Aire acondicionado	2	1.000	2	4.000
Otros estimados	1	60	2	120
TOTAL				12.440

En el caso de viviendas, si no se conocen datos relativos a las cargas de la instalación (por ejemplo, en una vivienda nueva), puede hacerse una estimación a partir de datos medios de consumo en viviendas determinados en función del número de personas.

Tabla 3.5 Consumo medio anual en viviendas

N.º de personas por vivienda	Consumo medio anual de electricidad, kWh
1	1.800
2	2.700
3	3.500
4	4.150
5	4.900
Consumo anual estándar	3.500

El consumo medio estándar anual es de 3.500 kWh, que se corresponde con un **consumo eléctrico medio diario de 9,589 kWh**.

El cálculo de consumo determinado de manera indirecta es un consumo teórico medio en el cual no se incluyen las pérdidas de energía en la instalación (caídas de tensión, efecto Joule) ni las producidas en los dispositivos de la instalación fotovoltaica (pérdidas en inversor, baterías, etc.). Para el cálculo del **consumo medio total diario ($C_{total,D}$)**, incluyendo las pérdidas, podemos emplear dos métodos de cálculo.

En el primer método, el **consumo medio total diario de la instalación ($C_{total,D}$)** vendrá determinado por el cociente entre el **consumo medio teórico diario ($C_{teórico,D}$) y el rendimiento de la instalación ($\mu_{instalación}$)**.

$$C_{total,D} = \frac{C_{teórico,D}}{(\mu_{instalación})}$$

El consumo medio teórico diario ($C_{teórico,D}$) vendrá calculado en función de los datos de la instalación disponibles (consumos teóricos, datos de fabricante, etiqueta energética, número de horas de funcionamiento diario).

El rendimiento de la instalación vendrá determinado por la expresión siguiente:

$$\mu_{instalación} = \left(1 - K_B - K_C - K_V\right) \times \left(1 - \frac{K_A \times N}{P_D}\right)$$

Los factores incluidos en la expresión vendrán determinados según:

K_B es el factor de pérdidas en el conjunto de baterías y regulador = 0,1

K_C es el factor de pérdidas del inversor = 0,1

K_V es el factor de pérdidas varias (caída de tensión, efecto Joule, etc.) = 0,1

K_A es el coeficiente de autodescarga diaria de las baterías = 0,005

N es el número de días de autonomía = 3 a 9

P_D es la profundidad de descarga de las baterías

En el segundo método se contemplan los consumos medios tanto de corriente alterna como de corriente continua (si los hubiera) de la instalación, en este caso, tanto a la tensión nominal como a una tensión distinta a esta (incorporando un convertidor CC/CC) La fórmula de cálculo para la determinación del consumo diario real ($C_{total,D}$) es la siguiente:

$$C_{total,D} = \frac{L_{MD,CC} + \dfrac{L_{MD,CC2}}{\eta_{CV}} + \dfrac{L_{MD,CA}}{\eta_{INV}}}{\eta_{BAT} \times \eta_C}$$

Donde:

$L_{MD,CC}$ es la energía media diaria consumida en CC a la tensión nominal en Wh

$L_{MD,CC2}$ es la energía media diaria consumida en CC a una tensión diferente a la tensión nominal de la instalación en Wh

$L_{MD,CA}$ es la energía media diaria consumida en CA en Wh

μ_{CV} es el rendimiento del convertidor CC/CC (valor orientativo 0,9)

μ_{INV} es el rendimiento del inversor (valor orientativo 0,9)

μ_{BAT} es el rendimiento de la batería (valor orientativo 0,85)

μ_C es el rendimiento de los conductores, representando las pérdidas por efecto Joule (valor orientativo 0,98)

Determinado el consumo medio diario total, y a partir de los perfiles de consumo particulares de la instalación, podremos obtener el consumo semanal, mensual o anual simplemente multiplicando por el número de días de consumo a lo largo del periodo. En ocasiones se aplica un factor de seguridad de 1,1-1,2 sobre el valor estimado del consumo.

EJEMPLO. Cálculo del consumo medio diario y del perfil de carga. En la instalación ejemplo, para la cual hemos determinado un consumo teórico medio de 12,44 kWh a partir de los dispositivos presentes y del número de horas/día de funcionamiento previstas, suponemos un funcionamiento durante todos los días de la semana en los meses de junio, julio, agosto y septiembre y un funcionamiento limitado a los fines de semana durante el resto del año.

Determinar: **a)** Consumo medio total diario suponiendo un rendimiento de la instalación de 85 %. **b)** Perfil de carga semanal de los meses de junio a septiembre. **c)** Perfil de carga semanal del resto de meses del año. **d)** Perfil de carga anual.

a) Partiendo de los datos de consumo de los dispositivos de la instalación, obtuvimos el consumo medio total diario ($C_{total,D}$) (ver la Tabla 3.4)considerando un rendimiento de la instalación del 85 %, será (no aplicamos factor de seguridad):

$$C_{total,D} = \frac{C_{teórico,D}}{(\mu_{instalación})} = \frac{12,44\,kWh}{0,85} = 14,63\,kWh$$

b) Los meses de junio a septiembre, la instalación funcionará todos los días con un consumo medio diario de 14,63 kWh, obteniéndose el siguiente perfil de carga semanal:

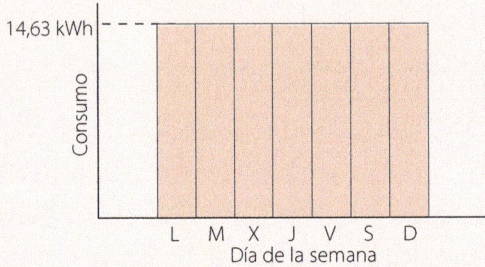

c) El resto de los meses del año (enero a mayo y octubre a diciembre) la instalación funcionará únicamente durante los fines de semana, obteniéndose el siguiente perfil de carga:

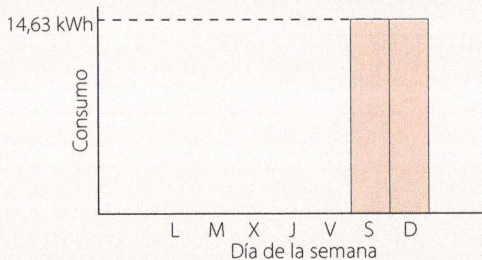

d) Considerando que los meses de enero a mayo y octubre a diciembre tienen 21+13 fines de semana. El consumo total en estos meses será de (21 + 13) × 2 = 68 días × 14,63 kWh/día = 994,84 kWh. Consideramos un consumo promedio por mes de 994,84 kW/8 meses = 124,35 kWh/mes.

En los meses de junio a septiembre tenemos un total de 122 días. El consumo total durante este periodo será de 122 días × 14,63 kWh/día = 1.784,86 kWh. El consumo promedio mensual será de 1.784,86 kWh/4 meses = 446,21 kW/mes.

El perfil de carga anual obtenido será:

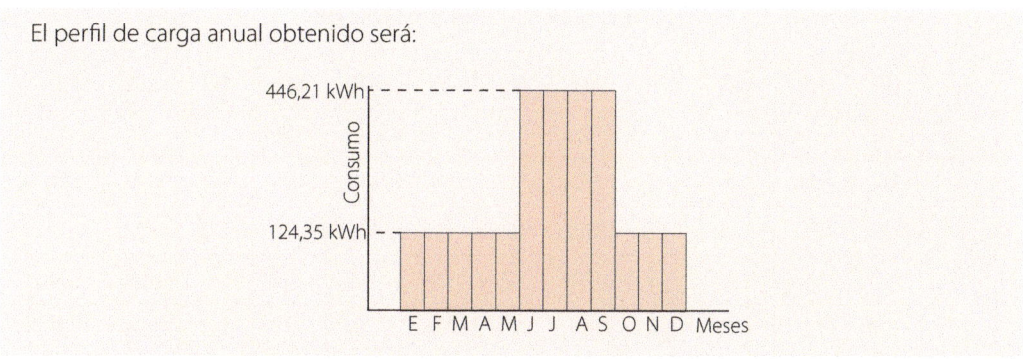

Cálculo de la radiación solar incidente. Hora Solar Pico (HSP)

Para determinar la energía eléctrica suministrada por un módulo solar fotovoltaico debemos disponer previamente del dato de la radiación de energía solar incidente sobre el mismo. En el Apartado 1.3 relativo a "Datos de radiación solar" se indican algunas fuentes de información para disponer de los valores de radiación solar incidente para un emplazamiento determinado (por ejemplo, el Atlas de radiación solar o la aplicación web PVGIS).

Los datos facilitados suelen estar referidos a radiación sobre una superficie horizontal, pero para el desarrollo del cálculo de la instalación fotovoltaica precisaremos el valor de la radiación solar incidente sobre una superficie inclinada a efectos de definir la energía real absorbida por el módulo y determinar su grado de inclinación óptimo.

Podemos obtener la radiación incidente para un ángulo de inclinación determinado por varias vías:

- **Mediante fórmula**, partiendo del dato de radiación sobre superficie horizontal y del dato del ángulo de inclinación β. En el Apartado 1.2. se indican las fórmulas de cálculo.
- Mediante el método del **factor de corrección k** recogido en el Pliego de Condiciones Técnicas de IDAE. El documento incluye en su anexo una serie de tablas para latitudes desde 28° hasta 45°. Cada tabla incluye en ordenadas un grado de inclinación entre 0° y 90° y en abscisas los meses del año. Para un grado de inclinación determinado y un mes del año obtendremos un valor de corrección k que emplearemos para multiplicar por el dato correspondiente a la radiación sobre superficie horizontal, obteniendo así el valor para superficie inclinada. En la siguiente tabla se incluye a modo de ejemplo la tabla de factores de corrección k para latitud 41°.

Tabla 3.6 Factores de corrección k para latitud 41°

Incli.	ENE	FEB	MAR	ABR	MAY	JUN	JUL	AGO	SEP	OCT	NOV	DIC
	1	1	1	1	1	1	1	1	1	1	1	1
5	1,07	1,06	1,05	1,03	1,02	1,02	1,02	1,03	1,05	1,08	1,09	1,09
10	1,14	1,12	1,09	1,06	1,03	1,02	1,03	1,06	1,1	1,15	1,18	1,17
15	1,21	1,17	1,12	1,07	1,04	1,03	1,04	1,08	1,14	1,21	1,26	1,24
20	1,26	1,21	1,15	1,08	1,04	1,02	1,04	1,09	1,17	1,27	1,33	1,31
25	1,31	1,24	1,17	1,09	1,03	1,01	1,03	1,1	1,2	1,32	1,39	1,37
30	1,35	1,27	1,18	1,08	1,01	0,99	1,02	1,09	1,2 1	1,35	1,44	1,42
35	1,38	1,29	1,18	1,07	0,99	0,96	0,99	1,08	1,22	1,38	1,49	1,47
40	1,4	1,3	1,18	1,05	0,96	0,93	0,96	1,06	1,22	1,4	1,52	1,5
45	1,42	1,3	1,16	1,03	0,93	0,89	0,93	1,04	1,21	1,41	1,55	1,52
50	1,42	1,3	1,14	0,99	0,88	0,84	0,88	1,01	1,19	1,41	1,56	1,54
55	1,42	1,28	1,12	0,95	0,83	0,79	0,84	0,97	1,17	1,41	1,57	1,54
60	1,41	1,26	1,08	0,91	0,78	0,73	0,78	0,92	1,14	1,39	1,56	1,54
65	1,39	1,23	1,04	0,85	0,72	0,67	0,72	0,87	1,09	1,36	1,54	1,53
70	1,36	1,19	0,99	0,8	0,66	0,61	0,66	0,81	1,04	1,32	1,52	1,5
75	1,32	1,15	0,94	0,73	0,59	0,54	0,59	0,74	0,99	1,28	1,48	1,47
80	1,28	1,1	0,88	0,67	0,52	0,46	0,52	0,67	0,93	1,23	1,44	1,43
85	1,23	1,04	0,82	0,6	0,44	0,39	0,44	0,6	0,86	1,16	1,38	1,38
90	1,17	0,98	0,74	0,52	0,36	0,31	0,36	0,52	0,78	1,09	1,32	1,32

- Mediante la **aplicación web PVGIS**, en la cual podremos obtener para una localización concreta el dato de radiación sobre una superficie para cualquier grado de inclinación. La aplicación PVGIS es el método más sencillo de usar y más empleado hoy en día. La aplicación puede facilitar datos diarios o mensuales. En la figura adjunta se muestra un ejemplo de datos radiación mensuales sobre una superficie inclinada 35 ° obtenidos para una latitud de 41°

Los datos de radiación empleados en los cálculos serán habitualmente datos diarios o bien promedios diarios mensuales. Podemos obtener el dato diario a partir del valor de radiación mensual dividiendo por el número de días. No obstante, el cálculo mensual suele ser aceptado empleando valores promedio de radiación y consumo.

Datos proporcionados

Latitud/Longitud:	41.000,0.000
Horizonte:	Calculado
Base de datos	PVGIS-SARAH2
Año inicial:	2020
Año final:	2020
Variables incluidas en este informe:	
Irradiación global horizontal:	No
Irradiación directa normal:	No
Irradiación global con el ángulo óptimo:	No
Irradiación global con el ángulo 35°	Si
Ratio difusa/global	No
Temperatura media	No

Irradiación solar mensual

Irradiación global con el ángulo	
Mes	**2020**
Enero	120.12
Febrero	173.27
Marzo	143.28
Abril	150.95
Mayo	202.83
Junio	199.67
Julio	224.25
Agosto	211.68
Septiembre	179.53
Octubre	168.54
Noviembre	128.09
Diciembre	130.52

Ejemplo de datos de radiación sobre superficie inclinada con PVGIS para latitud 41º

En el Apartado 1.2 se introdujo el concepto de **hora solar pico (HSP)** definido para un emplazamiento y un día determinados como el número de horas de un día en las cuales una superficie inclinada con un ángulo (β) y un azimut (γ) recibiría una irradiancia ficticia de 1.000 W/m². Las HSP se obtienen dividiendo la irradiación de dicho día (Wh/m²día) por 1.000 W/m², utilizándose en general el valor medio de la irradiación diaria:

$$(HSP)_{(\gamma, \beta)} = \frac{Gd(\gamma, \beta)}{1.000 \text{ W/m}^2}$$

Donde:

Gd (α, β) se corresponde con la irradiación media diaria sobre una superficie inclinada, un ángulo β con una orientación γ

(HSP)$_{(\gamma, \beta)}$ se corresponderá con el número de horas solares pico para una superficie con el mismo posicionado.

Si para un lugar determinado una superficie recibe 4.000 Wh de energía en un día (para una inclinación y azimut determinados) diremos que su HSP será de 4 horas. A efectos prácticos asumiremos que la superficie recibe 1.000 W/m² durante 4 horas y que no recibe ninguna radiación durante el resto de las horas de ese día.

Debe notarse que, si disponemos de los datos tabulados para un determinado emplazamiento e inclinación de radiación solar diaria mensual en kWh/m², este dato ya se corresponderá con las horas solar pico (HSP) promedio para el mes en cuestión.

EJEMPLO. Obtención de las horas solar pico para una latitud 41º. Determinar las horas solar pico para un azimut 0º y una inclinación de 30º y 35º en un emplazamiento situado en Barcelona (latitud 41º), mediante: **a)** Método de cálculo a partir de datos de radiación local y coeficiente k y **b)** Herramienta online PVGIS.

a) Obtenemos los datos de la medida mensual diaria de radiación sobre superficie horizontal a partir de la tabla resumen del Atlas de radiación solar en España (EUMETSAT 2012) para Barcelona:

Radiación superficie horizontal Barcelona 41º (media mensual diaria)												
ENE	FEB	MAR	ABR	MAY	JUN	JUL	AGO	SEP	OCT	NOV	DIC	
2.180	3.140	4.340	5.690	6.470	7.100	7.330	6.120	4.780	3.330	2.310	1.910	Wh/m²

A partir de la tabla de factores de corrección k para latitud 41º y tomando los correspondientes a inclinaciones 30º y 35º, calculamos la radiación media mensual diaria para estos grados de inclinación. Aplicando la fórmula de cálculo de hora solar pico obtenemos el valor de horas/día.

	Meses											
Factor k latitud 41º	ENE	FEB	MAR	ABR	MAY	JUN	JUL	AGO	SEP	OCT	NOV	DIC
0º	1	1	1	1	1	1	1	1	1	1	1	1
30º	1,35	1,27	1,18	1,08	1,01	0,99	1,02	1,09	1,21	1,35	1,44	1,42
35º	1,38	1,29	1,18	1,07	0,99	0,96	0,99	1,08	1,22	1,38	1,49	1,47

Radiación superficie horizontal Barcelona 41º (media mensual diaria)												
	ENE	FEB	MAR	ABR	MAY	JUN	JUL	AGO	SEP	OCT	NOV	DIC
30º	2.943	3.987,80	5.120,20	6.145,20	6.534,70	7.209	7.476,60	6.670,80	5.783,80	4.495,50	3.326,40	2.712,20
35º	3.008,40	4.050,60	5.120,20	6.088,30	6.405,30	6.816	7.756,70	6.609,60	5.831,60	4.595,40	3.441,90	2.807,70

$$(HSP)_{(\gamma, \beta)} = \frac{Gd(\gamma, \beta)}{1.000 \ W/m^2}$$

	ENE	FEB	MAR	ABR	MAY	JUN	JUL	AGO	SEP	OCT	NOV	DIC	
$HSP_{(0,0)}$	2,18	3,14	4,34	5,69	6,47	7,1	7,33	6,12	4,78	3,33	2,31	1,91	h/día
$HSP_{(0,30)}$	2,94	3,99	5,12	6,15	6,53	7,03	7,48	6,67	5,78	4,50	3,33	2,71	h/día
$HSP_{(0,35)}$	3,01	4,05	5,12	6,09	6,41	6,82	7,26	6,61	5,83	4,60	3,44	2,81	h/día

Para obtener las horas solar pico mensuales deberemos multiplicar por el número de días para cada mes.

b) A través de la herramienta online PVGIS se introduce la localización de Barcelona (a través del mapa o en el menú dirección).

	ENE	FEB	MAR	ABR	MAY	JUN	JUL	AGO	SEP	OCT	NOV	DIC	
Días/mes	31	28	31	30	31	30	31	31	30	31	30	31	
Horas pico mensuales													
$HSP_{(0,0)}$	68,5	95,12	121,92	157,97	213,29	210,53	221,55	199,62	144,41	107,32	68,04	58,83	h/día
$HSP_{(0,30)}$	121,83	144,15	152,22	174,09	213,63	202,19	217,25	212,84	173,47	149,17	109,74	104,76	h/día
$HSP_{(0,35)}$	128,31	149,42	154,36	173,33	209,49	197,21	212,49	210,76	174,85	153,24	114,58	110,38	h/día

Seleccionamos el tipo de datos (datos mensuales), base de datos (resulta válida la ofrecía por sistema, PVGIS-SARAH2), periodo (por ejemplo, año 2020) y datos de irradiación global horizontal (ángulo 0º), obteniéndose el siguiente gráfico y tabla de datos.

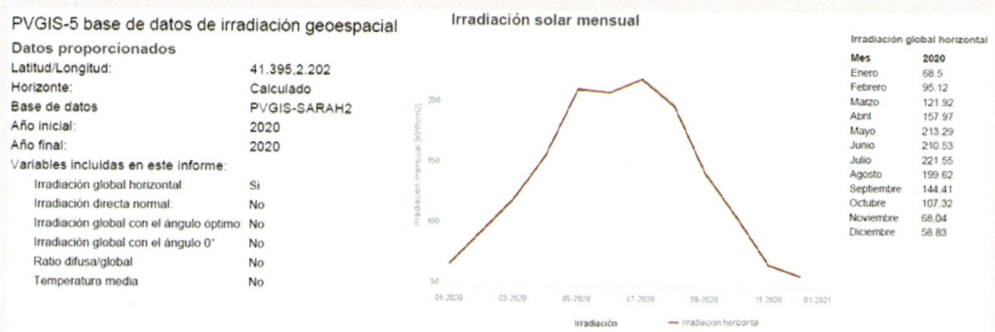

Los datos de irradiación mensual se dan en kWh/m$_2$ mes, por lo que ya se corresponderán con las $HSP_{(0,0)}$ correspondientes. Vemos que los datos facilitados por PVGIS para superficie horizontal son semejantes a los homólogos obtenidos en el apartado anterior. Para obtener las $HSP_{(0,30)}$ y $HSP_{(0,35)}$ operaremos del mismo modo, pero seleccionando como dato a obtener Irradiación global con el ángulo 30º y 35º. Los datos obtenidos por este método difieren de ligeramente de los obtenidos mediante el factor k.

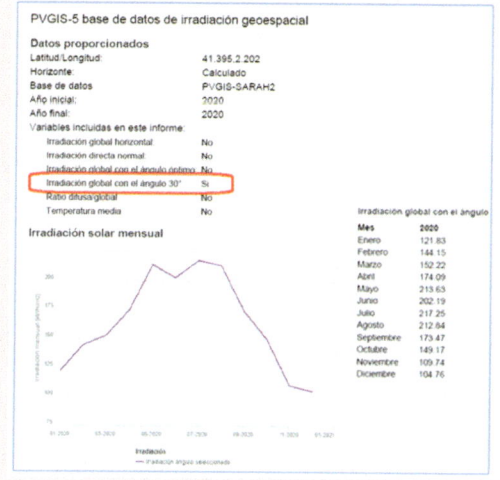

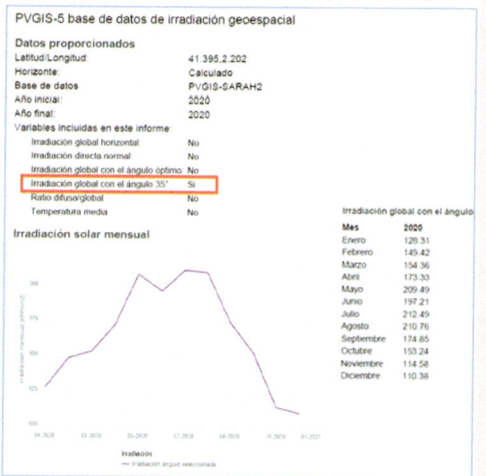

Energía suministrada por un módulo solar fotovoltaico

En el apartado relativo al módulo fotovoltaico se introdujo el concepto de **potencia máxima ($P_{MPP,STC}$)**, definido como la potencia eléctrica máxima que puede proporcionar el módulo en condiciones estándar de medida. La potencia máxima que puede suministrar el módulo se expresa en vatios pico (W_p). Los valores estándar de medida son 25 ºC de temperatura y una irradiancia G_{STC} de 1.000 W/m². La potencia máxima también se conoce como potencia pico. Un módulo fotovoltaico en cuyas características técnicas se indique una potencia máxima o pico de 700 W_p, proporcionará 700 W cuando esté sometido a una irradiancia de 1.000 W/m².

Para determinar la energía eléctrica generada por un módulo solar fotovoltaico deberemos considerar si el regulador de carga dispone o no de seguimiento del punto de máxima potencia (MPP):

- **Regulador de carga con seguimiento de punto de máxima potencia (MPP).** En este caso, el regulador consigue que el módulo fotovoltaico trabaje en el punto de máxima potencia y podremos considerar que la energía aportada por este se basará en el dato de su potencia máxima nominal ($P_{MPP,STC}$).
  La energía eléctrica generada por un módulo solar fotovoltaico a lo largo de un periodo (E_{MF}) en una instalación de este tipo, vendrá determinada por la expresión:

  $$E_{MF} = P_{MPP,STC} \times HS_{(\gamma,\beta)} \times PR$$

  Donde:

  E_{MF} es la energía eléctrica total generada por el módulo en el periodo elegido en Wh
  $P_{MPP,STC}$ es la potencia máxima nominal del módulo fotovoltaico en condiciones estándar en Wp
  $HSP_{(\gamma,\beta)}$ son las horas solares pico para el periodo determinado, en horas
  PR es el coeficiente de rendimiento que tiene en cuenta las pérdidas por suciedad en su superficie, reflexión y tolerancias. Suele considerarse un valor de 0,8-0,9. Este valor no debe confundirse con el rendimiento del módulo fotovoltaico (cociente entre la potencia máxima que puede entregar el módulo y la potencia de radiación incidente sobre ella)

- **Regulador de carga sin seguimiento de punto de máxima potencia.** En este caso el módulo fotovoltaico no trabaja en su punto de máxima potencia, sino que su punto de funcionamiento vendrá determinado por la tensión de la instalación. En este caso la intensidad de trabajo del módulo se aproxima al valor de su intensidad en el punto de máxima potencia ($I_{MOD,MPP,STC}$) en condiciones estándar de medida:

  $$Q_{MF} = I_{MOD,MPP,STC} \times HS_{(\gamma,\beta)} \times PR$$

Donde:

Q_{MF} es la energía eléctrica total generada por el módulo en el periodo elegido en Ah

$I_{MOD,MPP,STC}$ es la intensidad del módulo fotovoltaico en el punto de máxima potencia en condiciones estándar de medida, en A

$HSP_{(\gamma,\beta)}$ son las horas solares pico para el periodo determinado, en horas

PR es el coeficiente de rendimiento que tiene en cuenta las pérdidas por suciedad en su superficie, reflexión y tolerancias. Suele considerarse un valor de 0,8-0,9. Este valor no debe confundirse con el rendimiento del módulo fotovoltaico (cociente entre la potencia máxima que puede entregar el módulo y la potencia de radiación incidente sobre ella)

EJEMPLO. Producción eléctrica de un módulo solar fotovoltaico. Determinar la energía eléctrica media mensual producida por un módulo solar fotovoltaico de potencia máxima nominal 570 Wp emplazado en Barcelona, azimut 0 e inclinación 30° y 35°. Emplear como datos de radiación los extraídos de la herramienta online PVGIS y considerar un coeficiente de rendimiento del 85 %. El módulo tiene una intensidad nominal de 12,87 A en el punto de máxima potencia. Determinar la energía en dos supuestos: **a)** Con regulador de carga con seguimiento de punto de máxima potencia. **b)** Con regulador de carga sin seguimiento de punto de máxima potencia.

a) Con regulador de carga con seguimiento de punto de máxima potencia.

Los datos de radiación para superficie inclinada a 30° y 35° obtenidos de la herramienta PVGIS para el año 2020 son los siguientes. El dato se obtiene en kWh/m² por mes, lo cual equivale a las horas solar pico (HSP) mensuales para dicha inclinación y azimut 0°.

Emplazamiento:	Barcelona	
Latitud / Longitud:	41.395,2.202	
Inclinación:	30º	
Base de datos:	PVGIS-SARAH2 / Año 2020	
MES	Irradiación global (kWh/m² mes)	HSP$_{(0,30)}$
Enero	121,83	121,83
Febrero	144,15	144,15
Marzo	152,22	152,22
Abril	174,09	174,09
Mayo	213,63	213,63
Junio	202,19	202,19
Julio	217,25	217,25
Agosto	212.84	212,84
Septiembre	173,47	173,47
Octubre	149,17	149,17
Noviembre	109,74	109,74
Diciembre	104,76	104,76

Emplazamiento:	Barcelona	
Latitud / Longitud:	41.395,2.202	
Inclinación:	35º	
Base de datos:	PVGIS-SARAH2 / Año 2020	
MES	Irradiación global (kWh/m² mes)	HSP$_{(0,35)}$
Enero	128,31	128,31
Febrero	149,42	149,42
Marzo	154,36	154,36
Abril	173,33	173,33
Mayo	209,49	209,49
Junio	197,21	197,21
Julio	212,49	212,49
Agosto	210,76	210,76
Septiembre	174,85	174,85
Octubre	153,24	153,24
Noviembre	114,58	114,58
Diciembre	110,38	110,38

Para el cálculo de la energía media mensual generada por un módulo solar fotovoltaico de potencia máxima nominal $P_{MPP,STC} = 570$ Wp emplearemos la fórmula:

$$E_{MF} = P_{MPP,STC} \times HSP_{(0,\beta)} \times P_R$$

Tomando un valor de $P_R = 0,85$, obtendremos los siguientes valores para ambas inclinaciones.

Emplazamiento:	Barcelona			
Latitud / Longitud:	41.395,2.202			
Inclinación:	30º			
Base de datos:	PVGIS-SARAH2 / Año 2020			
MES	Irradiación global (kWh/m^2 mes)	HSP$_{(0,30)}$	Energía eléctrica generada (Wh.mes)	Energía eléctrica generada (kWh.mes)
Enero	121,83	121,83	59027	59,03
Febrero	144,15	144,15	69841	69,84
Marzo	152,22	152,22	73751	73,75
Abril	174,09	174,09	84347	84,35
Mayo	213,63	213,63	103504	103,50
Junio	202,19	202,19	97961	97,96
Julio	217,25	217,25	105258	105,26
Agosto	212,84	212,84	103121	103,12
Septiembre	173,47	173,47	84046	84,05
Octubre	149,17	149,17	72273	72,27
Noviembre	109,74	109,74	53169	53,17
Diciembre	104,76	104,76	50756	50,76

Emplazamiento:	Barcelona			
Latitud / Longitud:	41.395,2.202			
Inclinación:	35º			
Base de datos:	PVGIS-SARAH2 / Año 2020			
MES	Irradiación global (kWh/m^2 mes)	HSP$_{(0,35)}$	Energía eléctrica generada (Wh.mes)	Energía eléctrica generada (kWh.mes)
Enero	128,31	128,31	62166	62,17
Febrero	149,42	149,42	72394	72,39
Marzo	154,36	154,36	74787	74,79
Abril	173,33	173,33	83978	83,98
Mayo	209,49	209,49	101498	101,50
Junio	197,21	197,21	95548	95,55
Julio	212,49	212,49	102951	102,95
Agosto	210,76	210,76	102113	102,11
Septiembre	174,85	174,85	84715	84,71
Octubre	153,24	153,24	74245	74,24
Noviembre	114,58	114,58	55514	55,51
Diciembre	110,38	110,38	53479	53,48

b) Con regulador de carga sin seguimiento de punto de máxima potencia. En este caso emplearemos la fórmula siguiente, en donde $I_{MOD,MPP,STC}$ se corresponde con el valor de intensidad máxima declarado de 12,87 A: $Q_{MF} = I_{MOD,MPP,STC} \times HSP_{(\gamma,\beta)} \times P_R$

Emplazamiento:	Barcelona		
Latitud / Longitud:	41.395,2.202		
Inclinación:	30º		
Base de datos:	PVGIS-SARAH2 / Año 2020		
MES	Irradiación global (kWh/m2 mes)	HSP(0,30)	Energía eléctrica generada (Ah.mes)
Enero	121,83	121,83	1333
Febrero	144,15	144,15	1577
Marzo	152,22	152,22	1665
Abril	174,09	174,09	1904
Mayo	213,63	213,63	2337
Junio	202,19	202,19	2212
Julio	217,25	217,25	2377
Agosto	212,84	212,84	2328
Septiembre	173,47	173,47	1898
Octubre	149,17	149,17	1632
Noviembre	109,74	109,74	1201
Diciembre	104,76	104,76	1146

Emplazamiento:	Barcelona		
Latitud / Longitud:	41.395,2.202		
Inclinación:	35º		
Base de datos:	PVGIS-SARAH2 / Año 2020		
MES	Irradiación global (kWh/m2 mes)	HSP(0,35)	Energía eléctrica generada (Ah.mes)
Enero	128,31	128,31	1404
Febrero	149,42	149,42	1635
Marzo	154,36	154,36	1689
Abril	173,33	173,33	1896
Mayo	209,49	209,49	2292
Junio	197,21	197,21	2157
Julio	212,49	212,49	2325
Agosto	210,76	210,76	2306
Septiembre	174,85	174,85	1913
Octubre	153,24	153,24	1676
Noviembre	114,58	114,58	1253
Diciembre	110,38	110,38	1208

Determinación de la potencia solar fotovoltaica necesaria

Una vez determinado el consumo estimado para una instalación, así como su perfil de consumo, podemos determinar la potencia fotovoltaica necesaria a instalar, es decir, la potencia eléctrica que suministrará el generador fotovoltaico de cara a satisfacer el consumo de manera parcial o total.

Podemos establecer diferentes planteamientos de dimensionado de la potencia fotovoltaica en función del tipo de instalación (conectada o no), de la superficie de captación disponible, así como de la inversión y amortización prevista. El tipo de instalación fotovoltaica será el aspecto que determinará en mayor medida la producción eléctrica que deberá aportar el generador frente al consumo de la misma.

Instalación solar fotovoltaica aislada

En este caso, el sistema fotovoltaico con el apoyo del sistema auxiliar (aerogenerador, grupo electrógeno) si existe, debe proporcionar la energía requerida durante todo el periodo de uso de la instalación. Durante los meses con baja radiación solar, el sistema debe dimensionarse para los meses en los que la relación consumo/radiación sea mayor. Este método se denomina **método del mes crítico**.

El método del mes crítico parte de los datos del consumo medio diario estimado y de los de radiación media diaria del emplazamiento para los distintos meses de uso de la instalación para distintas inclinaciones. A partir de estos datos tabulados de radiación obtendremos una segunda tabla de cocientes consumo/radiación para los distintos meses y ángulos. Para cada inclinación se localiza el mayor valor de los cocientes, que indica el momento del año en el que la relación entre el consumo de energía y la irradiación disponible es mayor, por lo que habrá que asegurar el suministro de energía eléctrica especialmente en ese momento, aunque implique un sobredimensionamiento para otros meses.

La potencia solar fotovoltaica necesaria se calcula para el mes crítico y con el grado de inclinación cuya relación consumo/radiación sea menor dentro de ese mes (será el grado de inclinación que proporcionará mayor energia). Para dimensionar se consideran las HSP para ese mes y grado de inclinación, que deberán satisfacer toda la demanda de consumo.

EJEMPLO. Cálculo de la potencia fotovoltaica por el método del mes crítico. Determinar mediante el método del mes crítico la potencia fotovoltaica a instalar, para una instalación aislada situada en un emplazamiento en la provincia de Madrid (coordenadas 40.500, -3.383) en la cual se prevé un consumo medio diario de 9.000 Wh con utilización total a lo largo del año. Considerar un coeficiente de rendimiento del 90 % así como la instalación de módulos fotovoltaicos con una potencia máxima de 380 W trabajando con seguimiento del punto de máxima potencia.

Mediante la herramienta online PVGIS obtenemos la tabla de datos de irradiación global media diaria para los distintos meses de uso con diferentes grados de inclinación (desde 0º hasta 70º).

Emplazamiento:	Provincia de Madrid							
Latitud / Longitud:	40.500,-3.383							
Base de datos:	PVGIS-SARAH2 / Año 2020							

MES	0º	10º	20º	30º	40º	50º	60º	70º
Enero	2,06	2,58	3,04	3,43	3,73	3,94	4,07	4,05
Febrero	3,37	4,00	4,52	4,94	5,24	5,39	5,41	5,28
Marzo	4,07	4,50	4,83	5,05	5,15	5,13	4,98	4,70
Abril	4,90	5,11	5,22	5,23	5,12	4,91	4,60	4,18
Mayo	6,86	6,99	6,98	6,80	6,46	6,02	5,48	4,71
Junio	7,69	7,71	7,59	7,28	6,83	6,25	5,54	4,69
Julio	7,74	7,83	7,76	7,50	7,09	6,52	5,81	4,95
Agosto	6,83	7,13	7,26	7,22	7,01	6,64	6,11	5,42
Septiembre	5,21	5,67	6,02	6,22	6,26	6,16	5,90	5,49
Octubre	3,70	4,28	4,76	5,12	5,36	5,46	5,41	5,23
Noviembre	2,27	2,77	3,21	3,57	3,84	4,01	4,08	4,05
Diciembre	1,96	2,49	2,97	3,38	3,70	3,93	4,05	4,03

Caption above data: Irradiación global media diaria (kWh/m² día)

Partiendo de un consumo medio diario estimado de 9.000 Wh/día (9 kWh/día) obtenemos la tabla con la relación consumo/irradiación para todos los meses y ángulos.

Emplazamiento:	Provincia de Madrid	Consumo medio diario (kWh)	9					
Latitud / Longitud:	40.500,-3.383							
Base de datos:	PVGIS-SARAH2 / Año 2020							

Consumo/irradiación global media diaria

MES	0º	10º	20º	30º	40º	50º	60º	70º
Enero	4,36	3,49	2,96	2,62	2,41	2,28	2,21	2,22
Febrero	2,67	2,25	1,99	1,82	1,72	1,67	1,66	1,70
Marzo	2,21	2,00	1,86	1,78	1,75	1,76	1,81	1,91
Abril	1,84	1,76	1,72	1,72	1,76	1,83	1,96	2,15
Mayo	1,31	1,29	1,29	1,32	1,39	1,50	1,66	1,91
Junio	1,17	1,17	1,19	1,24	1,32	1,44	1,63	1,92
Julio	1,16	1,15	1,16	1,20	1,27	1,38	1,55	1,82
Agosto	1,32	1,26	1,24	1,25	1,28	1,36	1,47	1,66
Septiembre	1,73	1,59	1,50	1,45	1,44	1,46	1,53	1,64
Octubre	2,43	2,10	1,89	1,76	1,68	1,65	1,66	1,72
Noviembre	3,97	3,25	2,81	2,52	2,34	2,24	2,20	2,22
Diciembre	4,59	3,61	3,03	2,66	2,43	2,29	2,22	2,23

Para todos los ángulos indicados, el mes de diciembre es al que corresponden relaciones consumo/irradiación mayores, lo cual nos indica que será el mes crítico, al cual le corresponde una menor radiación solar. Dentro del mes crítico, el grado de inclinación que tiene un valor menor es el correspondiente a un ángulo de 60º, por lo que tomaremos esta inclinación para el módulo fotovoltaico.

La potencia fotovoltaica instalada deberá ser capaz de satisfacer el consumo medio diario de la instalación en el mes crítico (diciembre) con el grado de inclinación seleccionado (60º). La energía eléctrica diaria suministrada por un módulo fotovoltaico en estas condiciones será:

$$E_{MF} = P_{MPP,STC} \times HSP_{(0,60)} \times P_R = 380 \times 4,05 \times 0,9 = 1.385,1 \text{ Wh/día}$$

Dado que el consumo medio diario es de 9.000 Wh, el número de módulos necesarios será de:

$$N_T = 9.000/1.385,1 = 6,5 \approx 7 \text{ módulos}$$

Instalación solar fotovoltaica conectada (asistida)

A diferencia de la tipología de instalación anterior, en una conectada a red deberá diseñarse el sistema de generación para producir la electricidad que será consumida al instante. Cuando la instalación no produce lo suficiente, como puede ser en días nublados, con lluvia o bien por la noche, se tomará la energía eléctrica de la conexión a red.

En una instalación de este tipo no será necesario que el generador fotovoltaico proporcione el 100 % de la demanda de consumo, sino que se buscará un determinado porcentaje de autoconsumo, tomando el resto de la red eléctrica. Si se trata de una instalación sin excedentes, es decir, sin compensación por la energía eléctrica vertida a red, deberá evitarse que el sistema produzca un exceso de energía que no podrá aprovechado en la instalación ni retribuido.

La determinación de la potencia fotovoltaica a instalar se efectuará partiendo igualmente del consumo eléctrico medio y se determinará un porcentaje de autoconsumo.

Para viviendas, un valor aceptado suele ser el de un 20-35 % del consumo total de la vivienda, que se traduce en 40-60 % del consumo eléctrico diurno. En otro tipo de instalaciones, el porcentaje de autoconsumo deberá adecuarse al perfil horario de consumo de la instalación.

Desde el punto de vista normativo, el CTE en su Documento Básico HE5 de fecha junio 2022 establece los requisitos de generación mínima de energía eléctrica procedentes de fuentes renovables aplicables a

- Edificios de nueva construcción cuando superen los 1.000 m² construidos.
- Ampliaciones de edificios existentes cuando se incremente la superficie construida en más de 1.000 m².
- Edificios existentes que se reformen íntegramente o en los que se produzca un cambio de uso característico del mismo, cuando se superen los 1.000 m² de superficie construida.

En este ámbito de aplicación, la potencia mínima a instalar $P_{mín}$ será la menor de la resultante de estas dos expresiones:

$$P_1 = F_{pr, el} \times S$$

$$P_2 = 0,1 \times \left(0,5 \times S_c - S_{oc} \right)$$

Donde:

$P_{mín}$ es la potencia a instalar en kW

$F_{pr,el}$ es el factor de producción eléctrica, que toma valor de 0,005 para uso residencial privado y 0,010 para el resto de usos, en kW/m²

S es la superficie construida del edificio en m²

S_c es la superficie de cubierta no transitable o accesible únicamente para conservación, en m²

S_{oc} es la superficie de cubierta no transitable o accesible únicamente para conservación ocupada por captadores solares térmicos, en m²

EJEMPLO. Cálculo de la potencia fotovoltaica mínima a instalar según CTE-HE5. Determinar la potencia eléctrica mínima a instalar procedente de fuentes renovables según el documento CTE-HE5 en un edificio de nueva construcción para uso privado con una superficie construida de 8.000 m². En el proyecto se describe una superficie de cubierta no transitable de 1.500 m² y una superficie ocupada por captadores de 400 m².

Obtenemos los valores de P_1 y P_2 según fórmulas:

$$P_1 = F_{pr,\,el} \times S = 0,005 \times 8.000 = 40 \text{ kW}$$

$$P_2 = 0,1 \times \left(0,5 \times S_c - S_{oc}\right) = 0,1\,(0,5 \times 1.500 - 400) = 35 \text{ kW}$$

Tomaremos el menor de ambos valores. Por tanto, la potencia fotovoltaica a instalar en el edificio será de 35 kW.

EJEMPLO. Cálculo de la potencia fotovoltaica necesaria por cobertura solar. Determinar la potencia del generador fotovoltaico a instalar en una vivienda conectada a red emplazada en Madrid (coordenadas 40.500-3.383) con un consumo medio diario de 9 kW regular a lo largo de todo el año y para la que queremos cubrir aproximadamente un 30 % del consumo. Considerar los datos de radiación extraídos de la herramienta online PVGIS y considerar un coeficiente de rendimiento del 85 %. Completar el cálculo con la estimación de la cobertura empleando módulos solares fotovoltaicos con una potencia máxima de 330 Wp con regulador con seguimiento de punto de máxima potencia.

A partir del consumo medio diario de 9 kWh obtenemos el consumo medio mensual, así como el consumo total anual. La energía eléctrica total consumida anual es de 3.285 kWh, por lo que una cobertura del 30 % supondría que el generador fotovoltaico suministrara 985,5 kWh a lo largo del año.

MES	Consumo mensual (kWh)	Cobertura 30% (kWh mes)
Enero	279,00	83,70
Febrero	252,00	75,60
Marzo	279,00	83,70
Abril	270,00	81,00
Mayo	279,00	83,70
Junio	270,00	81,00
Julio	279,00	83,70
Agosto	279,00	83,70
Septiembre	270,00	81,00
Octubre	279,00	83,70
Noviembre	270,00	81,00
Diciembre	279,00	83,70
Consumo anual (kWh)	**3285,00**	**985,50**

A través de la herramienta online PVGIS obtenemos los datos de irradiación global media mensual del emplazamiento. Tomamos una inclinación de 30° para el módulo obtenida según la fórmula de inclinación recomendada para un uso durante todo el año:

Inclinación = 3,7 + 0,60 (Latitud) = 3,7 + 0,60 (40) = 28° ≈ 30°

Emplazamiento:	Provincia de Madrid	
Latitud / Longitud:	40.500,-3.383	
Base de datos:	PVGIS-SARAH2 / Año 2020	
	Irradiación global media mensual (kWh/m² mes)	
MES	30°	INCLINACIÓN
Enero	106,32	
Febrero	138,39	
Marzo	156,57	
Abril	156,78	
Mayo	210,72	
Junio	218,49	
Julio	232,64	
Agosto	223,76	
Septiembre	186,46	
Octubre	158,70	
Noviembre	106,99	
Diciembre	104,76	

Los datos de irradiación mensual en kWh/m² se corresponden con las Horas Solar Pico (HSP$_{(0,30)}$) mensuales.

Obtenemos la producción de energía eléctrica mensual para un módulo fotovoltaico a partir de la expresión siguiente, tomando $P_{MPP,STC} = 0,33$ kW, PR = 0,85 y las horas solar pico mensuales correspondientes.

$$E_{MF} = P_{MPP,STC} \times HSP(0,30) \times PR$$

En la tabla adjunta se recogen los datos de producción mensual para 1, 2 y 3 módulos, así como la cobertura solar producida frente a la demanda de consumo.

Producción kWh mes con módulo 330 Wp					
1 módulo 330 Wp kWh mes	Cobertura (%)	2 módulos 330 Wp kWh mes	Cobertura (%)	3 módulos 330 Wp kWh mes	Cobertura (%)
29,82	10,7	59,65	21,4	89,47	32,1
38,82	15,4	77,64	30,8	116,46	46,2
43,92	15,7	87,84	31,5	131,75	47,2
43,98	16,3	87,95	32,6	131,93	48,9
59,11	21,2	118,21	42,4	177,32	63,6
61,29	22,7	122,57	45,4	183,86	68,1
65,26	23,4	130,51	46,8	195,77	70,2
62,76	22,5	125,53	45,0	188,29	67,5
52,30	19,4	104,60	38,7	156,91	58,1
44,52	16,0	89,03	31,9	133,55	47,9
30,01	11,1	60,02	22,2	90,03	33,3
29,39	10,5	58,77	21,1	88,16	31,6
Total anual 561,16	17,1	1122,33	34,2	1683,49	51,2

Vemos que para 1 solo módulo obtenemos una cobertura del 17,1 %, mientras que para 2 módulos llegamos al 34,2 % (1.122,33 kWh año producidos sobre la demanda anual de 3.285 kWh) que se sitúa ligeramente por encima del 30 % de cobertura anual objetivo.

Selección, dimensionado y orientación de los módulos solares fotovoltaicos

Determinada la potencia fotovoltaica a instalar necesaria para abastecer el consumo, deberá seleccionarse el módulo fotovoltaico adecuado a la instalación, deberá definirse su número, distribución, así como su orientación y grado de inclinación. En este proceso será vinculante el espacio disponible para la instalación de los módulos: su superficie, el tipo de cubierta (plana, inclinada), su orientación, la presencia de obstáculos cercanos, su grado de integración en la edificación, así como el uso previsto y el nivel de inversión aceptado.

Selección del módulo fotovoltaico

Conocidas las necesidades de potencia eléctrica de la instalación, para la selección del módulo fotovoltaico deberán considerarse las siguientes características técnicas de este:

- **Potencia nominal:** en el mercado pueden encontrarse módulos solares con un amplio rango de potencias pico. Los valores más comunes van desde 250 hasta

550 Wp (el rango en torno a 350 Wp es el más habitual), aunque es posible encontrar modelos de potencias mayores (superiores a 600 Wp) y menores (50 Wp).

- **Dimensiones:** las dimensiones del módulo serán función del número de células fotovoltaicas integradas, determinando por tanto su potencia. Se indican a continuación el rango de dimensiones aproximadas de módulos fotovoltaicos de mercado en función de su potencia nominal.

Tabla 3.7 Dimensiones aproximadas módulos solares

Dimensiones (alto x ancho mm)	Potencia pico (Wp)	Número de células (*)
1.200 × 800	150-200	36 / 72
1.700 × 1.000	250-400	60 / 120
2.000 × 1.000	350-500	72 / 144
2.100 × 1.300	600	120 / 240
(*) Células normales / Células partidas (Half Cell)		

- **Voltaje nominal:** se trata del voltaje que genera el módulo solar cuando funciona a máxima potencia. Los voltajes habituales son de 12 V para módulos de pequeña potencia, 24 V para módulos empleados en instalaciones habituales y 48 V o más para aplicaciones de mayor tamaño. Normalmente los módulos solares de 36 células suelen ser de 12 V (rango 15-19 V nominales), los de 60-72 suelen ser de 24 V (rango 36-39 V nominales) y los de mayor número de celdas suelen ser de 48 V.

La selección del voltaje del módulo deberá ser compatible con la selección de la batería, el inversor y el regulador de carga.

Un criterio aproximado para elegir la tensión de trabajo del sistema (batería) sería:

Tabla 3.8 Tensiones de trabajo del sistema

Potencia demandada por el sistema (W)	Tensión de trabajo del sistema (V)
< 1.500	12
1.500-5.000	24-48
>5.000	120-300

- **Rendimiento:** el rendimiento del módulo (porcentaje de energía solar aprovechada para producir electricidad) tendrá influencia sobre las dimensiones del panel y su precio. Paneles más eficientes tendrán un coste más elevado, pero producirán más energía eléctrica a igualdad de superficie.

Los rangos de rendimiento pueden definirse como medio-bajo para 16-17 %, medio-alto para 18-19 % y altos para rendimientos superiores al 19 %.

El criterio de elección de un panel más o menos eficiente dependerá del límite de inversión prevista, así como de la superficie disponible. Una instalación fotovoltaica con una gran superficie disponible puede plantearse con un mayor número de módulos de menor rendimiento, mientras que en una instalación con limitación de superficie deberá optarse previsiblemente por módulos de mayor rendimiento que ocupen menos espacio.

- **Tecnología:** en la selección del módulo solar se podrá optar por diversas tecnologías que determinarán el nivel de prestaciones y coste de este.

  En lo relativo al tipo de célula solar, para instalaciones habituales, en el mercado pueden encontrarse principalmente módulos solares monocristalinos y policristalinos. Los monocristalinos son más eficientes y tienen una vida útil más larga, teniendo un coste mayor. Los policristalinos son más económicos, pero tienen un menor nivel de rendimiento y durabilidad.

  La elección de una u otra tecnología estará vinculada al nivel de inversión previsto y uso de la instalación a lo largo del tiempo.

  En la selección del módulo fotovoltaico podrá optarse también entre módulos estándar y módulos de célula partida (Half Cell) Estos últimos tienen menores pérdidas, un rendimiento mayor, una mayor tolerancia a las sombras, un menor riesgo de puntos calientes y una mayor durabilidad. El coste de los módulos de célula partida es mayor que el de un módulo estándar, ya que su proceso de fabricación es más complejo. A la hora de seleccionar uno u otro tipo deberá considerarse el nivel de inversión, el uso de la instalación, la presencia de sombras cercanas y la superficie de instalación disponible.

- **Grado de integración arquitectónica:** si existen requerimientos de integración arquitectónica de los módulos en la instalación, deberá optarse por modelos diseñados para este fin. A este objeto existen módulos en color negro, combinaciones de marcos y láminas posteriores en diferentes colores, posibilidad de cableado oculto, etc. Adicionalmente existen alternativas como elementos constructivos fotovoltaicos (como por ejemplo tejas fotovoltaicas).

Número y distribución de módulos

Para un generador fotovoltaico compuesto de un número NT de módulos solares fotovoltaicos y un regulador de carga con seguimiento de punto de máxima potencia, la **energía total generada por el generador fotovoltaico (E_{GF})** será igual a la energía generada por un módulo fotovoltaico multiplicado por el número total de módulos que conforman el generador:

$$E_{GF} = P_{MPP,STC} \times HSP_{(\gamma,\beta)} \times P_R \times N_T$$

El número total de módulos a instalar (N_T) vendrá determinado por esta expresión, en la cual la energía total generada por el generador fotovoltaico deberá aproximarse a la potencia fotovoltaica necesaria en la instalación.

Una vez determinado el número total de módulos necesarios en función de las necesidades, deberá configurarse su conexión. El conjunto de módulos solares puede conectarse en serie, paralelo o serie-paralelo.

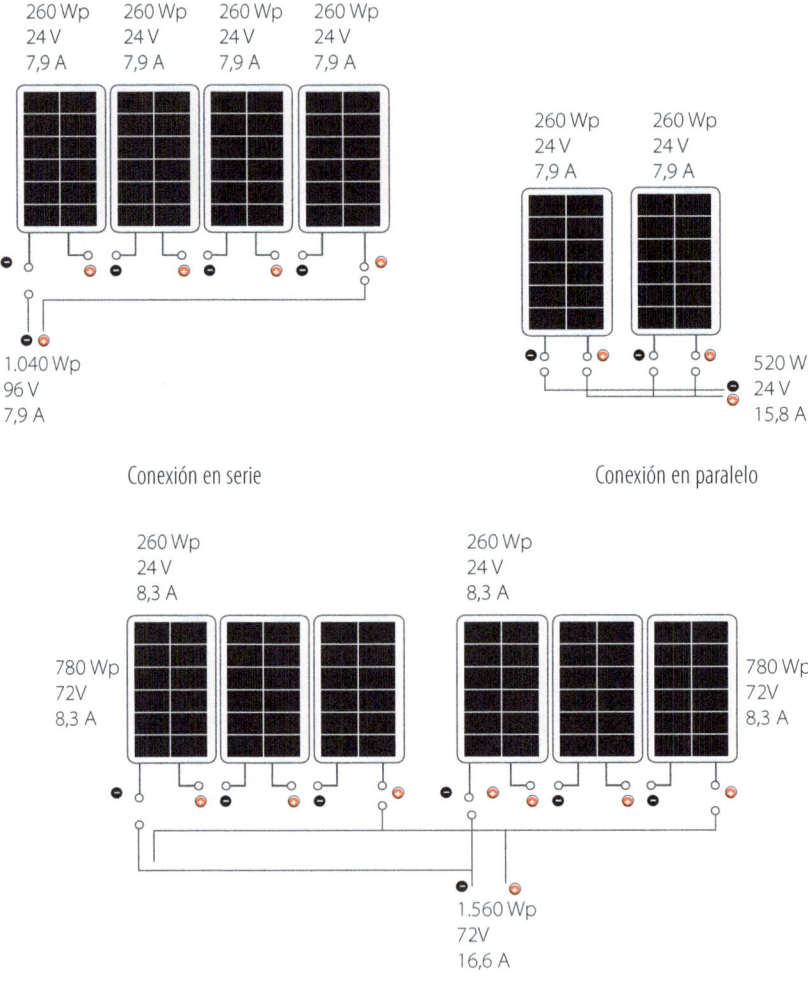

Conexión en serie

Conexión en paralelo

Conexión en serie-paralelo

- **Conexión en serie:** una conexión de paneles en serie o string se realiza conectando cada panel de manera directa formando una cadena en la cual se conecta el polo positivo de un panel con el polo negativo del panel siguiente y así sucesivamente, creando un circuito en serie.

En esta configuración se suma el voltaje de todos y cada uno de los paneles, mientras que la intensidad que circula por ello es la misma.

- **Conexión en paralelo:** en una conexión de paneles en paralelo se conectan todos los polos positivos por un lado y todos los polos negativos por otro. En este caso en la conexión común de salida la intensidad es la suma de las intensidades individuales de cada panel, mientras que la tensión es la misma.

- **Conexión en serie-paralelo (mixta):** se trata de una combinación de ramales en serie que se conectan en paralelo entre sí. En este caso el sistema combina el incremento de voltaje e intensidad.

A la hora de seleccionar el tipo de configuración en la conexión de los módulos solares deberán considerarse los siguientes aspectos:

- La elección del tipo de conexión dependerá de la magnitud de la instalación, del voltaje de trabajo de las baterías, del voltaje de salida del inversor y de las especificaciones del módulo solar.

- La conexión en serie se realiza normalmente para módulos solares fotovoltaicos de potencias superiores a 200 Wp, de 60 células y con voltaje de 24 V o 48 V. Para otras condiciones suele emplearse la conexión en paralelo.

- La conexión en serie es frecuente en los sistemas que incorporan regulador de carga con seguimiento de punto de máxima potencia $M_{PPT,}$ ya que permite tener tensiones más elevadas en el generador fotovoltaico que en las baterías, pudiendo conectarse módulos a una mayor tensión que en el sistema de acumulación.

- En la conexión en serie debe tenerse especial cuidado en no superar el voltaje máximo para el cual está diseñado el regulador de carga o el inversor.

- En la conexión en paralelo deberá verificarse que la intensidad del generador no supere la intensidad máxima permitida por el regulador o el inversor.

- En la conexión en serie, si uno de los módulos es sustituido por avería, puede incorporarse un módulo de corriente máxima superior a los otros módulos.

- En la conexión en paralelo pueden emplearse paneles de igual voltaje, pero distinta potencia.

- La conexión en serie-paralelo suele emplearse en instalaciones fotovoltaicas con cuatro o más paneles de 60 o 72 células. En este tipo de instalaciones se emplean sistemas M_{PPT}.

- Debe considerarse que, en la conexión en paralelo, al aumentar la corriente se incrementan las pérdidas en el cableado.

- En la conexión en serie, el fallo de uno de los módulos dificulta el funcionamiento del resto de la instalación, mientras que en la conexión en paralelo esta no queda afectada.

El **número total de paneles en serie (N$_S$)** vendrá determinado por la tensión de trabajo de la instalación (V$_N$) y por la tensión en el punto de máxima potencia del panel solar fotovoltaico (V$_{MOD,MPPT}$):

$$N_S = \frac{V_N}{V_{MOD,MPPT}}$$

El **número total de paneles en paralelo (N$_P$)** vendrá determinado por la expresión siguiente:

$$N_P = \frac{N_T}{V_S}$$

EJEMPLO. Cálculo de la energía generada por un generador fotovoltaico. Determinar la energía eléctrica media diaria producida por un generador fotovoltaico constituido por un total de 8 módulos fotovoltaicos en una conexión serie-paralelo formada por dos filas de 4 módulos en serie.

Considerar una media diaria de 4,2 horas solar pico (HSP), un rendimiento del 90 % y las siguientes características del módulo solar fotovoltaico:

Tensión a potencia máxima (V$_{MOD,MPPT}$): 30 V

Intensidad a potencia máxima (I$_{MOD,MPPT}$): 8 A

Potencia máxima: 240 Wp

La energía media diaria generada por un módulo solar fotovoltaico de potencia máxima nominal P$_{MPP,STC}$ = 240 Wp se obtendrá a partir de la fórmula:

$$E_{GF} = P_{MPP,STC} \times HSP_{(0,\beta)} \times P_R \times N_T = 240 \times 4,2 \times 8 \times 0,9 = 7.257,6 \, Wh/día$$

La tensión a potencia nominal del generador es 120 V y la intensidad total es de 16 A. Podremos obtener igualmente la energía generada mediante:

$$E_{GF} = V_{G,MPPT} \times I_{GF,MPPT} \times HSP_{(0,\beta)} \times P_R = 120 \times 16 \times 4,2 \times 0,9 = 7.257,6 \, Wh/día$$

Orientación e inclinación

Una vez seleccionado el tipo de panel fotovoltaico adecuado a la instalación, así como el número de paneles necesarios y su conexión, deberá determinarse su orientación e inclinación óptimos en el emplazamiento previsto para que su producción de energía eléctrica sea suficiente para satisfacer el consumo previsto.

- **Orientación:** la orientación idónea para los módulos solares es hacia el sur (ángulo azimut 0º). Si el conjunto de módulos está orientado hacia esta dirección, se garantizará que reciban el máximo de irradiación solar durante el día, ya que la radiación solar incide de manera perpendicular a la superficie.

Dependiendo de la ubicación de la instalación y superficie disponible, no será siempre posible una orientación sur exacta, por lo que deberá buscarse la que más se aproxime para que las pérdidas sean mínimas.

Es posible determinar la orientación respecto al sur mediante una brújula o a través de cualquier herramienta de mapas online conocida la ubicación.

Tal y como se aprecia en el gráfico de pérdidas por orientación e inclinación del Apartado 1.2, debe considerarse que para orientaciones este-oeste de ± 30° respecto al sur, las pérdidas pueden situarse en un 5-10 %, situándose en el 50-60 % para paneles orientados hacia el este o al oeste.

Conocida la mejor orientación posible, deberán evaluarse las pérdidas y determinarse si estas son aceptables y la inversión en la instalación resulta viable. En el caso de que en la instalación solo resulte posible una orientación norte, la producción de energía será prácticamente nula y deberán buscarse soluciones alternativas.

- **Inclinación:** en aquellas instalaciones en las cuales la inclinación de los módulos fotovoltaicos sea fija (sin sistema de seguimiento) deberá determinarse el ángulo óptimo en función de la ubicación de la instalación (latitud) y de sus meses de utilización a lo largo del año.

Tal y como se indicó en el apartado relativo a funcionamiento, la inclinación óptima (β_{opt}) dependerá por tanto del mes de utilización. Para un uso limitado a los meses de invierno o de verano tomaremos a efectos prácticos:

Inclinación (β_{opt}) para meses de invierno = Latitud (ϕ) + 10°

Inclinación (β_{opt}) para meses de verano = Latitud (ϕ) - 20°

Para un uso anual podemos tomar la expresión siguiente:

Inclinación (β_{opt}) para uso anual = 3,7 + 0,60 × |Latitud (ϕ)|

Cálculo de la energía generada. Cálculo de pérdidas por sombras y orientación

Conocidos los datos de ubicación (latitud, longitud), datos técnicos del módulo fotovoltaico (potencia máxima, intensidad máxima), número de módulos que conforman el generador fotovoltaico, orientación, inclinación y rendimiento estimado de la instalación, podemos determinar las horas solar pico (HSP) en nuestro emplazamiento para la inclinación óptima elegida, así como calcular la energía eléctrica suministrada por el generador mediante las fórmulas descritas.

La energía calculada se corresponde con una orientación sur, ya que las horas solar pico (HSP) proporcionadas se corresponden con un azimut 0°. Si la orientación difiere de la indicada deberá determinarse el porcentaje de pérdidas en base al gráfico de pérdidas por orientación e inclinación incluido en el Apartado 1.2. o mediante alguna aplicación de cálculo de pérdidas, y restarlo de la energía eléctrica calculada para orientación sur.

Si la energía eléctrica obtenida tras restarle las pérdidas por orientación se considera insuficiente para satisfacer el consumo de la instalación, deberá recalcularse el sistema, incrementando el número de módulos o incluyendo modelos de mayor potencia.

EJEMPLO. Cálculo de pérdidas por orientación. Determinar las pérdidas de energía eléctrica media mensual por orientación producidas en un generador fotovoltaico formado por 8 módulos solares fotovoltaico de potencia máxima nominal 570 Wp emplazado en Barcelona (41.395, 2.202) con una inclinación (β) 30° y una orientación (γ) de -60° (SE). Emplear como datos de radiación los extraídos de la herramienta online PVGIS y considerar un coeficiente de rendimiento del 85 %.

Los datos de radiación para superficie inclinada a 30° obtenidos de la herramienta PVGIS para el año 2020 son los siguientes. El dato se obtiene en kWh/m² por mes, lo cual equivale a las horas solar pico (HSP) mensuales para dicha inclinación y azimut 0°.

Emplazamiento:	Barcelona	
Latitud / Longitud:	41.395, 2.202	
Inclinación:	30°	
Base de datos:	PVGIS-SARAH2 / Año 2020	
MES	Irradiación global (kWh/m² mes)	HSP$_{(0,30)}$
Enero	121,83	121,83
Febrero	144,15	144,15
Marzo	152,22	152,22
Abril	174,09	174,09
Mayo	213,63	213,63
Junio	202,19	202,19
Julio	217,25	217,25
Agosto	212,84	212,84
Septiembre	173,47	173,47
Octubre	149,17	149,17
Noviembre	109,74	109,74
Diciembre	104,76	104,76

Para el cálculo de la energía media mensual producida a por un módulo generador solar fotovoltaico de 8 módulos de potencia máxima nominal $P_{MPP,STC}$ = 570 Wp emplearemos la fórmula:

$$E_{MF} = P_{MPP,STC} \times HSP_{(0,\beta)} \times P_R \times N_T$$

Tomando un valor de P_R = 0,85, obtendremos los siguientes valores.

Emplazamiento:	Barcelona			
Latitud / Longitud:	41.395, 2.202			
Inclinación:	30°			
Base de datos:	PVGIS-SARAH2 / Año 2020			
MES	Irradiación global (kWh/m² mes)	HSP$_{(0,30)}$	Energía eléctrica generada (Wh.mes)	Energía eléctrica generada (kWh.mes)
Enero	121,83	121,83	472213	472,21
Febrero	144,15	144,15	558725	558,73
Marzo	152,22	152,22	590005	590,00
Abril	174,09	174,09	674773	674,77
Mayo	213,63	213,63	828030	828,03
Junio	202,19	202,19	783688	783,69
Julio	217,25	217,25	842061	842,06
Agosto	212,84	212,84	824968	824,97
Septiembre	173,47	173,47	672370	672,37
Octubre	149,17	149,17	578183	578,18
Noviembre	109,74	109,74	425352	425,38
Diciembre	104,76	104,76	406050	406,05

Para el cálculo de pérdidas por orientación tomaremos el gráfico del Apartado 1.2 en el cual se determina que para una inclinación de 30° y un azimut de -60° tendremos una producción de energía que se situarán en el 90 % de las obtenidas con orientación sur.

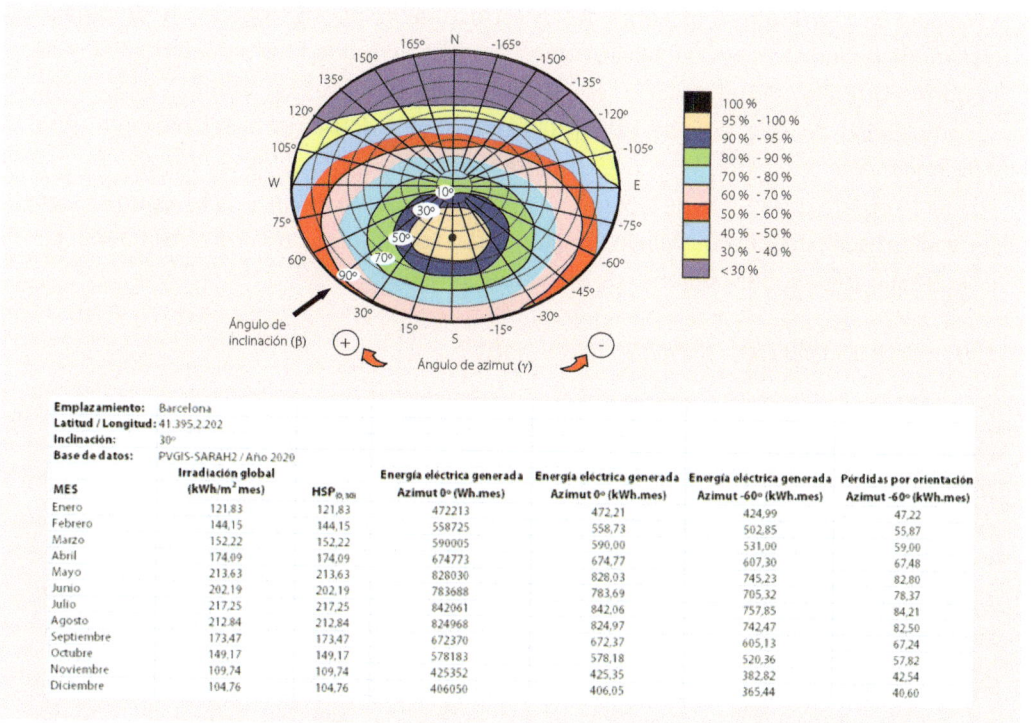

	Irradiación global (kWh/m² mes)	HSP$_{(0,30)}$	Energía eléctrica generada Azimut 0° (Wh.mes)	Energía eléctrica generada Azimut 0° (kWh.mes)	Energía eléctrica generada Azimut -60° (kWh.mes)	Pérdidas por orientación Azimut -60° (kWh.mes)
MES						
Enero	121,83	121,83	472213	472,21	424,99	47,22
Febrero	144,15	144,15	558725	558,73	502,85	55,87
Marzo	152,22	152,22	590005	590,00	531,00	59,00
Abril	174,09	174,09	674773	674,77	607,30	67,48
Mayo	213,63	213,63	828030	828,03	745,23	82,80
Junio	202,19	202,19	783688	783,69	705,32	78,37
Julio	217,25	217,25	842061	842,06	757,85	84,21
Agosto	212,84	212,84	824968	824,97	742,47	82,50
Septiembre	173,47	173,47	672370	672,37	605,13	67,24
Octubre	149,17	149,17	578183	578,18	520,36	57,82
Noviembre	109,74	109,74	425352	425,35	382,82	42,54
Diciembre	104,76	104,76	406050	406,05	365,44	40,60

Emplazamiento: Barcelona
Latitud / Longitud: 41.395,2.202
Inclinación: 30°
Base de datos: PVGIS-SARAH2 / Año 2020

Adicionalmente a las pérdidas por orientación, deberán añadirse las pérdidas debidas a sombras generadas por objetos cercanos. En el Apartado 1.2 se indicaban las distancias mínimas entre módulos fotovoltaicos y un obstáculo, así como entre filas de módulos. Además, se incluía el sistema de cálculo del **factor de sombra (FS)**, que se corresponde al porcentaje de pérdida de radiación incidente anual. Conocido este porcentaje, deberá restarse de la energía eléctrica calculada inicial, obteniéndose de este modo el valor real de energía producida por el sistema fotovoltaico.

Selección de la estructura soporte

La selección de la estructura soporte de los módulos deberá hacerse basándonos en la instalación prevista del conjunto generador fotovoltaico (suelo, cubierta plana o inclinada, pared, etc.) y de los materiales constructivos de la estructura y los soportes. En el Apartado 2.2 se relacionan los distintos tipos de estructuras, así como las diferentes posibilidades de materiales constructivos.

En la selección de la estructura deberá considerarse asimismo las condiciones climatológicas a que estará sometido el conjunto en base a su ubicación (fuerza de viento, carga de nieve, ambiente salino, acciones sísmicas, tensiones por dilatación debido a cambios de temperatura)

El cálculo de la resistencia al viento de las estructuras y soportes pueden determinarse a partir de las indicaciones del Documento Básico SE Seguridad Estructural del CTE y de la norma UNE EN 1.991-1-4 Acciones en estructuras. Acciones de viento. La extensión y complejidad de este tipo de cálculos quedan fuera del alcance del presente libro. Adicionalmente los fabricantes de estructuras facilitan en la información técnica del producto el dato de la carga de viento que resiste el conjunto determinado según ensayo. En la información técnica se incluye también el dato de la carga de nieve máxima a la que puede estar sometido el conjunto de estructura y módulo.

Dimensionado del almacenamiento

Una instalación aislada de la red deberá contar con un sistema de almacenamiento capaz de satisfacer las necesidades de la instalación en aquellos momentos en que el generador fotovoltaico no produzca energía eléctrica por falta de radiación (por ejemplo por la noche o en días nublados) El sistema de almacenamiento puede también estar integrado en una instalación conectada a red en la cual se desee tener un mayor grado de autoconsumo sin recurrir al consumo de la red eléctrica o bien hacerlo únicamente de manera puntual.

Para el dimensionado de la batería o sistema de baterías de la instalación precisaremos conocer la autonomía necesaria de la misma, entendida como el n.º de horas o de días durante los que el sistema de acumulación podrá abastecer la energía eléctrica demandada por la instalación sin disponer de producción eléctrica de los módulos fotovoltaicos.

Para determinar los **días de autonomía (D_{AUT})** deberán estimarse de manera estadística el n.º de días con probabilidad de nubes de manera consecutiva (datos estadísticos del emplazamiento) y añadir un margen de seguridad basado en la importancia de asegurar el suministro de energía eléctrica a las cargas o consumos de la instalación. Para una instalación aislada de red, el IDAE en su Pliego de Condiciones Técnicas fija una autonomía mínima de 3 días. De modo orientativo pueden tomarse los valores indicados en la tabla:

Tabla 3.9 Días de autonomía orientativos

Inviernos	Instalación doméstica	Instalación crítica
Muy nubosos	5	10
Variables	4	8
Soleados	3	6

Para determinar la **capacidad nominal de la batería (C_N)** (máxima cantidad de energía eléctrica que se puede extraer partiendo de un estado de carga máxima determinada en Amperios-hora (Ah)) partiremos de dos condiciones:

- Su capacidad nominal debe ser tal que la batería sea capaz de suministrar una energía diaria correspondiente al consumo real diario ($C_{real,D}$) sin descargarse por encima del valor de la profundidad de descarga máxima permitida (PD_D) Este valor será la **capacidad nominal diaria (C_D)** determinada según la expresión siguiente:

$$C_D = \frac{C_{real,D}}{PD_D \times V_N}$$

Donde:

C_D es la capacidad nominal de la batería en función de la profundidad de descarga diaria máxima, en Ah

$C_{real,D}$ es el consumo diario o energía eléctrica diaria a suministrar a la instalación, en Wh

PD_D es la profundidad de descarga máxima diaria permitida. Las profundidades de descarga máximas que se suelen considerar para un ciclo diario (valor máximo establecido antes de la desconexión del regulador para proteger la duración de la batería) están en torno al 15-20 % (valores 0,15-0,20 en la fórmula)

V_N es la tensión de suministro de la batería en corriente continua, en V

- La batería deberá ser capaz de suministrar la energía demandada por la instalación durante los días de autonomía (D_{AUT}) sin superar el valor de descarga máxima estacional permitida (PD_E). Este valor se corresponderá con la **capacidad nominal estacional (C_E)** que podremos determinar según la expresión siguiente:

$$C_E = \frac{C_{real,D} \times D_{AUT}}{PD_E \times V_N}$$

Donde:

C_E es la capacidad nominal de la batería en función de la profundidad de descarga estacional máxima, en Ah

$C_{real,D}$ es el consumo diario o energía eléctrica diaria a suministrar a la instalación, en Wh

PD_E es la profundidad de descarga máxima estacionaria. Las profundidades de descarga máximas que se suelen considerar están en torno al 70 % (valor 0,7 en la fórmula)

V_N es la tensión de suministro de la batería en corriente continua, en V

El valor de capacidad nominal de la batería (C_N) será el máximo de los valores calculados C_D y C_E.

Para asegurar que la recarga de la batería se produce de manera correcta, el valor de capacidad nominal (C_N) deberá ser inferior a 25 veces la corriente de cortocircuito del generador fotovoltaico en condiciones estándar.

EJEMPLO. Cálculo de un sistema de baterías. Dimensionar el sistema de baterías para una instalación solar fotovoltaica aislada de red que cuenta con los consumos de corriente alterna y corriente continua según tabla adjunta.

En la instalación se incorporan 12 módulos solares fotovoltaicos en seis ramas en paralelo de las características técnicas siguientes:

Potencia nominal: 330 Wp $I_{MOD,MPP,STC} = 10,82$ A $V_{MPP} = 30,5$ V $V_{OC} = 36,1$ V $I_{SC} = 11,5$ A

Consumos en corriente alterna (230 V)			
Consumo	Unidades	Consumo (Wh)	Horas/día
Lavadora	1	1500	1
Frigorífico	1	250	3
Televisión	1	230	2
Lavavajillas	1	1500	1
Ordenador	2	60	3
Consumos en corriente continua (24 V)			
Consumo	Unidades	Consumo (Wh)	Horas/día
Iluminación salón	2	35	3
Iluminación cocina	2	35	3
Iluminación habitaciones	4	25	2
Iluminación cuarto de baño	1	30	2
Iluminación distribuidores	3	25	1
Iluminación exterior	3	35	1

Considerar los siguientes rendimientos para el inversor, batería y conductores (pérdidas por efecto Joule) respectivamente: $\mu_{INV} = 0,9$, $\mu_{BAT} = 0,85$ y $\mu_C = 0,98$.

Obtenemos el consumo medio diario de las cargas de corriente alterna y corriente continua a partir de los datos de los diversos consumos de la vivienda y de sus horas estimadas de funcionamiento a lo largo del día.

Consumos en corriente alterna (230 V)				
Consumo	Unidades	Consumo (Wh)	Horas/día	Consumo total (Wh)
Lavadora	1	1.500	1	1.500
Frigorífico	1	250	3	750
Televisión	1	230	2	460
Lavavajillas	1	1.500	1	1.500
Ordenador	2	60	3	360
				4.570
Consumos en corriente continua (24 V)				
Consumo	Unidades	Consumo (Wh)	Horas/día	Consumo total (Wh)
Iluminación salón	2	35	3	210
Iluminación cocina	2	35	3	210
Iluminación habitaciones	4	25	2	200
Iluminación cuarto de baño	1	30	2	60
Iluminación distribuidores	3	25	1	75
Iluminación exterior	3	35	1	105
	Potencia total (W)	**450**		**860**

A partir de estos datos de consumo y de los rendimientos indicados, se calcula el consumo medio diario total ($C_{total,D}$).

$$C_{total,D} = \frac{L_{MD,CC} + \dfrac{L_{MD,CC2}}{\eta_{CV}} + \dfrac{L_{MD,CA}}{\eta_{INV}}}{\eta_{BAT} \times \eta_C} = \frac{860 + \dfrac{4.570}{0,9}}{0,85 \times 0,98} = 7.128 \text{ Wh}$$

La capacidad nominal del sistema de baterías es función de la profundidad máxima de descarga diaria permitida. Esta se sitúa entre el 15 y el 20% habitualmente; tomaremos el 20% en este caso.

$$C_D = \frac{C_{total,D}}{P_{DD} \times V_N} = \frac{7.128}{0,2 \times 24} = 1.485 \text{ Ah}$$

La capacidad nominal en función de la descarga estacional se calcula en base a los días de autonomía (D_{AUT}) considerados y de la profundidad de descarga máxima estacionaria (PDE). Se considera una instalación doméstica con días variables en invierno, por lo que se establecerán 4 días de autonomía. En cuanto a la profundidad de descarga máxima estacionaría se establecerá en un 70 %.

$$C_E = \frac{C_{total,D} \times D_{AUT}}{P_{DE} \times V_N} = \frac{7.128 \times 4}{0,7 \times 24} = 1.697Ah$$

Tomamos el valor máximo de C_D y C_E como la capacidad mínima de la batería (1.697 Ah).

La capacidad nominal debe ser superior a la máxima de las dos obtenidas, por tanto superior a 1.697 Ah.

De cara a garantizar una adecuada recarga de la batería, la capacidad nominal no excederá en 25 veces la corriente de cortocircuito del generador fotovoltaico en condiciones estándar de medida. La corriente de cortocircuito del generador fotovoltaico, considerando que cuenta con seis ramas en paralelo de dos módulos cada una, será:

$$I_{SC,GF,STC} = 11,5 \times 6 = 69 \, A$$

Multiplicando por 25 este valor, se obtiene la capacidad máxima para asegurar una adecuada recarga de la batería:

$$C_N \leq 25 \times I_{SC,GF,STC} = 25 \times 69 = 1.725 \, Ah$$

La capacidad mínima del sistema de baterías será de 1.697 Ah y la máxima de 1.725 Ah con una tensión de 24 V.

Dimensionado del regulador de carga

El regulador de carga es el dispositivo encargado en la instalación fotovoltaica de controlar la carga y la descarga de la batería, evitando cargas o descargas por encima de unos valores prefijados de cara a hacerla funcionar dentro de unos límites de trabajo adecuados que garanticen su durabilidad.

De modo ilustrativo podemos entender un regulador de carga como un interruptor conectado en su entrada a los módulos fotovoltaicos y en su salida hacia la batería y los consumos. Durante el proceso de carga, el circuito de este interruptor estará cerrado hacia los consumos y abierto entre los módulos y la batería. Cuando el proceso de carga de la batería se ha completado y existe demanda de consumo, el circuito estará abierto hacia estos.

Para el dimensionado del regulador de carga deberán conocerse los datos siguientes:

- **Intensidad máxima de entrada al regulador:** se corresponderá con la corriente de cortocircuito del sistema de generación fotovoltaico. Obtendremos el dato a partir de la corriente máxima de cortocircuito del módulo solar multiplicado por el número de ramas en paralelo y añadiendo un coeficiente de seguridad que contemple las posibles variaciones en la irradiancia solar y en la temperatura de trabajo con respecto a las condiciones estándar de medida (suele tomarse un valor del 20-25 %). En síntesis, el regulador de carga debe soportar en su entrada una corriente un 20-25 % superior a la corriente de cortocircuito del generador fotovoltaico determinada en condiciones estándar de medida.

$$I_{ENTRADA} = 1,25 \times I_{MOD, SC} \times N_P$$

Donde:

$I_{ENTRADA}$ es la intensidad de corriente máxima calculada a la entrada del regulador, en A
$I_{MOD, SC}$ es la intensidad de cortocircuito nominal para un módulo en condiciones estándar de medida, en A
N_P es el número de ramas en paralelo conectadas.

- **Intensidad máxima de salida del regulador:** Diferenciaremos dos casos, en función de la posición del inversor en la instalación fotovoltaica.

Si el inversor está conectado directamente en la salida de consumo del regulador de carga, deberá dimensionarse este para que pueda soportar los consumos de las cargas de corriente continua, así como la corriente de entrada al inversor, que suponen los consumos de corriente alterna.

La fórmula de cálculo empleada para determinar la corriente de consumo (I_C), considerando que todas las cargas pueden funcionar de manera simultánea, es la siguiente:

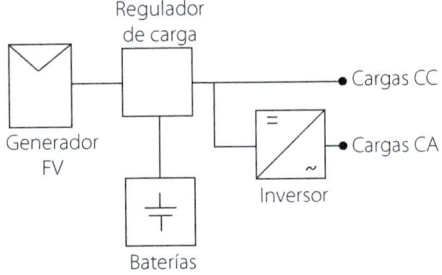

Inversor conectado en salida del regulador

$$I_C = K \times \frac{P_{CC} + \dfrac{P'_{CC}}{\eta_{CV}} + \dfrac{S_{CA}}{\eta_{INV}}}{V_N}$$

Donde:
K es el coeficiente de seguridad (tomar 1,20-1,25)
V_N es la tensión nominal o tensión de las baterías
P_{CC} es la potencia total de las cargas de CC alimentadas a la tensión nominal V_N
P'_{CC} es la potencia total de las cargas de CC alimentadas a una tensión diferente a la tensión nominal V_N
μ_{CV} es el rendimiento del convertidor CC/CC
S_{CA} es la potencia aparente de las cargas de CA. Esta es igual a:

$$S_{CA} = \sqrt{P_{CA}^2 + Q_{CA}^2}$$

Donde:

P_{CA} es igual a la suma de potencias activas de cada una de las cargas

Q_{CA} es igual a la suma de las potencias reactivas de cada una de las cargas

μ_{INV} es el rendimiento del inversor.

Si el inversor está conectado directamente a las baterías, el regulador de carga únicamente debe proporcionar la corriente que consumen las cargas de corriente continua, añadiendo también un factor de seguridad del 20-25 %.

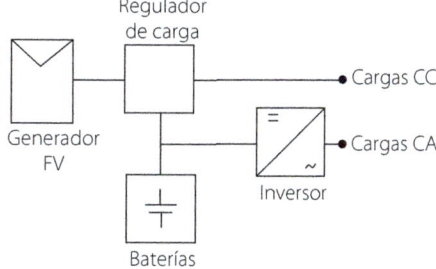

Inversor conectado directamente a las baterías

- **Máxima tensión de entrada en línea de generación:** la tensión máxima de entrada en la conexión al generador fotovoltaico será la tensión de circuito abierto, ya que es la máxima que el generador fotovoltaico puede generar. Esta tensión varía con la irradiancia incidente y con la temperatura, aumentando con la primera y disminuyendo con la segunda. El valor tensión de circuito abierto del generador fotovoltaico en condiciones estándar ($V_{OC, GF, STC}$) será igual a:

$$V_{OC, GF, STC} = N_S \times V_{MOD, OC}$$

Donde:

N_S es Igual al número de módulos fotovoltaicos conectados en serie

$V_{MOD,OC}$ es la tensión de circuito abierto del módulo fotovoltaico, en V

- **Tensión nominal de trabajo del sistema:** se corresponde con la tensión de las baterías.

Dimensionado del cargador de baterías

Un cargador de baterías es el dispositivo que permite cargar la batería o conjunto de baterías a partir de una fuente externa de energía (grupo electrógeno u otro sistema de apoyo o bien la red eléctrica) en aquellos momentos en que el sistema de acumulación está demasiado bajo debido a falta de producción eléctrica por parte del generador fotovoltaico o debido a un consumo por encima de lo esperado.

El cargador impide que las baterías se descarguen por debajo del límite especificado, aumentando la durabilidad y evitando posibles estratificaciones y sulfataciones. El cargador dispone de una entrada a conectar en el grupo electrógeno o red y una salida a conectar directamente a la batería, debiendo convertir mediante un transformador la corriente alterna de entrada a 230 V a la tensión de la batería (12, 24 o 48 V).

Para el dimensionado del cargador solar deberán considerarse los factores siguientes:

- **Tensión de salida:** debe corresponderse con la tensión de la batería a cargar. Suelen ser de 12, 24 o 48 V, no siendo posible utilizarlos de manera indistinta (no es posible emplear un cargador de 12 V para cargar una batería de 48 V).
- **Amperaje:** debe considerarse la corriente máxima del cargador y la corriente máxima que admite la batería, ya que esta relación determina la velocidad de carga de la batería. Un porcentaje correcto de amperios se correspondería con un 10-15 % del correspondiente a la capacidad de la batería.
- **Potencia:** la potencia del cargador no debe ser excesiva, ya que un proceso de carga demasiado rápido puede deteriorar las baterías. Se recomienda que la potencia del cargador sea el equivalente a un máximo del 10 % de la capacidad de la batería.
- **Tipo de batería:** el cargador debe ser el adecuado al tipo de batería con la que deberá trabajar, ya que existen tipos de cargadores específicos. Como excepción, los cargadores para baterías de plomo suelen funcionar también con las baterías de ion litio.

Existen gran variedad de cargadores en el mercado, desde modelos sencillos que establecen procesos de carga fijos, modelos con temporizador en los cuales podemos fijar los tiempos de carga o modelos con microprocesador que controlan el estado de la batería en todo momento, optimizando el proceso de carga en función de su uso.

Adicionalmente podemos encontrar equipos combinados de inversor y cargador integrados en un único dispositivo.

Uno de los problemas en sistemas formados por varias baterías es que el nivel de carga puede no ser el mismo para todas las baterías o celdas del conjunto. En la figura siguiente, para una batería de 12 V formada por 6 celdas de 2 V vemos que, en el proceso de carga, la celda número 6 ha alcanzado su carga total de, pero el voltaje completo de la batería no ha alcanzado el nivel máximo, por lo que el cargador continuará el proceso para completar la carga de las celdas 1 a 5, sobrecargando la celda 6.

En el proceso inverso, la celda 1 alcanza su nivel mínimo de descarga, pero el conjunto no ha llegado al nivel necesario para detener el proceso, por lo que continuará descargando las celdas 2 a 6, provocando una descarga excesiva en la celda 1.

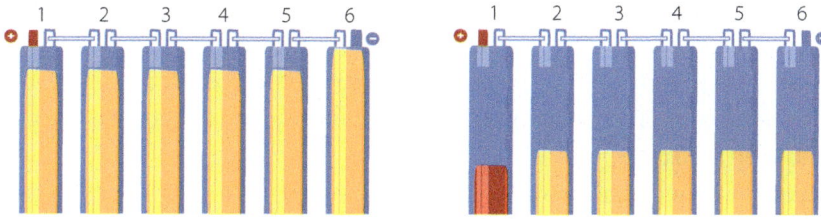

Desequilibrado en proceso de carga y descarga de una batería

Las sobrecargas y cargas bajas provocan efectos de sulfatación, gasificación y reducen la vida de las celdas de la batería, por lo que deben evitarse en la medida de lo posible. Para igualar el voltaje de las celdas que componen una batería y recombinar el sulfato producido durante las descargas, es necesario realizar cargas periódicas de ecualización. Durante estas cargas la tensión de la batería se eleva a un nivel por encima del nominal (unos 15 V en una batería nominal de 12 V) ayudando a la recombinación e igualando el voltaje de las celdas. Para baterías nuevas puede realizarse una carga de ecualización cada 50 días aproximadamente y para baterías viejas una vez por semana.

Están disponibles dispositivos ecualizadores de baterías que automatizan el proceso de ecualización en base al tipo de baterías del sistema.

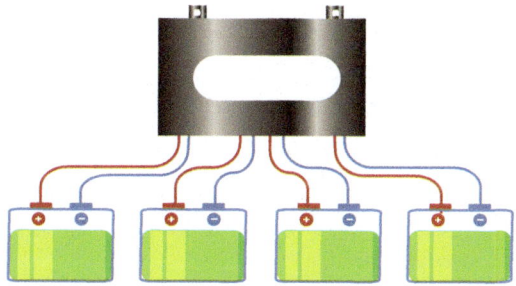

Ecualizador de baterías

Dimensionado del inversor

A la hora de dimensionar el inversor deberemos tener en cuenta el tipo de instalación en la cual se emplaza: aislada o conectada a red.

- **Instalación aislada.** En una instalación aislada se considera que la potencia del inversor deberá ser un 20 % superior a la potencia aparente calculada para los consumos ($P_{consumos}$).

$$P_{inversor} = 1,2 \times P_{consumos}$$

En el cálculo de la potencia aparente de los consumos deberá evaluarse si todos los receptores son susceptibles de funcionar de manera simultánea, en cuyo caso el valor de la potencia ($P_{consumos}$) será la suma total de las potencias de los consumos individuales, o en caso contrario deberá determinarse un coeficiente de simultaneidad a aplicar en el cálculo.

- **Instalación conectada a red.** En una instalación conectada a red, la potencia del inversor se situará entre un 80 y un 90 % de la potencia pico del generador fotovoltaico (P_{PGF}).

$$0,8 \times P_{PGF} < P_{inversor} < 0,9 \times P_{PGF}$$

La tensión de entrada al inversor deberá ser la misma que la del generador fotovoltaico y el sistema de acumulación. Adicionalmente se considerará el rango de tensión de trabajo del mismo en base a los valores de tensión máximo y mínimo que puede generar el sistema de captación. Un dimensionado aceptado es:

$$U_{mín} \leq U_{GFt70}$$

$$U_{máx} \leq U_{GFt\text{-}10}$$

Donde:

$U_{mín}$ y $U_{máx}$ son las tensiones mínimas y máximas de entrada que soporta el inversor

U_{GFt70} es la tensión del generador fotovoltaico operando en su punto de máxima potencia a una temperatura de 70 ºC

$U_{GFt\text{-}10}$ es la tensión del generador fotovoltaico operando en su punto de máxima potencia a una temperatura de -10 ºC

La tensión de salida del inversor y la frecuencia se corresponderán con las características de las cargas a alimentar.

La intensidad máxima nominal del inversor deberá ser superior a la que pueda llegar del generador fotovoltaico (intensidad de cortocircuito).

Para el dimensionado del inversor puede optarse por incluir un único inversor o bien instalar un conjunto de ellos conectados en serie o en paralelo. Con la conexión de inversores en serie se aumentará el voltaje de salida y cuando se conecten en paralelo se incrementará la potencia.

EJEMPLO. Cálculo de un inversor. Dimensionar el inversor para una instalación solar fotovoltaica aislada de red que cuenta con los consumos de corriente alterna según la tabla siguiente. En los consumos se ha determinado el factor de potencia individual recogido en la misma tabla (inductivos en todos los casos).

La instalación fotovoltaica cuenta con un sistema de baterías con una tensión nominal de 24 V.

Consumos en corriente alterna (230 V)			
Consumo	Unidades	Potencia (W)	Factor de potencia
Lavadora	1	1500	0,8
Frigorífico	1	250	0,85
Televisión	1	230	0,9
Lavavajillas	1	1.500	0,87
Ordenador	2	60	0,93
Potencia total (W)		**3.600**	

La tensión de entrada al inversor se corresponderá con la nominal de 24 V y la de salida con los 230 V 50 Hz de alimentación a los consumos de alterna.

La potencia nominal del inversor deberá ser un 20 % superior a la potencia aparente calculada para los consumos. Para obtener la potencia aparente (S) partimos de los valores de potencia activa (P) y reactiva (Q). Recordemos el triángulo de potencias, en el cual el factor de potencia es igual a cos φ.

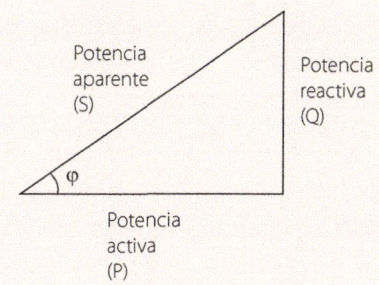

La potencia activa total (P) será la suma de las potencias activas (3.600 W).

La potencia reactiva total (Q) será la suma de las potencias reactivas:

Q = 1.500 × tan (arccos (0,8)) + 250 × tan (arccos (0,85)) + 230 × tan (arccos (0,9)) + 1.500 × × tan (arccos (0,87)) + 2 × 60 × tan (arccos (0,93)) = 2.289 VAr

La potencia aparente total (S) se obtendrá a partir de la expresión:

$$S = \sqrt{P^2 + Q^2} = \sqrt{3.600^2 + 2.289^2} = 4.266 \text{ VA}$$

La potencia nominal del inversor será:

$S_{INV} = 1,2 \times S = 1,2 \times 4.266 = 5.119 \text{ VA}$

Dimensionado y cálculo del aerogenerador y/o grupo electrógeno de apoyo

Los sistemas de apoyo en instalaciones fotovoltaicas tienen su aplicación en instalaciones aisladas como medio de garantizar el suministro eléctrico en el caso de que el generador fotovoltaico no sea capaz de abastecer la energía demandada por los consumos debido a falta de radiación solar.

La necesidad o no de recurrir a un sistema de apoyo vendrá determinada básicamente por la tipología de la instalación, así como por la capacidad de esta de garantizar el suministro eléctrico. El empleo habitual de un sistema de apoyo será en una instalación fotovoltaica aislada con baterías en la que la ubicación pueda conllevar la aparición de condiciones climatológicas adversas durante varios días que den lugar a la descarga del sistema de acumulación. La integración de un sistema de apoyo asegurará que las baterías no corren el riesgo de descargarse, entrando en acción de manera puntual si el estado de carga baja por debajo de un determinado nivel de riesgo.

Independientemente del sistema de apoyo elegido, el dimensionado del mismo vendrá definido inicialmente por la potencia del equipo a instalar (la energía eléctrica horaria que el mismo es capaz de producir). La potencia del equipo estará determinada básicamente por la cobertura que se desee establecer con el sistema de apoyo con respecto al consumo de la instalación y la capacidad de las baterías, en base a los días posibles sin radiación solar en el emplazamiento.

La elección entre un sistema de apoyo mediante aerogenerador o grupo electrógeno dependerá de factores como la disponibilidad del recurso renovable eólico en el emplazamiento, inversión necesaria en los equipos, abastecimiento del combustible para el grupo electrógeno, posibilidades de emplazamiento de los aerogeneradores, conciencia ecológica, impacto ambiental, etc.

La energía eólica aplicada como sistema de apoyo en instalaciones híbridas fotovoltaicas se encuadra en el segmento de la energía minieólica, que abarca aerogeneradores con una potencia inferior a 100 kW, destinadas básicamente a viviendas, pequeñas comunidades o negocios.

La normativa aplicable a aerogeneradores es la IEC 61400 y en ella se describen los requisitos constructivos y de seguridad aplicables.

Las características técnicas principales de un **aerogenerador** para una aplicación de este tipo a considerar son:

- **Tipo de aerogenerador.** Existen básicamente dos tipos definidos en función de la posición del eje:

  ✓ **Aerogeneradores de eje horizontal (HAWT).** Se caracterizan porque en ellos las palas giran perpendicularmente a la dirección del viento.

  ✓ **Aerogeneradores de eje vertical (VAWT).** En este tipo, las palas giran en torno a un eje vertical. Existen diversos tipos en función de su diseño: Darrieus, Savonious, de turbina mixta, Giromill.

  Los aerogeneradores verticales suelen ser de menor tamaño, más compactos, de más fácil integración, más adecuados para entornos urbanos, no precisan de un sistema de orientación para encararlos a la dirección del viento, son más silenciosos, soportan mejor los vientos turbulentos y tienen menor complejidad desde un punto de vista constructivo, requiriendo menor mantenimiento.

Aerogenerador de eje horizontal (HAWT)

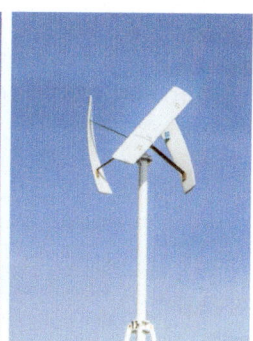

Aerogeneradores de eje vertical (VAWT)

Los aerogeneradores horizontales son los más comunes y suelen ser más eficientes a igualdad de velocidad de viento, por lo que serán la mejor elección en zonas con disponibilidad de viento constante, no turbulento y sin exigencias en lo relativo a integración o espacio disponible. Como desventajas, tienen unos requerimientos de espacio mayores, mayor nivel de ruido, mayor mantenimiento requerido y de más difícil integración.

- **Potencia nominal o potencia pico.** Es la potencia generada por el aerogenerador en las condiciones nominales de funcionamiento (velocidad de viento nominal) (Wp).

- **Voltaje nominal.** Un aerogenerador produce electricidad en corriente alterna trifásica. El voltaje nominal se corresponde con la tensión en bornes de la conexión del aerogenerador (habitualmente 220 Vac en aerogeneradores para instalaciones domésticas) (Vac).

- **Velocidad nominal.** Velocidad de giro del aerogenerador en revoluciones por minuto en las condiciones nominales de funcionamiento (rpm).

- **Rango de funcionamiento.** Rango de velocidad de viento mínima y máxima de trabajo para funcionamiento indicado por el fabricante (m/s).

- **Velocidad de arranque.** Velocidad de viento nominal de arranque para iniciar el giro de las aspas (m/s).

- **Velocidad nominal.** Velocidad de viento para la producción de la potencia nominal (m/s).

- **Velocidad de frenado o de corte.** Velocidad de viento a partir de la cual se activa el sistema de protección o frenado del sistema (m/s).

- **Velocidad máxima de viento.** Velocidad de viento a partir de la cual se considera que el aerogenerador puede resultar dañado o quedar inoperativo. Conocida también como velocidad de supervivencia (m/s).

- **Clase de viento.** La norma IEC 61400 establece una clasificación en cuatro clases I a IV basadas en una velocidad de viento de referencia asimiladas a la carga máxima de viento soportable durante un periodo de 10 minutos, con una recurrencia de 50 años. Adicionalmente establece una clasificación A o B relativa a la intensidad de turbulencia que puede soportar el generador.

Tabla 3.10 Clase de viento según IEC 61400

Parámetro	Clase I	Clase II	Clase III	Clase IV
Velocidad de referencia, U_{ref} (m/s)	50	42,5	37,5	30
Velocidad anual promedio, U_{ave} (m/s)	10	8,5	7,5	6
A alta, intensidad de turbulencia a 15 m/s I_{15}	0,18	0,18	0,18	0,18
Turbulencia, parámetro de la pendiente a	2	2	2	2
B baja, intensidad de turbulencia a 15 m/s I_{15}	0,16	0,16	0,16	0,18
Turbulencia, parámetro de la pendiente a	3	3	3	3

- **Área de barrido.** Superficie abarcada por las aspas (m^2).
- **Alternador.** Tipo de alternador incluido para la generación de electricidad. En este tipo de generadores suele incluirse un alternador trifásico de imanes permanentes.
- **Características dimensionales y peso**
- **Curva de potencia.** El fabricante del aerogenerador puede facilitar una curva de potencia, incluyendo la potencia generada en kW en ordenadas y la velocidad de viento en m/s en abscisas.

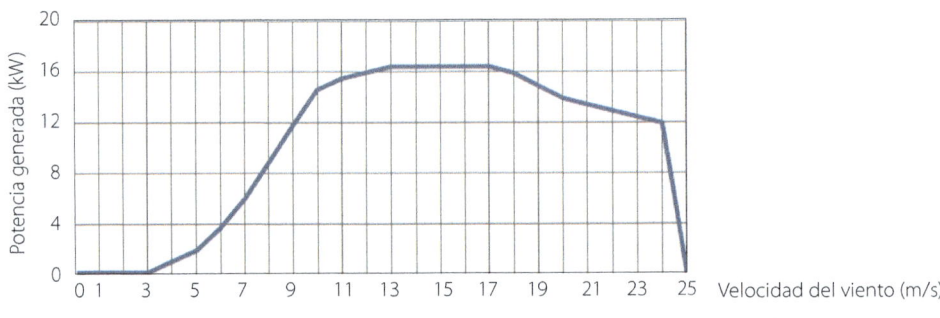

Curva de potencia de un aerogenerador

- **Sistema de control.** El aerogenerador proporciona una corriente trifásica que debe convertirse a corriente continua previo a su conexión a la batería. Para ello se incorpora de manera adicional un regulador de carga con entrada trifásica y salida en corriente continua a 12, 24 o 48 V en función del voltaje de la batería. El regulador efectúa adicionalmente un control MPPT con seguimiento del punto de máxima potencia, para el proceso de carga. Existen en el mercado reguladores de carga híbridos solar-eólico, con dos entradas (aerogenerador y solar fotovoltaica) y salida hacia batería.

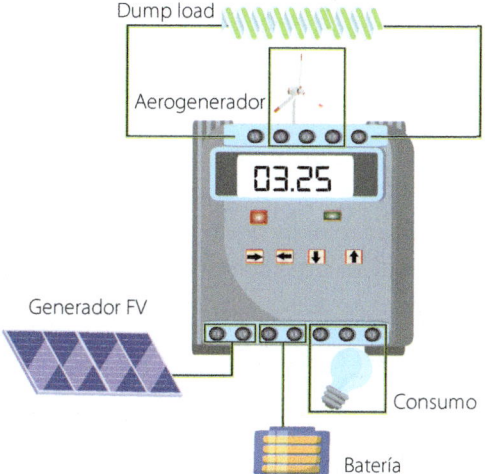

Regulador de carga híbrido con control MPPT

Previo a la selección del aerogenerador deberá asegurarse si el emplazamiento es el adecuado, esto conlleva verificar si el espacio en el que se va a instalar el equipo permite una circulación fluida del viento. Si existen obstáculos alrededor, el viento será más turbulento haciendo que el generador trabaje en peores condiciones y con un rendimiento menor. Además, deberá determinarse si existe un recurso eólico que garantice la producción eléctrica requerida y la inversión necesaria.

Se indica a continuación el proceso sugerido para la selección del emplazamiento y la estimación de la energía producida:

- **Orografía:** los accidentes del terreno suaves, como colinas, aceleran el viento a lo largo de la pendiente, produciéndose un máximo de velocidad en su cima. En cambio, accidentes bruscos del terreno, reducen la energía debido a las turbulencias generadas.
La rugosidad del terreno determina como aumenta la velocidad del viento con la altura respecto al suelo. Existe una relación logarítmica entre la rugosidad y la velocidad del viento, con perfiles de viento diferentes para cada tipo de suelo. La velocidad del viento aumenta con la altura.

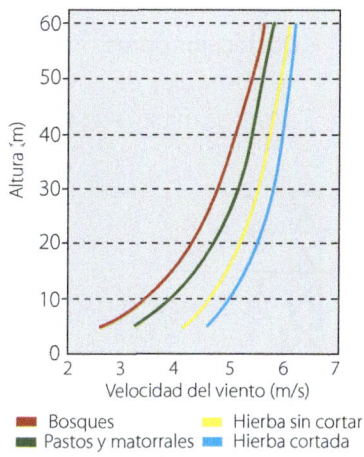

Influencia de la rugosidad y la altura en la velocidad del viento

Además, el perfil de velocidad se pronuncia más con el aumento de rugosidad y la velocidad disminuye. La rugosidad mínima se corresponde con la superficie del agua, mientras que las máximas se corresponderían con superficies de bosques o áreas urbanas.

Para optimizar el rendimiento y prolongar su vida útil, el emplazamiento debe estar bien expuesto al viento y contar con un bajo grado de turbulencias (baja rugosidad).

▪ **Altura:** se aconseja una altura mínima de 10 metros, considerando como tal la altura desde el suelo hasta el eje de giro (en aerogeneradores de tipo horizontal) En el caso de existir vegetación cercana, se aconseja una altura de 10 metros desde la mitad de la vegetación, en el caso de vegetación o árboles de poca densidad, o bien desde la altura total en el caso de vegetación densa.

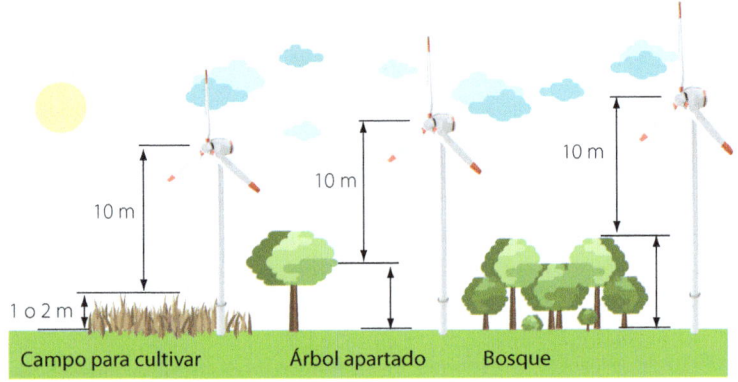

Altura de instalación

▪ **Obstáculos cercanos:** en la mayoría de los casos los obstáculos son edificios o árboles que desvían el viento produciendo turbulencias, consideramos dos tipos:

✓ **Obstáculos porosos:** como arbustos, vallas, verjas, torres de celosía, etc. En el caso de obstáculos de este tipo cercanos, se aconseja instalar el aerogenerador a una distancia mínima de entre 7 y 10 veces el diámetro del obstáculo.

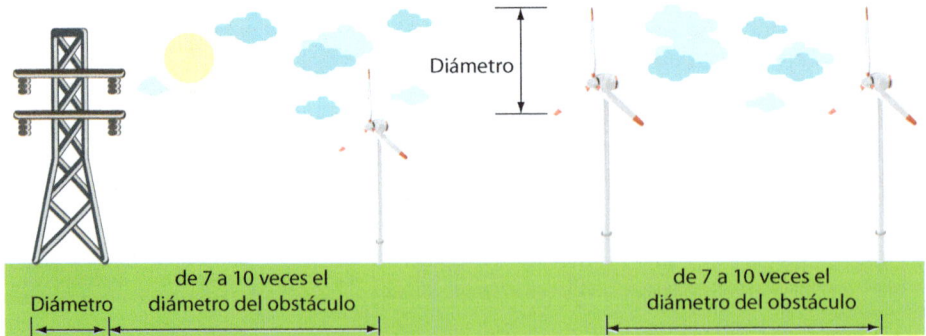

Ubicación frente a obstáculos porosos

✓ **Obstáculos no porosos:** como edificios, muros o zonas arboladas densas. En este caso se aconseja instalar el aerogenerador por delante del obstáculo.

Ubicación frente a obstáculos no porosos

- **Recurso eólico:** pueden obtenerse datos eólicos en el emplazamiento a través de alguno de los mapas eólicos online disponibles, (ver QR).

    ✓ **Mapa eólico ibérico:** plataforma online desarrollada por el CENER (Centro Nacional de Energías Renovables).

    ✓ **Atlas eólico europeo.**

    ✓ **Atlas eólico global.**

Mapa eólico ibérico

Atlas eólico europeo

Atlas eólico global

Los datos principales de viento se referirán principalmente a datos de velocidad expresados en m/s y dirección predominante expresada en grados (°). A través de las bases de datos indicadas pueden obtenerse datos sintetizados para ser utilizados en la selección; estos son principalmente la rosa de los vientos del emplazamiento, la velocidad media del viento y la distribución de velocidades de viento.

La **rosa de los vientos** es un diagrama circular que proporciona la dirección o direcciones principales de viento con su frecuencia. Es una herramienta útil para determinar la orientación del aerogenerador en el emplazamiento. Como criterio, se deberá orientar el aerogenerador en la dirección del viento dominante, tratando de mantener libre de obstáculos dicha dirección.

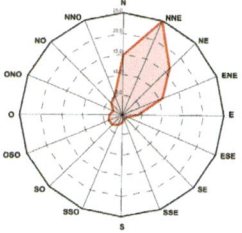

Rosa de los vientos

La **velocidad media del viento** en la zona servirá para obtener un valor aproximado de la potencia media generada por el aerogenerador. Partiendo de este dato y de la curva de potencia del mismo, podremos obtener el valor de potencia generada (W) Este será un dato promedio aproximado y no válido a efectos de cálculo estimativo de la energía eléctrica producida a lo largo de un periodo.

Para ello precisaremos la **distribución de velocidades de viento**. Habitualmente se trata de un gráfico en el cual se obtiene la velocidad de viento en m/s en abscisas y la probabilidad en porcentaje (%) en ordenadas. Esta distribución se asemeja a una curva estadística que sigue un modelo denominado de Weibull. Estos datos suelen facilitarse para un periodo determinado, por ejemplo, un año.

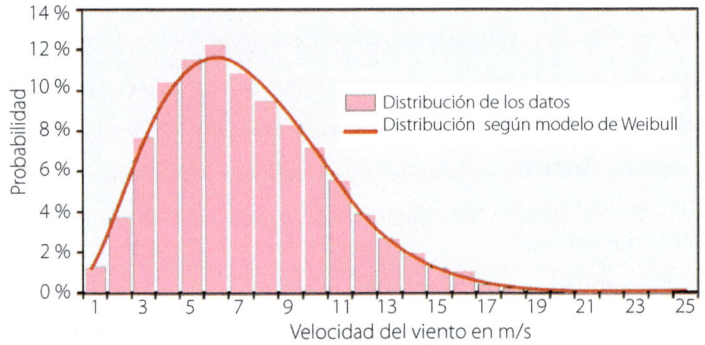

Distribución de velocidades de viento

Si combinamos los datos de la distribución horaria de velocidades de viento con la curva de potencia del aerogenerador en estudio, obtendremos la producción de energía eléctrica para cada rango de velocidades y el sumatorio total de energía producida a lo largo del periodo. Sobre el valor estimado obtenido se recomienda aplicar un margen de seguridad del 15 % en el caso de disponer de datos del emplazamiento previsto y todas las direcciones están libres de obstáculos. En caso contrario, se recomienda incrementar este margen hasta un 25 %.

RANGO	%	Horas ⊗	Potencia Diagrama [kW] ⊖	Producción [kWh]
1 (0m/s...1m/s)	3	263	0	0
2 (1...2)	8	701	0	0
3 (2...3)	13	1.139	0	0
4 (3...4)	15	1.314	1	1.314
5 (4...5)	13	1.139	2,5	2.848
6 (5...6)	12	1.051	3	3.153
7 (6...7)	10	876	5	4.380
8 (7...8)	7	613	7	4.291
9 (8...9)	6	526	10,5	5.523
10 (9...10)	4	350	13,5	4.725
11 (10...11)	3	263	15	3.945
12 (11...12)	2	175	15,5	2.713
13 (12...13)	2	175	16	2.800
14 (13...14)	1	88	16	1.408
15 (14...15)	1	88	16	1.408
SUMA de PRODUCCIÓN (kWh)				**38.508**

Cálculo ejemplo de la energía producida por un aerogenerador

Si se opta por emplear un **grupo electrógeno** como sistema de apoyo en una instalación híbrida fotovoltaica, el principio de funcionamiento será diferente al apoyo eólico. Debe considerarse que la hibridación fotovoltaica-eólica está sujeta a la disponibilidad de ambas fuentes en el momento de necesidad de carga de la batería, mientras que en la hibridación fotovoltaica-grupo electrógeno, el suministro eléctrico está siempre asegurado, por lo que el sistema deberá gestionar únicamente el paro-marcha solo en caso necesario (nivel de baterías por debajo del límite de descarga mínimo prefijado)

En la figura adjunta se refleja el proceso de utilización:

1. Cuando hay suficiente radiación solar, los inversores fotovoltaicos proporcionan electricidad para cargar la batería y alimentar los consumos de la instalación.

2. Cuando hay baja radiación solar, los consumos de la instalación se alimentan de la batería (si su nivel de carga es suficiente) y de los inversores fotovoltaicos (a un nivel más reducido).

3. Cuando la batería se descarga por debajo del nivel de descarga mínimo preestablecido y la radiación solar es insuficiente o nula, entra en funcionamiento el grupo electrógeno para cargar la batería y alimentar los consumos de la instalación.

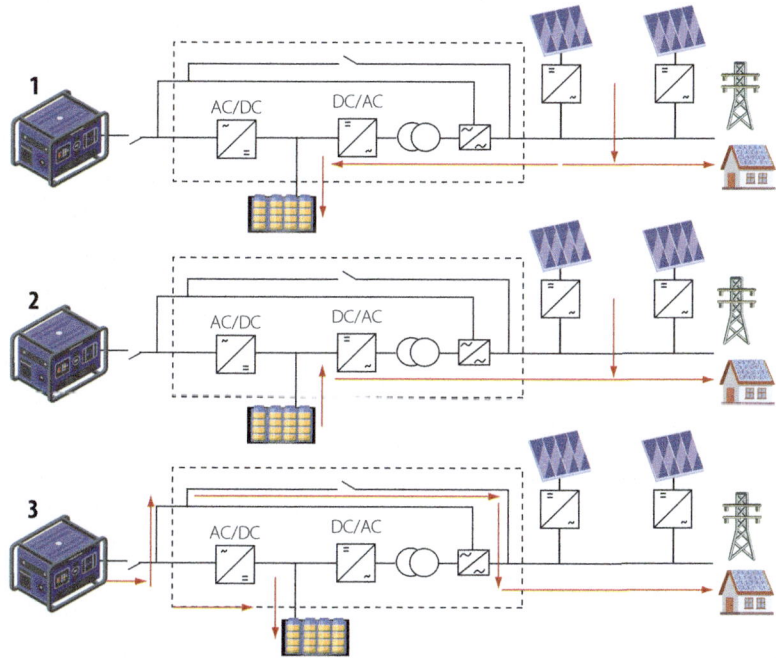

Esquema instalación solar fotovoltaica híbrida con grupo electrógeno

La selección del grupo electrógeno adecuado a la instalación se establecerá en base a los siguientes aspectos:

- **Tipo de grupo electrógeno:** todos los grupos electrógenos están basados en un motor de combustión, existiendo básicamente dos tipos:
  - ✓ **Grupo electrógeno diésel:** puede funcionar a máxima potencia durante periodos de tiempo prolongados. Tienen un precio mayor, pero mayor rendimiento y eficiencia. Tienen un mejor arranque en frío o después de un paro prolongado.
  - ✓ **Grupo electrógeno de gasolina:** previstos para funcionamiento prolongado, pero sin alcanzar el máximo nivel de potencia. Tienen un peor arranque en frío con bajas temperaturas o después de un paro prolongado.
- **Potencia:** se corresponde con la potencia eléctrica máxima que puede producir el grupo electrógeno funcionando a pleno régimen (kW).

Para el dimensionado del grupo electrógeno deberemos considerar que este deberá ser capaz de suministrar la potencia necesaria para el consumo total de la instalación más la potencia necesaria para el proceso de carga de la batería.

$$P_{necesaria} = P_{inst} + P_{carga}$$

La potencia de la instalación (P_{inst}) podemos determinarla a partir del sumatorio de todos los consumos de la instalación o bien podemos partir del dato de la potencia del inversor si no disponemos del dato de consumo total.

Para calcular la potencia de carga de la batería (P_{carga}) deberemos partir del dato de capacidad de la misma y del voltaje, para obtener la potencia total. La potencia de carga puede establecerse en un 10 % de la potencia total determinada.

Tabla 3.11 Potencias de carga recomendadas para diversas capacidades de baterías

Capacidad Ah	12 V batería potencia total Wh	12 V potencia carga 10 % W	24 V batería potencia total Wh	24 V potencia carga 10 % W	48 V batería potencia total Wh	48 V potencia carga 10 % W
100	1.200	120	2.400	240	4.800	480
200	2.400	240	4.800	480	9.600	960
300	3.600	360	7.200	720	14.400	1.440
400	4.800	480	9.600	960	19.200	1.920
500	6.000	600	12.000	1.200	24.000	2.400
600	7.200	720	14.400	1.440	28.800	2.880
700	-	-	16.800	1.680	33.600	3.360
800	-	-	19.200	1.920	38.400	3.840
900	-	-	21.600	2.160	43.200	4.320
1.000	-	-	24.000	2.400	48.000	4.800
1.200	-	-	28.800	2.880	57.600	5.760
1.500	-	-	36.000	3.600	72.000	7.200

Un generador no debería trabajar a más del 80 % de la potencia nominal para garantizar la estabilidad de la corriente generada y evitar sobrecargas. Así, la potencia determinada ($P_{necesaria}$) será aproximadamente un 80 % de la potencia nominal máxima del grupo electrógeno.

- **Tensión:** los grupos electrógenos proporcionan corriente alterna, pudiendo disponer de equipos de corriente monofásica (los habituales en instalaciones domésticas) o trifásica (previstos para alimentar equipos de gran potencia en instalaciones de mayor capacidad o equipos industriales) (V).
- **Tipo de arranque:** el tipo de arranque del grupo electrógeno es importante de cara a su integración en la instalación fotovoltaica con un grado mayor o menor de automatismo. Pueden ser con arranque manual (más económicos) o automático (accionados mediante maniobra externa en función de la señal de demanda procedente del regulador de carga).
- **Tipo de instalación:** pueden ser móviles (habitualmente de menor potencia) o fijos.
- **Tecnología empleada:** podemos distinguir entre:
  - ✓ **Grupos electrógenos convencionales:** la corriente es generada por el motor de combustión con una velocidad constante.
  - ✓ **Grupos electrógenos inverter:** modifican constantemente la velocidad de giro para adaptarse a la potencia solicitada en cada momento. Presentan importantes ventajas frente al tipo convencional: menor consumo, menor nivel de ruido, mejor calidad de corriente generada y mejor rendimiento global al adaptarse a las necesidades de consumo en cada momento.

Dimensionado del cableado eléctrico

Para calcular el cableado eléctrico a utilizar en nuestras instalaciones, debemos tener en cuenta siempre el Reglamento electrotécnico para baja tensión (REBT). Se deben usar las tablas específicas de este reglamento para seleccionar la sección del cable conveniente en cada una de ellas.

Factores a tener en cuenta a la hora seleccionar la sección y tipo de cable:

- **Tensión nominal:** valor de la tensión de corriente continua. Los valores habituales son 12, 24 y 48 V.
- **Longitud:** cuanto más larga sea la distancia, mayores serán las pérdidas, de este modo la sección del cable debe ser mayor.
- **Corriente máxima admisible.**
- **Caída de tensión:** si por un conductor pasa más corriente de la que puede aguantar, este se calentará ocasionando una disminución del voltaje.
- **Conductividad:** este factor puede variar según el material del cable.

Dimensionado de las protecciones eléctricas

El dimensionado de las protecciones eléctricas es importante para la seguridad y la eficiencia de estas instalaciones. Algunos criterios básicos para seleccionar estas protecciones según su aplicación y su amperaje.

- **Protecciones en corriente continua.** En una instalación fotovoltaica, la parte de corriente continua (CC) incluye los paneles solares y el cableado hasta el inversor.
  - ✓ Interruptores automáticos. Su función es proteger contra sobrecorrientes y cortocircuitos. Se seleccionarán en base a la corriente nominal del sistema. Su amperaje debe ser ligeramente superior a la corriente máxima que se espera en el circuito (por ejemplo, si la corriente es de 15 A, se selecciona un interruptor de 20 A).
  - ✓ Fusibles. Protegen contra sobrecargas y cortocircuitos. Se seleccionarán en base a la corriente nominal del circuito y a la velocidad de respuesta que se necesite.
  - ✓ Seccionadores. Se usa para interrumpir o regular el flujo de corriente eléctrica. Se seleccionarán en base a la corriente nominal y al voltaje del sistema. Su amperaje debe ser igual o mayor a la corriente nominal del sistema.

- **Protecciones en corriente alterna monofásica.** La parte de corriente alterna monofásica incluye la salida del inversor y el cableado que va desde el inversor hasta el cuadro de distribución.
  - ✓ Interruptores automáticos monofásicos. Su función es proteger contra sobrecargas y cortocircuitos. Se seleccionarán en base a la corriente nominal del sistema y a la capacidad de ruptura. Su amperaje debe ser ligeramente superior a la corriente máxima que se espera en el circuito.
  - ✓ Interruptores diferenciales monofásicos. Protegerán contra fallos a tierra. Se seleccionarán en base a su adecuada sensibilidad dependiendo el tipo de protección que se necesite. Su amperaje debe ser igual o superior a la corriente del circuito.

- **Protecciones en corriente alterna trifásica.** Puede darse en instalaciones más grandes como las industriales, comerciales o instalaciones residenciales de gran tamaño.
  - ✓ Interruptores automáticos trifásicos. Su función es proteger contra sobrecargas y cortocircuitos. Se seleccionarán en base a la corriente nominal del sistema y a la capacidad de ruptura. Su amperaje debe ser ligeramente superior a la corriente máxima que se espera en el circuito.
  - ✓ Interruptores diferenciales trifásicos. Protegerán contra fallos a tierra. Se seleccionarán en base a su adecuada sensibilidad dependiendo el tipo de protección que se necesite. Su amperaje debe ser igual o superior a la corriente del circuito.

Dimensionado de los emplazamientos por utilización y aplicación

- La aplicación a que se va a destinar la instalación fotovoltaica (doméstica, industrial, bombeo, etc.) así como la utilización de esta (número de horas al día, días de la semana e incluso meses a lo largo del periodo anual) determinarán en buena medida el dimensionado del emplazamiento previsto. En este sentido deberá considerarse:
- La inclinación y número de paneles vendrá determinada por el periodo dentro del año en que está previsto hacer uso de la instalación. En instalaciones fotovoltaicas de uso exclusivo en los meses de verano, la inclinación será menor que para una de uso exclusivo en invierno.
- El número de horas de funcionamiento diario previsto determinará también la inclinación y el número de paneles.
- En instalaciones con baterías de acumulación, la capacidad de estas vendrá determinada en parte por el grado de utilización (vivienda de uso solo en fin de semana, uso continuo).
- En instalaciones fotovoltaicas de uso industrial, el dimensionado vendrá determinado por el horario y periodo del proceso productivo, así como el emplazamiento previsto dentro de la industria (por ejemplo, en cubiertas de gran superficie)
- La aplicación en viviendas condicionará el dimensionado, debiendo ajustarse a requisitos de espacio disponible en cubiertas o fachadas, integración arquitectónica o disponibilidad de espacio para instalación de elementos adicionales como inversores o baterías.

3.3. Dimensionado de una instalación solar fotovoltaica mediante soporte informático

Herramientas informáticas de cálculo fotovoltaico

Están disponibles en el mercado gran variedad de herramientas informáticas desarrolladas para el cálculo y dimensionado de instalaciones fotovoltaicas que permiten determinar la producción de energía eléctrica a partir de los datos de irradiación del emplazamiento, potencia del módulo, orientación, inclinación, etc.

Un buen número de aplicaciones son desarrollos de fabricantes de componentes fotovoltaicos, como inversores o paneles, que ofrecen herramientas de cálculo como servicio añadido a sus catálogos de producto. Otras aplicaciones son desarrollos específicos destinados a empresas instaladoras o ingenierías para el desarrollo de proyectos fotovoltaicos.

De las diversas herramientas disponibles, destaca por su facilidad de uso y amplia aceptación, la **Photovoltaic Geographical Information System – PVGIS**. Se trata de una herramienta gratuita desarrollada por la EU Science Hub de la Unión Europea. Proporciona datos de irradiación solar para cualquier ubicación de Europa y África, así como gran parte de Asia y América. La herramienta es ampliamente utilizada no únicamente para determinar los datos de irradiación, sino también para calcular la producción fotovoltaica.

Procedimiento de cálculo con PVGIS

La herramienta gratuita PVGIS es de muy fácil utilización.
Se indica a continuación una guía rápida de uso.

1. Acceder a la herramienta a través de su web.

QR de la web PVGIS en español

2. Una vez dentro de la aplicación, vemos que la pantalla de trabajo se divide en tres secciones: tenemos el mapa a la izquierda, selección de parámetros a la derecha y visualización de datos en la zona inferior.

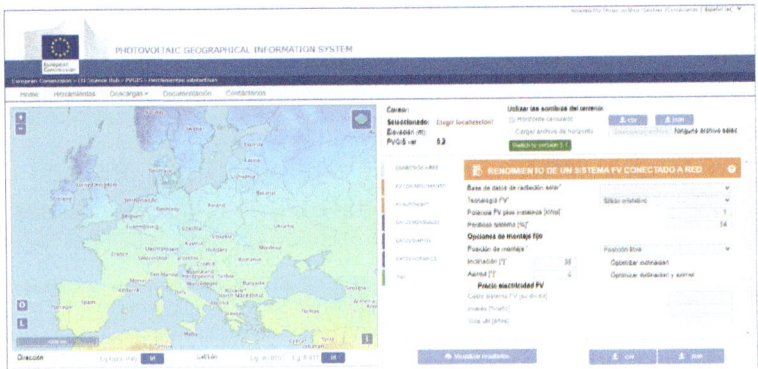

Pantalla de inicio PVGIS

3. Introducir la localización del sistema fotovoltaico. Esto puede hacerse a través del mapa (mediante la opción zoom), introduciendo una dirección o bien introduciendo unas coordenadas (latitud, longitud)

Introducción de la localización PVGIS

4. PVGIS dispone de la posibilidad de incluir el cálculo de sombras. Para ello puede introducirse la información de altura de sombras y grados a través de un archivo (.csv, .json). Si no se dispone de esta información puede dejarse marcada la opción por defecto "Horizonte calculado".

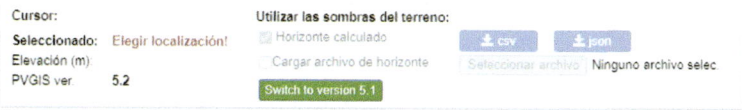

Introducción información sombras PVGIS

5. A continuación, debe seleccionarse la base de datos de radiación para el cálculo. Para cálculos en España y Europa, la opción por defecto PVGIS-SARA2 es la más adecuada.

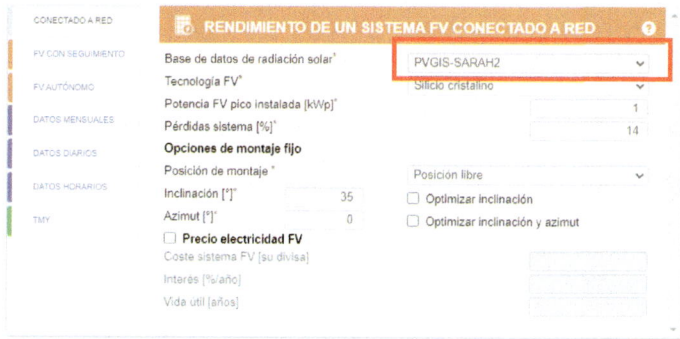

Selección de la base de datos PVGIS

6. Se selecciona el tipo de cálculo que deseamos en el menú de la izquierda. Podemos seleccionar entre cálculos para una instalación tipo: Conectada a red, FV con seguimiento o FV autónomo o bien seleccionar obtención de datos: mensuales, diarios u horarios.

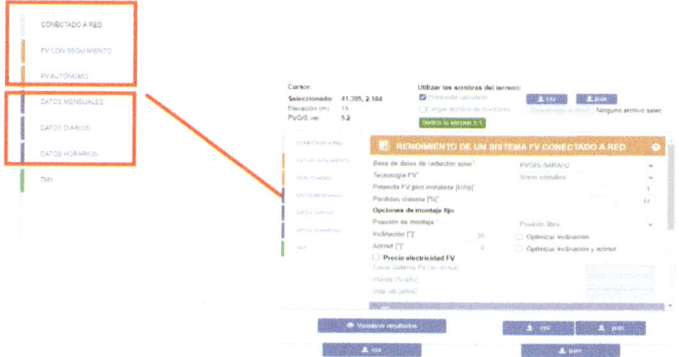

Selección de tipo de cálculos PVGIS

7. En la opción de datos mensuales podemos obtener para el periodo seleccionado, datos de irradiación global y directa sobre superficie horizontal e inclinada para un ángulo seleccionado. En datos diarios pueden obtenerse, para un mes concreto, datos de irradiancia media diaria (potencia) Finalmente en la opción datos horarios puede descargarse un archivo (.csv, .json) de datos horarios de radiación para un periodo anual seleccionado. En la opción Visualizar resultados accedemos a la visualización gráfica de los resultados que podemos descargar en formato Excel, imagen o como informe en pdf.

Ejemplo de visualización de resultados de datos mensuales PVGIS

8. En la opción de cálculo para un sistema conectado a red seleccionamos la tecnología del panel fotovoltaico (Silicio cristalino, CIS, CdT o desconocido), la potencia pico instalada en kWp, las pérdidas del sistema (14 % por defecto), la posición de montaje (libre o sobre tejado/integrado), la inclinación y la orientación. En opción puede seleccionarse la opción de que la herramienta optimice la inclinación y azimut. En la visualización de datos con opción de informe obtenemos los datos de irradiación solar recibida, energía media producida mensualmente, producción total anual, pérdidas y perfil de horizonte, entre otros.

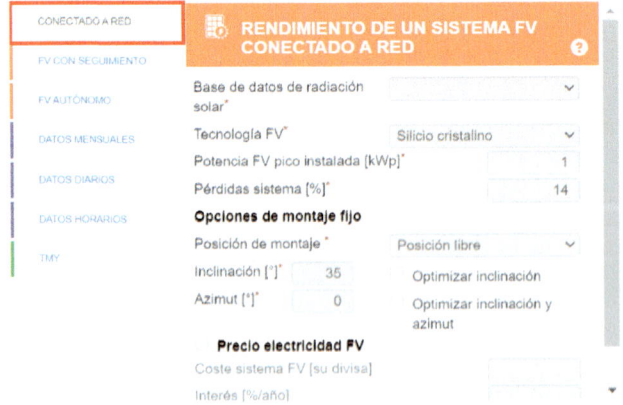

Selección de datos sistema conectado a red PVGIS

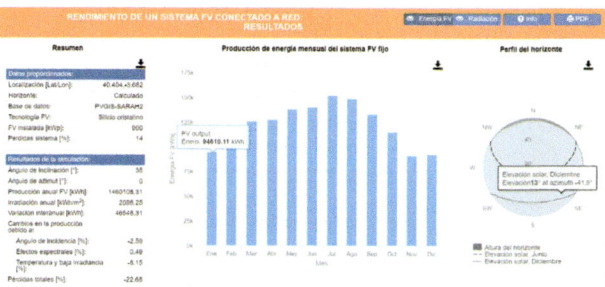

Ejemplo visualización de datos sistema conectado a red PVGIS

9. En la opción de cálculo para un sistema FV autónomo seleccionamos los datos de potencia pico instalada (Wp), capacidad de la batería (Wh), límite de descarga de la batería (40 % por defecto), el consumo diario (Wh), así como la inclinación y el azimut.

En la visualización de resultados e informe obtenemos los datos mensuales de energía media producida, energía media no capturada por el sistema, así como datos de estado de carga mensual de la batería, entre otros.

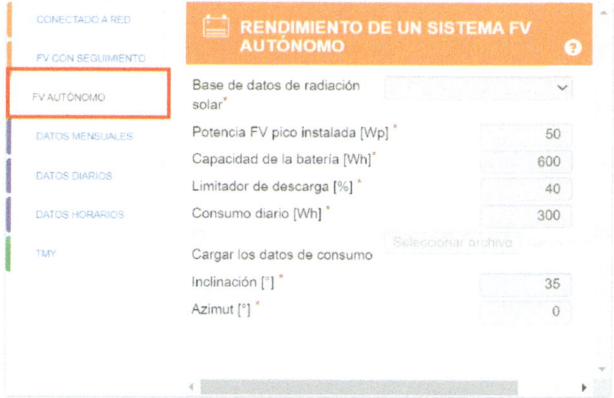

Selección de datos sistema FV autónomo PVGIS

Ejemplo visualización de datos sistema FV autónomo PVGIS

10. Finalmente, en la opción de cálculo para un sistema FV con seguimiento tendremos la opción de seleccionar adicionalmente las opciones del sistema de seguimiento solar (un eje vertical, un eje inclinado o dos ejes), con un ángulo de inclinación predeterminado o bien la posibilidad de que la herramienta determine el óptimo.

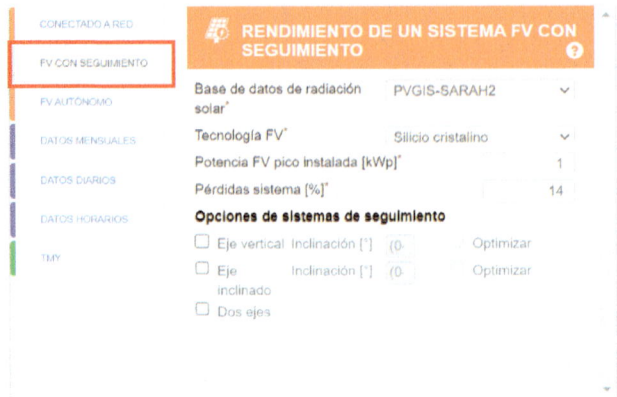

Selección de datos sistema FV con seguimiento PVGIS

3.4. Monitorización de una instalación solar fotovoltaica

Concepto de monitorización

Aplicamos el concepto de monitorización de una instalación solar fotovoltaica al registro en el tiempo de los datos considerados relevantes de la misma desde un punto de vista energético y que pueden ser empleados para evaluar su producción, rendimiento y correcto dimensionado y funcionamiento.

Generalmente los datos o variables considerados de interés en la monitorización de una instalación de este tipo son:

- **Energía eléctrica producida:** valor de la energía eléctrica producida por el generador fotovoltaico. En este apartado pueden incluirse tanto la potencia instantánea como la energía eléctrica producida a lo largo de un periodo determinado (valores instantáneos e históricos)

- **Energía eléctrica consumida:** valor del consumo eléctrico en la instalación, tanto instantáneos como históricos a lo largo de un periodo.

- **Energía eléctrica inyectada a red:** aplicado a instalaciones conectadas a red con compensación. Se corresponderá con el dato de potencia eléctrica y energía eléctrica inyectadas a red.

- **Datos de radiación incidente:** datos de irradiancia (instantánea) e irradiación recibida acumulada a lo largo de un periodo.
- **Estimaciones:** a partir de los datos registrados a lo largo de un periodo, el sistema puede establecer mediante algoritmos de cálculo estimaciones de producción y consumo para periodos futuros.
- **Niveles de carga de baterías:** datos relativos al nivel de carga actual de la batería, niveles de descarga alcanzados, tiempos de carga.
- **Alarmas del sistema:** histórico de errores o alarmas producidos en el sistema.
- **Datos climatológicos:** la monitorización puede proporcionar datos climatológicos, como temperatura exterior, presión atmosférica, precipitaciones, etc.

Dispositivos y herramientas de monitorización

Debe distinguirse entre sistemas de monitorización aplicados a instalaciones de pequeña potencia (viviendas, autoconsumo doméstico) y aquellos aplicados a grandes instalaciones (como huertos solares o aplicadas a industrias).

- **Instalaciones de pequeña potencia.** El modo más habitual de monitorizar la instalación es a través del propio inversor. Este cuenta con la información de energía producida y esta información puede ser tratada mediante el acceso y tratamiento a estos datos. La mayoría de fabricantes ofrecen inversores con conexión WiFi y cuentan con su propia herramienta para llevar a cabo la monitorización en forma de software o aplicación con acceso mediante móvil, Tablet, PC, etc.

  Adicionalmente existen sistemas de monitorización universales compatibles con diferentes marcas de inversores y que permiten soluciones de monitorización no vinculadas a la marca del inversor y similares en posibilidades y funcionalidades.

  En el caso de instalaciones conectadas a red, el dato de consumo eléctrico de la misma y energía inyectada (en el caso de compensación) la monitorización se efectuará a través del contador bidireccional con conexión WiFi.
- **Instalaciones de gran potencia.** Las instalaciones de gran potencia, como huertos solares o instalaciones industriales, incorporan sistemas de monitorización más complejos, seccionados por strings e integrados en sistemas scada con acceso local y remoto.

Tratamiento de datos

En instalaciones domésticas, las soluciones de monitorización están destinadas a usuarios finales de la instalación, presentando formatos con acceso mediante aplicación móvil o web de fácil manejo, con gráficos de producción y consumo, intuitivos y de fácil interpretación, así como informes periódicos que permiten comparar consumos a lo largo del tiempo o información relevante sobre cualquier otra variable.

Ejemplo de aplicación móvil de monitorización fotovoltaica

En instalaciones de gran potencia, el tratamiento de datos de esta suele realizarse por el personal técnico encargado de la instalación, en formatos aptos para el tratamiento de datos, con archivos descargables tipo .csv que permitan un análisis pormenorizado de los distintos históricos.

Ejemplo Scada para instalación fotovoltaica

La monitorización de una instalación es altamente recomendable en instalaciones domésticas e imprescindible en instalaciones de gran tamaño. Algunos de los motivos en instalaciones domésticas son:

- Disponer en todo momento de la información de nuestro consumo y ahorro en energía eléctrica.
- Evaluar el retorno de nuestra inversión en la instalación fotovoltaica.
- Evaluar el buen funcionamiento de la instalación, estableciendo acciones correctoras si es preciso.
- Conocer previsiones de ahorro.

En instalaciones de gran potencia estos aspectos se añade la necesidad de un análisis más pormenorizado del rendimiento, así como la posibilidad de control remoto en instalaciones situadas en lugares alejados, pudiendo controlar el correcto funcionamiento de la misma sin necesidad de desplazamientos en determinados casos.

4

Representación simbólica de instalaciones solares fotovoltaicas

4.1. Sistema diédrico y croquizado

Sistema diédrico

Es un sistema de representación que dispone de dos conjuntos de planos ortogonales, uno en posición horizontal y otro en vertical, denominados plano horizontal y vertical de proyección.

Estos planos dividen el espacio en cuatro partes iguales o cuadrantes.

Los planes bisectores son aquellos que dividen los planos en partes iguales formando un ángulo que se denomina diedro, formado por el horizontal y el vertical de proyección o plano bisector.

El diedro es cada uno de los cuadrantes en que queda dividido el espacio cuando los planos se cortan de forma perpendicular.

Como norma general, para interpretar el plano, nos situamos en un punto con visión (foco) del primer cuadrante.

En definitiva, el sistema diédrico es una forma de representar un espacio tridimensional sobre un plano utilizando la proyección ortogonal.

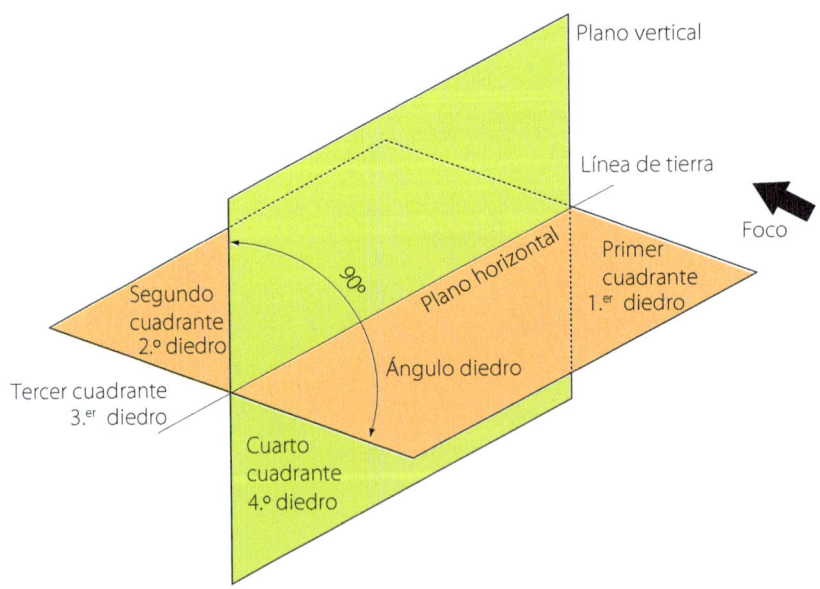

División del sistema diédrico

Adjuntamos una figura a continuación donde vemos la representación de un cubo en el primer cuadrante con sus proyecciones.

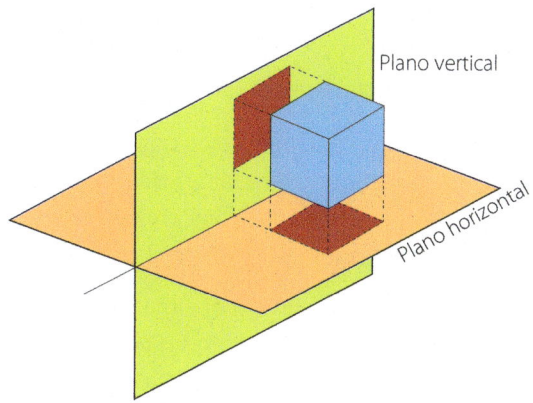

Proyección de una figura en el primer cuadrante

Croquizado

Es el medio más eficaz para la representación gráfica, se suele realizar a mano alzada. Es el diseño preliminar o boceto, la primera toma de contacto con el medio donde se va a realizar el diseño para una posterior instalación.

Los bocetos son las primeras ideas que se plasman en un dibujo, pueden ser en el ámbito artístico o en el industrial, para solucionar un problema tecnológico. Se suelen realizar a mano alzada utilizando la simbología adecuada, aunque pueden ser más de tipo gráfico que simbólico. Cuando ya tienen las dimensiones, el tipo de material o las formas que debe tener el objeto, decimos que es utilizable para un posterior diseño de los planos correspondientes y para realizar el proyecto de la futura instalación.

4.2. Representación en perspectiva de instalaciones

La proyección o representación de las caras de los objetos recibe el nombre de vistas. Las vistas de una figura o pieza son las distintas caras o imágenes que percibe un observador desde diferentes puntos o lugares de ubicación y pueden ser:

- **Vista principal o alzado.** Cara más importante de un objeto o la que más datos contiene.

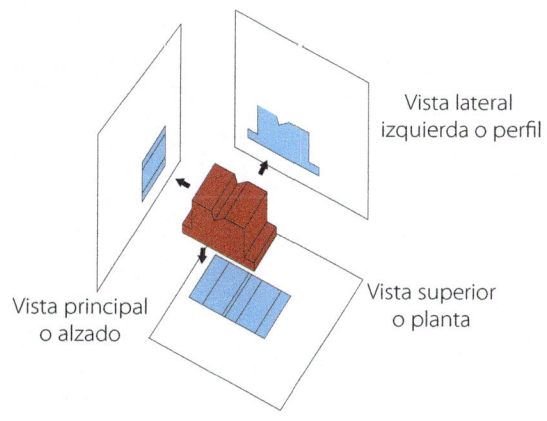

Alzado, planta y perfil de una figura en perspectiva

- **Vista lateral izquierda o perfil.** En este caso hay que situarse en la izquierda de la figura en perspectiva.
- **Vista superior o planta.** Hay que situarse en la parte superior de la figura en perspectiva.

La representación de la instalación en perspectiva es una manera ideal de representarla, presenta el inconveniente de no reflejar las medidas de los tubos debido a la falta de acotación. Para poder solventar el problema de acotación debemos situar el dibujo en dos dimensiones y acotar sobre las proyecciones de alzado, planta y perfil.

La **acotación** es el proceso que consiste en anotar encima de una línea la cifra que indique la medida del objeto. El proceso seguirá unas normas o reglas. Para la correcta acotación de un dibujo necesitamos averiguar la función que va a realizar la pieza u objeto, lo que servirá para verificar las dimensiones de la misma una vez fabricada. Se observa la acotación con las mediciones necesarias para poder fabricar una pieza en la siguiente figura adjunta (derecha).

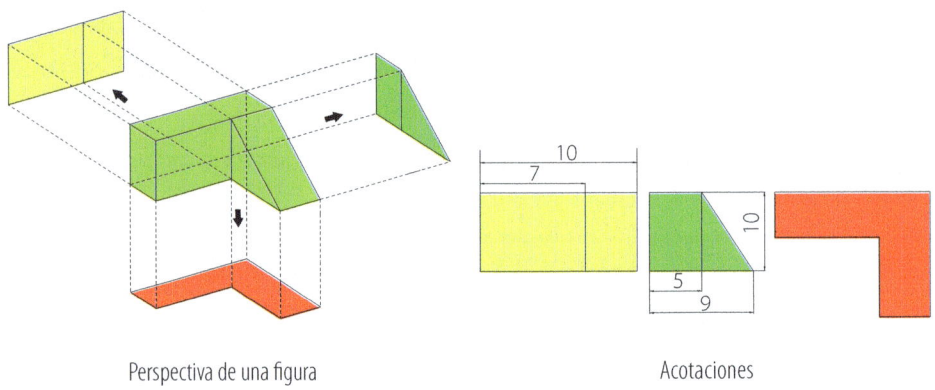

Perspectiva de una figura   Acotaciones

En la siguiente figura se ha representado una vivienda en perspectiva, con colectores solares fotovoltaicos en el tejado, se utilizará para ver la disposición de estos.

Instalación de colectores solares fotovoltaicos en vivienda

El esquema más utilizado por el instalador es el que a continuación detallamos (se presenta un ejemplo de esquema básico de conexión con regulador), en el que todos sus elementos se encuentran en el mismo plano.

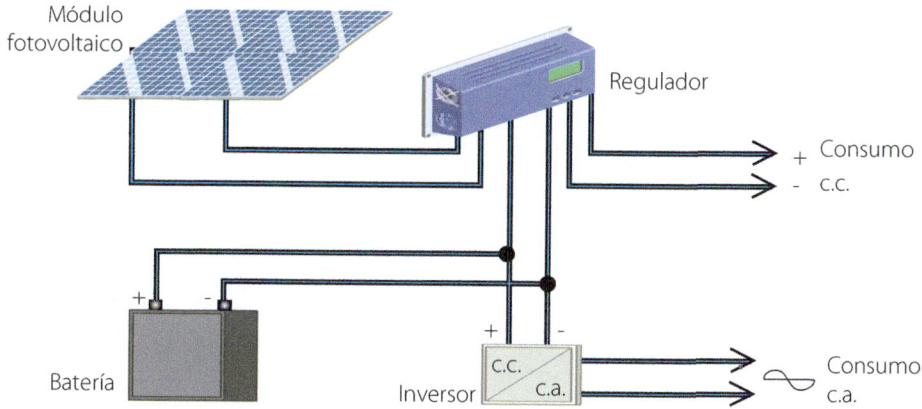

Esquema básico de conexión del regulador

El esquema se complementa con una memoria donde se explica el funcionamiento de la instalación, la cantidad de materiales utilizados y sus respectivos precios.

Para poder efectuar un croquis o dibujo en un plano, procederemos a realizarlo a una escala determinada. Si se realiza a mano alzada, la escala será tan aproximada como seamos capaces, si por el contrario, el plano es normalizado, la escala deberá ser exacta.

¿Qué es la escala? La relación entre la medida lineal de la representación de un elemento de un objeto sobre un dibujo original y la medida lineal real del mismo elemento del objeto real.

Las escalas pueden ser:

- Escala a tamaño natural, la relación entre el dibujo y la realidad es 1:1.
- Escala de ampliación, la relación entre el dibujo y la realidad es mayor que 1:1.
- Escala de reducción, la relación entre el dibujo y la realidad es menor que 1:1.

Recomendaciones de las escalas:

Categorías	Escalas recomendadas
Escala de ampliación	50:1, 20:1, 10:1, 5:1, 2:1
Escala natural	1:1
Escala de reducción	1:2, 1:5, 1:10, 1:20, 1:50, 1:100, 1:200, 1:500, 1:1000, 1:2000, 1:5000, 1:10000

En definitiva escala será: $\text{escala} = \dfrac{\text{medida de dibujo}}{\text{medida de realidad}}$

EJEMPLO. Sobre una carta marina a E = 1:50000 se mide una distancia de 7,5 cm entre dos islotes, ¿qué distancia real hay entre ambos? Se resuelve con una sencilla regla de tres:

Si 1 cm del dibujo son   50.000 cm reales

7,5 cm del dibujo serán   x   cm reales

$$x = \frac{7,5 \times 50.000}{1} = 375.000 \text{ cm que equivalen a } 3,75 \text{ km}$$

Los planos que utilizaremos para realizar los diseños o proyectos también deben tener unas medidas, que se establecen por normas UNE y normas DIN:

Formato	Medidas (mm)
A0	841 x 1.189
A1	594 x 841
A2	420 x 594
A3	297 x 420
A4	210 x 297
A45	148 x 210
A6	105 x 148

Para poder realizar el diseño de una instalación solar fotovoltaica, necesitamos usar símbolos. Un símbolo nos ayuda a representar o plasmar una idea. Por ejemplo, si queremos representar simbólicamente una válvula, usaremos: ⊳◁

Cuando representamos símbolos unidos, realizamos un esquema (que es la representación de una instalación para su posterior montaje), y es entonces cuando plasmamos la idea. Es importantísimo comprender el significado del esquema, para poder interpretarlo y saber cuál es su finalidad.

4.3. Simbología eléctrica

A continuación detallamos los símbolos más usuales en este tipo de instalaciones.

Símbolo	Descripción	Símbolo	Descripción
——————	Línea eléctrica	—●—	Empalme
╪	Cruce de líneas sin conexión	╪	Cruce de líneas con conexión
—◎—	Pulsador	—◉—	Pulsador con señalización luminosa

Símbolo	Descripción	Símbolo	Descripción
	Toma de corriente o base de enchufe bipolar		Toma de corriente o base de enchufe bipolar con conexión a tierra
	Toma de corriente o base de enchufe trifásica con conexión a tierra		Punto de conexión de luz
	Punto de conexión de luz de forma mural		Interruptor unipolar
	Interruptor bipolar		Interruptor tripolar
	Doble interruptor unipolar		Conmutador
	Conmutador doble		Conmutador de cruce
	Interruptor automático		Puesta a tierra
	Interruptor diferencial (PIA)		Interruptor automatico magnetotérmico (ICP) forma 2
	Interruptor de control de potencia (ICP) forma 1		Interruptor de control de potencia (ICP) forma 2
	Módulo fotovoltaico		Célula fotovoltaica
	Batería		Generador fotovoltaico
	Sistema de baterías		Inversor
	Inversor trifásico		Rectificador
	Diodo		Transformador
	Fusible		Caja de registro

Símbolo	Descripción	Símbolo	Descripción
	Protección contra sobretensiones		Caja de derivación
	Fluorescentes		Seccionador
	Caja general de protección		Contador
	Regulador		Condensador
	Voltímetro		Amperímetro

4.4. Representación de circuitos eléctricos

Los circuitos eléctricos se pueden representar de dos formas: esquema unifilar y esquema multifilar.

Normalmente, se suelen representar de forma unifilar, por motivos de simplicidad a la hora de simbolizar la instalación, ya que este sistema se representa con un solo trazo, en el que pueden estar todos los datos necesarios: sección, caída de tensión, longitud, potencia o intensidad, medidas de la canalización y calibre de las protecciones del circuito en cuestión.

Los conductores deben poderse identificar fácilmente, especialmente los relativos al conductor neutro y al de protección. La identificación se realizará por el color de su aislante, los colores tipificados son los estipulados para las redes trifásicas:

Conductor	Identificación		
Protección	Amarillo/verde		
Neutro	Azul		
Fase	Marrón	Negro	Gris

Identificación de conductores

Las combinaciones de los colores será la siguiente, según sean la corriente:

Corrientes monofásicas (230 V)	Combinación colores
Fase + neutro + protección	🟤 + 🔵 + 🟢🟡
Fase + neutro + protección	⚫ + 🔵 + 🟢🟡
Fase + neutro + protección	⚪ + 🔵 + 🟢🟡
Corrientes trifásicas (440 V)	**Combinación colores**
Fase + neutro + protección	🟤 + ⚫ + ⚪ 🔵 + 🟢🟡

4.5. Esquema unifilar y multifilar

Esquema unifilar

En el esquema unifilar el conjunto de conductores de cada circuito se representa mediante una sola línea, sin importar la cantidad de conductores.

Normalmente sabemos los cables que vamos a utilizar porque cruzamos unas líneas en forma de diagonal.

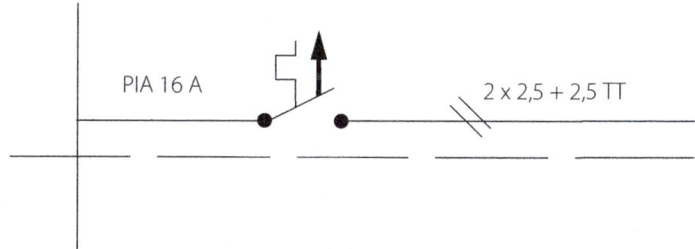

Descripción de cable en esquema unifilar

EJEMPLO. De la figura anterior. ¿Qué cable será 2 x 2,5 + 2,5 TT?

El significado es que tenemos dos líneas de sección 2,5 mm², una es la fase y otra es el neutro, con una línea de tierra de sección 2,5 mm², como norma general el cable de esta sección se utiliza para las líneas de toma de corrientes o enchufes.

Estas líneas cambian de sección según la potencia a utilizar en cada circuito, es decir, que tendremos cables de 1,5; 2,5; 4; 6; 10; 16 o 25 mm², según la necesidad de la potencia que tengamos que utilizar.

	Conductor mm²	Circuito	Tubo mm	Puntos utilización
PIA 10 A	2 x 1,5 + 1,5 TT	C1 Iluminación	16	23
PIA 16 A	2 x 2,5 + 2,5 TT	C2 Usos varios	20	20
PIA 25 A	2 x 6 + 6 TT	C3 Cocina-horno	25	1
PIA 16 A	2 x 2,5 + 2,5 TT	C4$_{(1)}$ Lavavajillas	20	1
PIA 16 A	2 x 2,5 + 2,5 TT	C4$_{(2)}$ Termo	20	1
PIA 16 A	2 x 2,5 + 2,5 TT	C4$_{(3)}$ Lavadora	20	1
PIA 16 A	2 x 2,5 + 2,5 TT	C5 TC Baño y cocina	20	5

ICP (1)

IGA 25 A   Dif. 40 A, 30 mA

Toma de tierra general del edificio

(1) Según potencia contratada

Esquema unifilar de una electrificación básica

Esquema multifilar

En este tipo de esquema se representan los mismos circuitos eléctricos que en un esquema unifilar, pero con la salvedad de que en vez de representar una línea para cada circuito, se representan dos, fase y neutro, así como el conductor de protección. Su diseño es más complejo, normalmente no se utilizan tanto como los unifilares.

A continuación se adjunta un circuito multifilar de una sala de estar de una vivienda, primero se observa el trazado de los circuitos de forma unifilar en perspectiva (figura siguiente) y después este trazado se traslada a un esquema multifilar.

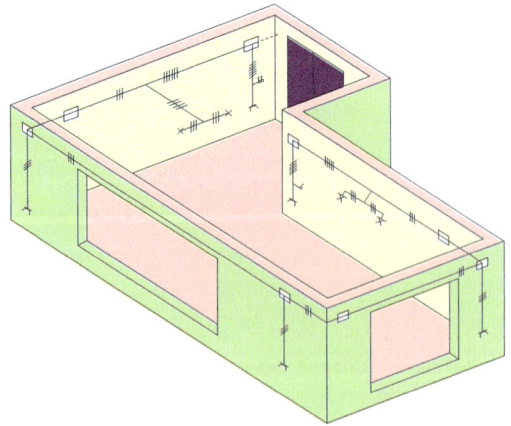

Esquema de una instalación multifilar

En la figura anterior se puede observar el recorrido de los cables a instalar, la situación de las lámparas, interruptores y las cajas de distribución, siendo de gran ayuda para realizar la posterior instalación.

En el siguiente esquema multifilar se pueden ver dispuestos los mismos circuitos eléctricos que se representaban de forma unifilar en perspectiva anteriormente. Cada conductor se representa por una línea y estas se cruzan, lo que puede dar lugar a equivocaciones o dificultades en su interpretación, representándose por puntos las uniones de los conductores.

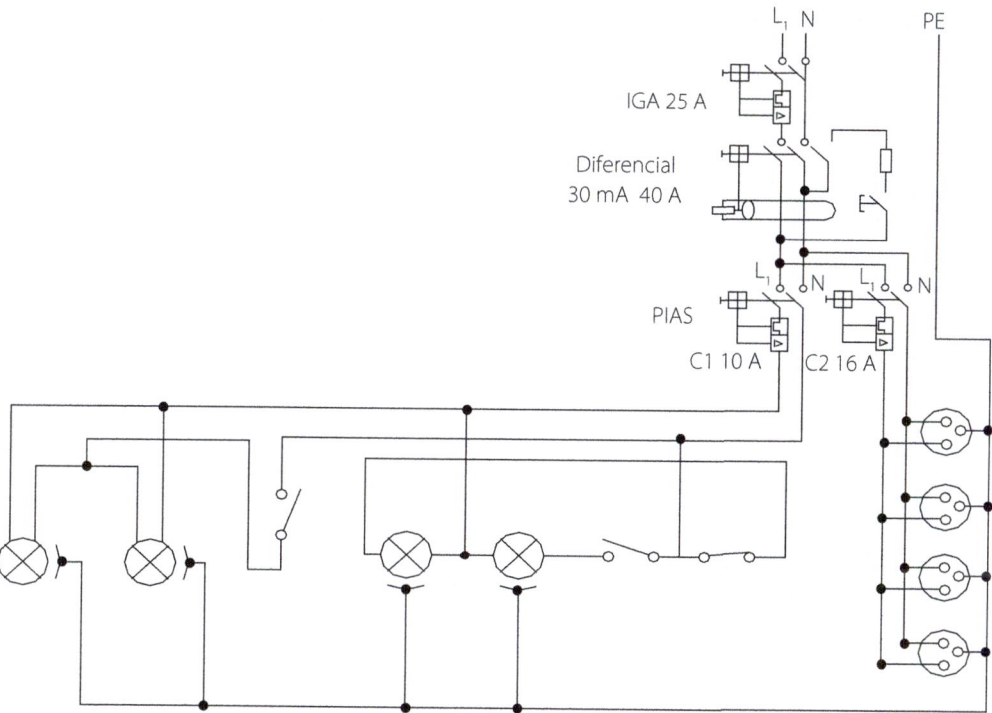

Esquema del salón estar de una vivienda de forma multifilar

4.6. Esquemas y diagramas simbólicos funcionales

Una de las partes más importantes en una instalación es la interpretación de los planos. El instalador ha de tener la suficiente formación para poder plasmar en el terreno, edificio u obra el esquema de la instalación a ejecutar.

El objetivo de la interpretación de planos es que las instalaciones se puedan construir adecuadamente para su posterior puesta en marcha y funcionamiento correcto.

Para conseguirlo, es necesario saber e identificar los diagramas y símbolos de la instalación.

A continuación se adjunta un esquema donde se interpreta la existencia de un campo solar fotovoltaico para conexión a red eléctrica.

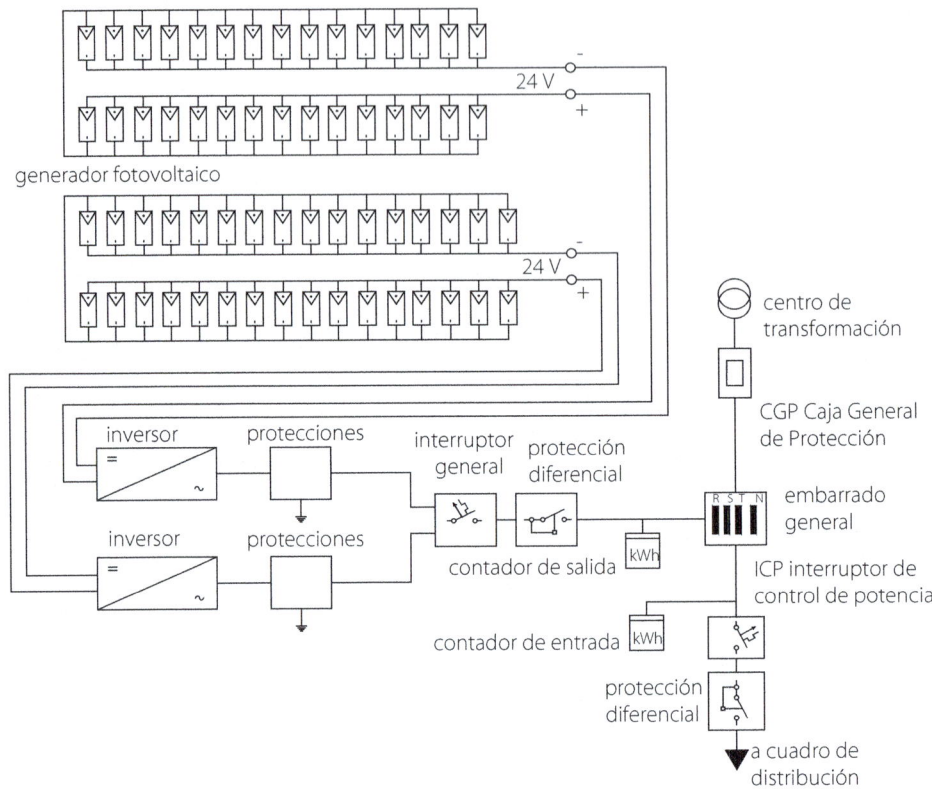

4.7. Interpretar planos de instalaciones eléctricas

La interpretación de los planos de estas instalaciones es una competencia esencial de todas las personas involucradas en la planificación, diseño, ejecución o instalación de proyectos eléctricos.

Los planos son los documentos gráficos (podríamos considerarlos mapas visuales) que representarán de un modo detallado cómo se disponen y conectan los elementos eléctricos en una estructura y/o instalación. Son muy importantes para poder garantizar la seguridad, la eficacia y la conformidad de las instalaciones.

Estos planos tienen una serie de elementos clave, como pueden ser:

- **Simbología eléctrica.** En los planos, los componentes eléctricos se representan por medio de símbolos estandarizados (que hemos adjuntado anteriormente).

Por ejemplo, los interruptores, las líneas eléctricas, los pulsadores… tienen una representación gráfica concreta. Una clara comprensión de todo esto nos facilitará interpretar la función de cada uno de los componentes.

- **Circuitos.** En los planos se detalla cómo están dispuestos los circuitos y el recorrido que debe seguir el cableado.
- **Dispositivos de protección.** También deben incluirse dispositivos como los fusibles o los interruptores automáticos para garantizar la seguridad de la instalación eléctrica.
- **Cableado y conexiones.** La distribución y especificación del cableado y de las conexiones se deben indicar de un modo claro para facilitar su instalación.

Evidentemente, los planos que se pueden presentar pueden ser de diferente tipología, algunos de ellos:

- **Plano de cableado.** Aquí encontraremos los detalles de la conexión de cables y de conductores entre los dispositivos eléctricos, donde se mostrará el itinerario completo del recorrido eléctrico del sistema.
- **Plano de planta.** Con este plano, tendremos una vista aérea de la construcción y se observará la situación de los principales componentes eléctricos.
- **Plano de esquemas unifilares.** Como ya hemos detallado anteriormente, estos esquemas representan de una manera visual y sencilla la conexión entre los componentes eléctricos del circuito.

Algunos consejos para una correcta interpretación de los planos pueden ser:

- Para comenzar debemos identificar cuál es la orientación del plano y cuáles son sus referencias clave, así entenderemos como se disponen físicamente los distintos elementos del edificio.
- Es muy conveniente que se esté familiarizado con la simbología eléctrica que se usa en el plano, además están acompañados con leyendas que proporcionarán información sobre los símbolos que se están usando.
- Debemos aprender a identificar los diferentes colores asociados a los tipos de líneas (sólidas y discontinuas) que representan los conductores, para comprender mejor la función de cada uno de ellos.
- Cuando se disponga del plano, este ayudará marcar y entender cuál es la ubicación de los componentes clave de la instalación, como pueden ser los interruptores, los dispositivos de protección o las tomas de corriente.
- Para intentar entender el modo en que la electricidad se desplaza desde la fuente hasta los dispositivos finales, pueden seguirse las líneas que representan el itinerario del cableado.
- Se deben revisar minuciosamente para evitar posibles errores que nos puedan llevar a problemas de seguridad o eléctricos.

- Es muy importante tener la completa seguridad de que la instalación cumple con los códigos eléctricos y con todas las normativas locales (y las que puedan afectar al proyecto), garantizando así tanto su seguridad y como el cumplimiento normativo vigente.
- Además, también debemos tener la seguridad de que estamos trabajando con la versión más actualizada de los planos, ya que pueden pasar por revisiones a lo largo del tiempo.
- Fijarnos en la información sobre el tamaño y tipo de cables usados en cada uno de los circuitos es importante para garantizar que los cables sean capaces de manejar las cargas eléctricas correspondientes sin sobrecargas.
- Los planos pueden contener notas explicativas que nos darán información complementaria y aclaraciones importantes, tenerlas en cuenta nos ayudará a evitar malentendidos y errores durante el proceso de la instalación.
- Debemos tener en cuenta que siempre se puede establecer contacto con el ingeniero eléctrico que ha hecho los planos en el caso de que surjan dudas o confusiones, él puede aclarar cualquier punto y garantizar que se está haciendo una interpretación correcta.

Como vemos, una correcta interpretación de los planos es un procedimiento clave para cualquier instalación eléctrica, ya que ayudará a que estas sean más eficientes y seguras.

5

Proyectos y memorias técnicas de instalaciones solares fotovoltaicas

El desarrollo del tema intentará enfocarse exclusivamente en la planificación y ejecución de proyectos técnicos y memorias asociadas a instalaciones solares fotovoltaicas.

5.1. Concepto y tipos de proyectos y memorias técnicas

El **proyecto técnico** describirá de manera detallada y organizada los aspectos técnicos de la instalación, incluyendo los planos, sus especificaciones, cálculos, entre otra información necesaria para el diseño, la instalación y el mantenimiento de una instalación fotovoltaica.

La **memoria técnica** es una explicación escrita y descriptiva que acompaña el proyecto, ofrece justificaciones y detalles complementarios sobre las decisiones técnicas que se van tomando durante el diseño y ejecución de la instalación.

En las instalaciones fotovoltaicas podemos encontrar diferentes tipos de proyectos, como por ejemplo:

- Proyecto para una instalación con una conexión a la red para el autoconsumo, que estará diseñada para generar electricidad que se consumirá en el lugar donde se produce, pero también se puede contemplar que haya excedentes para almacenar.
- Proyecto para una instalación aislada, sin conexión a la red, que generará energía de forma independiente, sin depender de una red eléctrica convencional.
- Proyecto para una instalación combinada, es decir, que combinará energía solar fotovoltaica con otro tipo de energía, como puede ser la eólica.
- Proyecto para investigar y desarrollar innovaciones sobre este tipo de energía.
- Proyecto para diseñar un parque solar a gran escala.

Cada uno de estos proyectos tendrá unos requisitos específicos diferentes y propios, de tal modo que su diseño debe adaptarse a las necesidades y condiciones de cada instalación solar fotovoltaica. De esta manera, si el proyecto es diferente, también lo será la memoria.

5.2. Memoria, planos, presupuesto, pliego de condiciones y plan de seguridad

El concepto de memoria ya ha sido descrito en el apartado anterior.

Como se indicó en el tema 4, sabemos que los planos son los documentos gráficos que representan detalladamente cómo se disponen y conectan los elementos de la instalación. Nos ayudan a garantizar la seguridad, la eficacia y la conformidad de estas instalaciones. Además, nos proporcionarán una visión detallada de cómo se distribuyen los paneles solares, los inversores, su cableado y otros elementos, dándonos una guía visual que nos ayudará en el diseño, en la instalación y en el mantenimiento de la misma.

Un **presupuesto** hace referencia a la estimación financiera que detalla los costes asociados al diseño, la compra de equipos, la instalación y otros elementos necesarios para llevar a cabo el proyecto. Con este documento se ofrece una visión general de los gastos que podemos esperar, incluyendo tanto materiales, como mano de obra, añadiendo además los permisos que se requieran y cualquier otro coste que pueda estar relacionado con la implementación de la instalación fotovoltaica. Es un documento fundamental para planificar y gestionar económicamente el proyecto, con él podremos evaluar los recursos financieros requeridos y asegurar así que este tenga viabilidad económica.

El presupuesto solo debe modificarse en el caso de que haya una incorporación de nuevas tareas, que normalmente suelen proponerse por el cliente, al que es importante informar sobre las subvenciones o ayudas que puedan existir en el momento de la realización de la obra.

El **pliego de condiciones** es un documento que:

- Detallará los requisitos, especificaciones técnicas y cláusulas del contrato (como garantía, condiciones económicas, plazos…) que deben cumplir las instalaciones.
- Establecerá los modelos y criterios que deberán cumplirse durante todo el proceso de diseño, instalación y posterior funcionamiento del sistema fotovoltaico.
- Incluirá información sobre los equipos, materiales, métodos de trabajo, normativas aplicables y cualquier otro aspecto que se considere destacado para garantizar la calidad y la conformidad del proyecto.
- Servirá de referencia para los profesionales involucrados en el proyecto, asegurando la uniformidad y cumplimiento de los criterios definidos en el desarrollo de la instalación fotovoltaica.

El **plan de seguridad** es un conjunto organizado de medidas y procedimientos diseñados para prevenir accidentes, proteger la salud de los trabajadores y garantizar la seguridad durante todo el proceso de planificación, instalación y mantenimiento de la instalación fotovoltaica. En este plan deben incluirse protocolos concretos para manejar riesgos que estén asociados con la energía solar, el trabajo en alturas, la manipulación de equipos eléctricos y otros aspectos importantes. Sus objetivos son:

- establecer pautas claras que ayuden a disminuir los riesgos,
- promover prácticas seguras,
- asegurar que se cumplen las regulaciones de seguridad en el entorno de la instalación.

5.3. Planos de situación

Es un documento gráfico importante, ya que nos dará una representación detallada del entorno y la ubicación específica donde se llevará a cabo el proyecto, con una interesante visión de conjunto. Nos pondrá la instalación en contexto dentro de su entorno geográfico, lo cual ayudará a tomar decisiones y a ejecutar la obra de un modo efectivo.

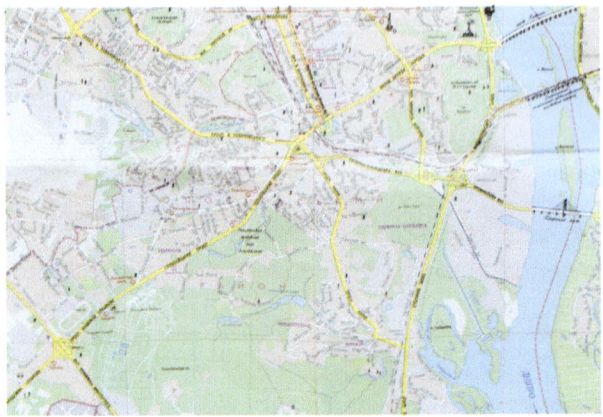

Plano de situación

Algunos elementos de los que puede constar durante su desarrollo:

- Se indicará la ubicación exacta de la instalación con coordenadas geográficas, lo cual facilitará la planificación precisa y la orientación de los componentes solares para poder maximizar la captación de luz solar.
- Se identificarán obstáculos que pueda haber, como edificaciones, árboles u otras estructuras que podrían proyectar sombras sobre los paneles solares. También señalarán elementos como carreteras o masas de agua.
- Se indicarán la orientación y la pendiente del terreno donde se instalarán los paneles solares, de este modo se podrá optimizar la eficiencia de la generación solar, ya que es un factor que afecta directamente a la exposición de los paneles al sol.
- Se señalarán los puntos de conexión a la red eléctrica existente, así se podrá planificar mejor la integración de la instalación en la red.
- Se indicará la ubicación de componentes como inversores, estructuras de soporte de los paneles…, lo que nos ayudará a planificar mejor la distribución de la instalación.
- Se incluirán rutas de acceso y vías de circulación para vehículos y para personas, ayudando a la logística durante la construcción, mantenimiento y también en posibles reparaciones.
- Si existen, se marcarán las áreas que tengan restricciones o necesiten medidas de seguridad especiales, como por ejemplo alguna zona con restricciones urbanísticas.

5.4. Planos de detalles y de conjunto

Son documentos esenciales que nos permiten tener una visión completa y de conjunto de la futura instalación. Deben ser completos y concisos, con toda la información que necesitamos dar a conocer, pero intentando no ser redundantes para no crear confusiones.

Los planos de conjunto y de detalle se deben trabajar simultáneamente para asegurar coherencia y estabilidad en el diseño.

Los planos de conjunto guían sobre la ubicación general, los planos de detalle ofrecen información más técnica para que se dé una ejecución efectiva. Ambos planos deben combinarse para dar una documentación completa que abarque desde disposiciones generales hasta detalles técnicos más concretos.

Planos de conjunto

Su objetivo será proporcionar una visión general y completa de toda la instalación fotovoltaica, mostrando cómo se disponen los paneles solares, los inversores, las estructuras de soporte y otros componentes.

Contarán con la representación de la distribución general de los paneles solares en el área acordada, también se mostrarán la ubicación de otros equipos importantes como, por ejemplo, los inversores.

Se indicará el itinerario que debe seguir el cableado principal y además se identificarán los puntos donde estará la conexión a la red eléctrica. Con estos planos se nos facilitará una rápida comprensión del diseño general del sistema, permitiendo además tener una visión global del mismo.

Planos de detalle

En estos se detallarán aspectos más específicos de los componentes individuales y su vinculación, además proporcionarán información técnica que se precisa para la instalación y mantenimiento.

Algunos de sus contenidos pueden ser:

- Las especificaciones más detalladas de cada tipo de panel solar usado.
- La disposición específica de inversores y su configuración.
- La conexión eléctrica detallada, incluyendo los tamaños y los tipos de cables.
- Las estructuras de montaje y su anclaje al terreno.

Estos planos están concebidos para ser usados por profesionales durante la ejecución y el mantenimiento de la instalación, facilitando esta necesaria información técnica específica.

5.5. Diagramas, flujogramas y cronogramas

Son herramientas esenciales para planificar, visualizar y ejecutar el proyecto de manera clara.

El trabajo conjunto de los diagramas, flujogramas y cronogramas ayudará a asegurar una implementación ordenada y efectiva, ya que su combinación ofrecerá una documentación completa que abarcará desde la planificación inicial hasta la ejecución y mantenimiento detallado del sistema solar fotovoltaico.

Diagramas

Podríamos definir diagrama como una representación gráfica de una serie de pasos que se deben realizar para producir un resultado.

Su objetivo sería simbolizar visualmente la disposición de los componentes, las conexiones eléctricas y las relaciones en la instalación solar. Por ejemplo, podemos tener un diagrama de la configuración de los paneles solares (nos muestra la disposición y conexión de los paneles), o un diagrama de la conexión eléctrica (cómo se conectan los paneles, los inversores u otros elementos eléctricos).

Estos diagramas nos facilitarán la comprensión rápida del diseño general y nos pueden ayudar a identificar y solucionar problemas.

Flujogramas

Es una representación gráfica y secuencial de un proceso –o flujo– de trabajo con todas las tareas y actividades principales necesarias para lograr un objetivo común (en el caso de la instalación fotovoltaica, constará desde la planificación hasta la puesta en marcha). Ayudará a que las tareas redundantes o repetitivas, puedan simplificarse.

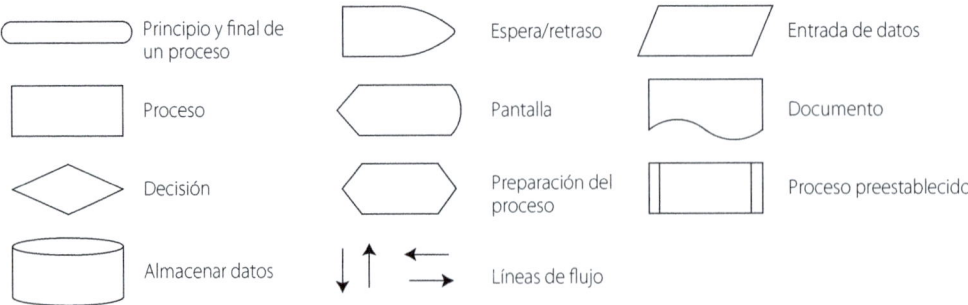

Símbolos más utilizados para efectuar flujogramas

Estos flujogramas nos clarificarán la secuencia de las actividades y nos ayudarán a identificar puntos críticos y decisiones clave durante el proceso.

Por ejemplo, un flujograma del proceso constará de los detalles de las etapas de la instalación, desde la preparación del sitio hasta la conexión a la red; en un flujograma de mantenimiento se nos mostrarán los pasos a seguir durante estas operaciones.

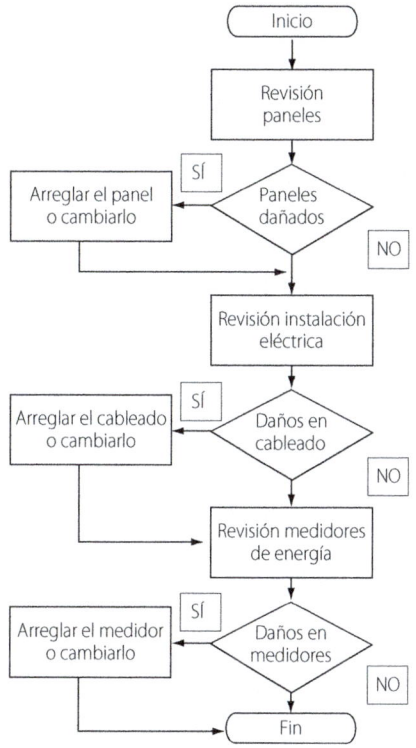

Ejemplo de flujograma para un servicio de mantenimiento

Cronogramas

Establecen una secuencia detallada de una actividad, utilizando la cronología, es decir, dándole tiempo o fecha a las tareas de cada fase del proyecto. La simbología que se emplea son cuadros con columnas y filas, rellenándose con las actividades de manera horaria o diaria. Son de gran utilidad en las empresas y sus departamentos a la hora de realizar el *planning* mensual o semanal, ya que facilitan la gestión del tiempo y los recursos.

Además ayudan a identificar posibles demoras, permitiendo una planificación más eficiente.

5.6. Procedimientos y operaciones de replanteo de las instalaciones

El replanteo se refiere al procedimiento de trasladar las especificaciones y medidas de un diseño teórico o plan a la ubicación física en el terreno donde se llevará a cabo un proyecto. Se marcarán y posicionarán con precisión en el terreno la ubicación de los componentes, como paneles solares, inversores o estructuras de soporte, según el diseño previamente planificado. Este proceso asegura que la implementación en el terreno coincida exactamente con el diseño, optimizando la eficiencia y la efectividad del proyecto.

Un replanteo correcto asegurará que los paneles solares estén posicionados de manera óptima para captar la máxima cantidad de luz solar.

Además, la precisión en el replanteo reducirá la necesidad de ajustes durante la instalación, mejorando la eficiencia del proceso, ayudando a prevenir problemas futuros relacionados con sombreado, eficiencia y mantenimiento.

Debemos tener también la garantía de que el replanteo cumpla con los requisitos normativos y eléctricos, punto esencial para el cumplimiento de estándares y regulaciones.

Procedimientos y operaciones de replanteo:

- Analizar detalladamente el sitio para comprender las condiciones topográficas, la orientación solar y los posibles obstáculos que puedan afectar la disposición de los paneles solares.
- Marcar los puntos para situar la sujeción de los paneles.
- Evaluar los impactos visuales
- Desarrollar un diseño inicial que contenga la disposición general de los paneles solares, la ubicación de inversores y el itinerario que seguirá el cableado.
- Marcar físicamente en el terreno la ubicación prevista de los paneles solares, estructuras de soporte y otros componentes, siguiendo el diseño preliminar.
- Verificar que la superficie de montaje esté nivelada y ajustada según las pendientes recomendadas para optimizar la captación de la luz solar, usando para ello herramientas de medición.
- Utilizar instrumentos de medición para verificar las distancias entre los componentes y los ángulos de inclinación de los paneles de acuerdo con las especificaciones de diseño.
- Verificar que las conexiones eléctricas planificadas se ajusten al diseño y a las normativas eléctricas.
- Señalar el lugar idóneo para depositar el material mientras se va realizando la instalación.

- Señalar y marcar la carpeta que contenga toda la documentación de los distintos componentes de la instalación.
- Planificar el montaje con el orden de instalación, los tiempos habilitados para cada operación, así como si fuera necesario el uso de maquinaria o personal ajeno a la empresa.
- Colocar distintos recipientes para la separación de los residuos que se van produciendo en el proceso de instalación, como pueden ser cartones, plásticos, cables eléctricos, tuberías metálicas, restos de anclajes metálicos, y de obra civil.
- Realizar una revisión exhaustiva del replanteo antes de proceder con la instalación definitiva para garantizar la precisión y la coherencia con el diseño.

5.7. Equipos informáticos para representación y diseño asistido

Los equipos informáticos son de gran ayuda para poder diseñar proyectos y memorias técnicas de instalaciones en general, su uso agilizará el proceso, mejorará la precisión, reducirá los tiempos y facilitará la toma de decisiones.

Podemos contar con ordenadores personales que nos ayudarán a ejecutar softwares especializados en diseño asistido por ordenador y a modelar sistemas fotovoltaicos. Contamos con que tienen una gran capacidad de almacenamiento para archivos de diseño y proyectos, además cuentan con tarjetas gráficas de alta calidad para una visualización detallada de modelos 3D.

Estos softwares especializados nos facilitarán poder crear planos detallados y modelos tridimensionales de la instalación. Algunos ejemplos pueden ser: AutoCAD, MicroStation, SketchUp, SolidWorks…

También tenemos ayuda con los Sistemas de Información Geográfica (SIG) que son un conjunto de herramientas que nos ayudará a analizar datos geoespaciales y a visualizar la ubicación del proyecto dentro de su contexto en el entorno geográfico. Algunos ejemplos pueden ser el ArcGIS o el QGIS.

Están las herramientas de simulación y análisis energético, que nos evaluarán el rendimiento energético del sistema y optimizarán su diseño. Por ejemplo, el HelioScope.

Las tabletas y los lápices digitales nos facilitan la creación de borradores y anotaciones directamente en los planos digitales.

Podemos tener en cuenta también el fácil acceso a Internet, lo que nos permite acceder a los datos en tiempo real, a imágenes satelitales y a actualizar softwares de manera inmediata. Además, esto nos permite tener acceso al almacenamiento en la nube y a recursos que se hayan compartido.

5.8. Programas de diseño asistido

Se han nombrado en el apartado anterior algunos programas que nos ayudarán en nuestras tareas, a continuación se detallan algunas características:

- **AutoCAD.** Se usa muy habitualmente para hacer planos detallados y modelos en 3D, ya que tiene una interfaz intuitiva, muchos símbolos y bloques, además se integra con otras herramientas de diseño.
- **SketchUp.** Permite crear representaciones visuales detalladas de instalaciones solares. No resulta muy complicada de aprender y de usar, contiene muchos recursos y se integra con herramientas de análisis solar.
- **HelioScope.** Herramienta que se encuentra disponible en la Web y no es necesario descargar un software, se usa para el diseño, análisis y evaluación de instalaciones solares. Permite generar informes detallados.
- **MicroStation.** Es un software con sólidas capacidades de diseño asistido en 3D que ayuda a documentar dibujos, diseños y proyectos. Su modelado es preciso y ofrece herramientas de simulación.
- **SolidWorks.** Es un software de diseño 3D, ofrece modelado preciso y una biblioteca de componentes que facilita la representación de estas instalaciones.

5.9. Diseño y dimensionado mediante soporte informático

El diseño y dimensionado mediante soporte informático implica el uso de software especializado para favorecer la creación de diseños precisos, lo cual ayudará a optimizar la ubicación y la disposición de los paneles solares, inversores y otros componentes.

Ya hemos visto que existen una gran variedad de programas, y páginas web, que pueden usarse como soporte informático. Muchas de estas versiones son de pago, pero también existen las demos que se pueden utilizar y, posteriormente, si interesan comprarlas.

Qué se contemplará en este diseño y dimensionado:

- El uso de herramientas de análisis geoespacial para evaluar la radiación solar, la topografía e incluso posibles obstáculos.
- Un diseño preliminar donde se crearán modelos 3D que representen la instalación y permitan ajustes para lograr el máximo de los captadores de energía solar.
- Un análisis del rendimiento del sistema usando simulaciones bajo distintas diferentes condiciones, deben considerarse las sombras y las pérdidas.
- Un ajuste continuo del diseño para aprovechar al máximo la producción de energía, garantizando la eficacia del sistema.

- Las herramientas que nos posibiliten una evaluación económica del proyecto, considerando tanto costes, como rendimientos y beneficios financieros.
- La creación de documentación técnica, creando planos detallados y documentos técnicos que nos sirvan como pautas para la implementación.

Detallamos algunas de las características que tiene el soporte informático que nos ayudará en el diseño y el dimensionado:

- Permite que la representación detallada de la instalación sea precisa considerando la topografía y la disposición exacta de los componentes.
- Analiza el sombreado con herramientas que ayudan a evaluar y minimizar el impacto que el sombreado pueda causar en la eficiencia del sistema.
- Posibilita realizar simulaciones de rendimiento con estimaciones precisas.
- Integra con herramientas de análisis energético.
- Calcula de un modo muy exacto las pérdidas y el dimensionamiento conveniente de los cables para optimizar la eficacia del sistema.
- Genera informes detallados, tanto técnicos como económicos, que avalarán la toma de decisiones y la presentación del proyecto.

5.10. Visualización e interpretación de planos digitalizados

La visualización e interpretación de planos digitales de instalaciones fotovoltaicas implica, siempre que sea posible, observar y comprender los diseños que tenemos en formato digital sin necesidad de usar herramientas complejas. Este proceso permitirá entender cómo se distribuyen los paneles, dónde se conectan y cómo funcionará el sistema, facilitando la colaboración y toma de decisiones para un proyecto solar exitoso.

Sería como leer un mapa detallado para entender cómo se ha construido y cómo funciona. Algunos pasos que podemos tener en cuenta:

- Realizar una observación detallada, examinando cuidadosamente los planos digitales para entender dónde se ubicarán los paneles solares, cómo se conectarán y qué equipos se utilizarán.
- Enfocarnos en elementos clave, identificando los puntos importantes, como puede ser la ubicación de inversores, las conexiones eléctricas o las estructuras de soporte, de este modo podemos comprender cómo trabajan juntos.
- Examinar la topografía del terreno en el plano para entender cómo se adapta el diseño a la geografía, aprovechando al máximo la luz solar.

- Buscar posibles problemas, como áreas de sombra u obstáculos, que podrían afectar la eficiencia del sistema.
- Trabajar en equipo para compartir ideas
- Tomar las decisiones siempre bajo la comprensión clara del diseño y de los planos.

5.11. Operaciones básicas con archivos gráficos

Un archivo gráfico es la unión de píxeles para formar una imagen. Un pixel es un conjunto de bits de una longitud determinada, también llamada profundidad del color, a más longitud más calidad de imagen.

Las operaciones básicas con archivos gráficos en estas instalaciones son esenciales para poder gestionar y manipular imágenes y representaciones visuales.

Algunos de los formatos más comunes de archivos gráficos son:

- JPEG. Uno de los formatos más usuales para fotografías y representaciones visuales. Ofrece una buena compresión sin pérdida exagerada de calidad, siendo ideal para imágenes con detalles y colores.
- PNG. Formato excelente para imágenes con fondos transparentes. Ofrece compresión sin pérdida, la calidad no se ve afectada cuando se guarda la imagen
- GIF. Se usa para imágenes simples y animaciones. Eficiente para gráficos con pocos colores.
- TIFF. Formatos sin pérdida, excelente para imágenes de alta calidad y para trabajos de impresión, pero suelen tener mucho peso.
- SVG. Formato de gráficos vectoriales, permites escalar sin perder calidad.
- BMP. Formato simple que se usa para imágenes de mapa de bits, suelen ser archivos grandes por la falta de compresión.
- PDF. Normalmente se asocia con documentos, pero también puede contener imágenes y gráficos.
- PSD. Formato nativo de Adobe Photoshop que conserva información de capas, texto y ajustes, de tal modo que se usa habitualmente en proyectos en los que se espera seguir editando la imagen.
- DXF y DWG. Son dos formatos de archivo comunes usados para intercambiar información entre diferentes programas CAD y de dibujo. DXF es un estándar semipúblico promocionado y controlado por Autodesk, Inc. DWG es un formato cerrado y propietario usado por Autodesk para sus productos.

La elección del formato depende del propósito y de los requisitos particulares del proyecto.

Algunas de las operaciones que se pueden realizar con estos archivos:

- Abrir archivos gráficos, como imágenes de instalaciones solares o representaciones visuales.
- Examinar las imágenes para comprender la disposición de los paneles solares, la orientación del sistema …
- Editar imágenes, por ejemplo para resaltar áreas específicas o agregar anotaciones.
- Guardar cambios.
- Exportar e importar imágenes.
- Combinar las imágenes con información técnica.
- Usar las imágenes en la presentación del proyecto.

5.12. Resistencias de anclajes, soportes y paneles

Es importante que los elementos de fijación, como anclajes, soportes y paneles, tengan los puntos de apoyos en cantidad suficiente para que nunca las acciones del viento sobrepasen los valores de flexión máxima que se exponen en el catálogo de los fabricantes.

Los anclajes son estructuras que aseguran la fijación de los componentes al suelo. Las resistencias de anclajes son muy importantes para evitar movimientos no deseados y asegurar la estabilidad del sistema. Se deberá tener en cuenta:

- El tipo de suelo. La resistencia del anclaje deberá adaptarse al tipo de suelo en el que se realice la instalación.
- La profundidad de anclaje. Determina la estabilidad y la resistencia ante fuerzas externas.
- La carga de viento y nieve. La resistencia debe calcularse considerando las cargas climáticas típicas del área.

Los soportes son estructuras que sostienen los paneles solares y los elevan a una altura adecuada para maximizar la captación de luz solar. Habré que tener en cuenta:

- Los materiales de los que están construcción, que deben ser duraderos y resistentes a condiciones ambientales adversas.
- La resistencia a cargas estáticas y dinámicas, para asegurar la estabilidad en condiciones climáticas extremas y resistencia al viento.
- El ángulo de inclinación que deberá ser calculado para que la captación de luz solar sea óptima.

Los paneles solares son la parte central de la instalación, y su resistencia es crucial para mantener la integridad estructural y eléctrica del sistema. Deberemos tener en cuenta:

- La resistencia física del panel ante impactos y cargas externas.

- La resistencia a condiciones climáticas.
- La firmeza de las conexiones internas para mantener la eficiencia eléctrica.

Las resistencias de anclajes, soportes y paneles deberá cumplir con la normativa vigente y con las certificaciones concretas del sector solar fotovoltaico.

Se deberán realizar pruebas de resistencia durante la fase de diseño y también después de la instalación, que pueden incluir simulaciones de carga, pruebas de viento y análisis de resistencia estructural.

Además, la resistencia de los componentes deberá ir evaluándose regularmente a lo largo del tiempo. El mantenimiento preventivo y las inspecciones periódicas ayudarán a identificar posibles problemas antes de que la eficiencia del sistema se resienta.

Una resistencia bien calculada y diseñada garantizará la durabilidad a largo plazo de la instalación fotovoltaica, también contribuirá a la estabilidad estructural del sistema, previniendo daños por condiciones climáticas extremas. Unos componentes resistentes garantizarán, además, más seguridad en el sistema y en su entorno.

5.13. Cálculo de dilataciones térmicas y esfuerzos sobre la estructura

El cálculo de dilataciones térmicas implica considerar cómo se expanden y contraen los materiales del panel debido a los cambios de temperatura, porque los paneles solares están expuestos a variaciones térmicas significativas a lo largo del día y de las estaciones.

Se deberán tener en cuenta los coeficientes de expansión térmica de los materiales que se usen, los rangos de temperatura que se esperan en el lugar donde están las instalaciones y las dimensiones de los paneles en la estructura.

Los esfuerzos generados por dilataciones en estas instalaciones hacen referencia a las tensiones y deformaciones que pueden darse por las variaciones térmicas a las que están expuestos los componentes de la instalación, fundamentalmente los paneles solares y las estructuras de soporte. Estos esfuerzos deben calcularse y gestionarse para evitar deformaciones permanentes o daños.

Se usarán fórmulas de dilatación térmica para los diferentes materiales. La elección de los materiales para la estructura se basará en su capacidad para resistir los cambios térmicos sin comprometer la integridad del sistema.

Algún ejemplo de material sería el aluminio (que es ligero y resistente a la corrosión), el acero galvanizado (que es robusto y duradero), también materiales compuestos (que ofrecen resistencia y ligereza). Cada material tiene un coeficiente de expansión térmica único, estos coeficientes deberán unirse a los cálculos para prever la dimensión de las dilataciones.

Debemos tener en cuenta que las dilataciones térmicas pueden afectar las conexiones eléctricas entre los paneles y otros componentes, por tanto, se deberán implementar soluciones que eviten daños a los cables y conexiones.

Podremos prevenir daños si se diseña la estructura con juntas de dilatación y mecanismos que sean capaces de absorber y redistribuir los esfuerzos.

En conclusión, un buen cálculo de todo esto nos garantizará que la estructura mantenga su integridad a pesar de las variaciones térmicas que haya. Además contribuirá a que la instalación tenga una durabilidad a largo plazo y prevendrá daños que podrían afectar la seguridad de la instalación.

5.14. Desarrollo de presupuestos

El desarrollo de presupuesto de este tipo será un proceso decisivo que implicará una estimación y planificación de los costes que lleva asociados la instalación y la puesta en marcha de la misma.

Antes de iniciar el presupuesto, se realizará un análisis preliminar que debe incluir una evaluación del lugar, la determinación de la capacidad requerida, y la identificación de todos los requisitos específicos del proyecto.

El presupuesto de una instalación solar fotovoltaica tiene varios apartados:

- **Materiales y equipos.** Por ejemplo, paneles solares, inversores, estructuras de montaje, cables, etc.
  Se buscará información de precios y ofertas de diferentes proveedores para obtener costes lo más precisos posible, deberemos tener en cuenta la posible variación en los precios de los paneles solares y otros componentes.
  Se incluirán posibles costes de envío y/o almacenamiento y posibles descuentos por volumen o posibles acuerdos con proveedores,
- **Mano de obra.** Costes vinculados con la instalación y su puesta en marcha.
  Se tendrán en cuenta los costes laborales, considerando tanto la complejidad de la instalación como, por ejemplo, la experiencia del personal que la realizará. Incluirá los salarios y beneficios de los instaladores y el tiempo estimado para la instalación.
- **Permisos y licencias.** Serán las tarifas asociadas a la obtención de los permisos necesarios.
- **Honorarios profesionales.** Tanto de los diseñadores del sistema, como de los ingenieros encargados de la planificación de la instalación.

- **Operaciones y mantenimiento.** Una estimación de costes para el mantenimiento preventivo y correctivo continuo posterior a la instalación.
- **Contingencias y reservas.** Hará referencia a posibles imprevistos o cambios en el proyecto durante su ejecución.

El presupuesto se realizará, siempre que sea posible, con herramientas y/o software especializado para simplificar y agilizar el proceso de su desarrollo.

Cuando se presente el presupuesto, se repasará con todos los involucrados para obtener su aprobación y asegurar que estén de acuerdo con lo que esperan del proyecto.

Un correcto desarrollo del presupuesto nos dará una serie de beneficios, como:

- Visión clara de los costes asociados con la instalación, es decir, una transparencia financiera.
- Una planificación más efectiva, ya que nos ayudará a evitar sorpresas relacionadas con los costes.
- Una garantía de que todas las partes interesadas tengan una comprensión clara de los costes asociados.
- Más facilidad para la toma de decisiones.

Anexos

Anexo 1. Ejemplos de cálculo

Ejemplo 1. Cálculo de una instalación de autoconsumo aislada híbrida

Calcular y dimensionar los componentes de una instalación solar fotovoltaica aislada de red ubicada en el emplazamiento de coordenadas 41.139, -3.811 en la cual se han determinado unos consumos constantes a lo largo de todo el año de corriente alterna y continua según tabla adjunta.

Consumos en corriente alterna (230 V)

Consumo	Unidades	Consumo (Wh)	Horas/día
Lavadora	1	1500	1
Frigorífico	1	240	2,5
Televisión	1	220	3
Lavavajillas	1	1200	1
Potencia total (W)		3160	

Consumos en corriente continua (24 V)

Consumo	Unidades	Consumo (Wh)	Horas/día
Iluminación salón	3	35	3
Iluminación cocina	2	35	3
Iluminación habitaciones	4	25	2
Iluminación cuarto de baño	1	30	2
Iluminación distribuidores	3	25	1
Iluminación exterior	3	35	1
Potencia total (W)		485	

Para la composición del generador fotovoltaico se selecciona un módulo solar fotovoltaico de alta eficiencia de silicio monocristalino y tecnología de célula partida. Se indican a continuación las características técnicas principales facilitadas por el fabricante.

DATOS MECÁNICOS

Dimensiones [mm]	1722 x 1041 x 35
Peso [kg]	24,4
Cubierta frontal	Vidrio solar, 2,1 mm, con revestimiento antirreflectante
Cubierta posterior	Vidrio solar, 2,1 mm
Marco	Aluminio anodizado (negro)
Tipo de célula solar	Módulo de media célula 120, mono n-Si, HJT
Cajas de conexión	3 diodos, grado de protección IP68 según IEC 62790
Conector	Cable fotovoltaico de 4 mm² y 1,2 m de longitud, según la norma EN 50618
Enchufe	MC4-Evo2, según IEC 62852, grado de protección IP68 solo después de la conexión

DATOS ELÉCTRICOS

Clase de potencia en STC² [W_p]			370
Potencia mínima (tolerancia de potencia -0 W/+5 W) [W_p]			STC
	Potencia	P_{mpp} [W]	370
	Corriente de cortocircuito	I_{sc} [A]	10,4
	Tensión de circuito abierto	V_{oc} [V]	44,5
	Corriente	I_{mpp} [A]	9,9
	Tensión	V_{mpp} [V]	37,7
	Eficiencia	η [%]	20,6

Considerar en el cálculo la posibilidad de incorporar un regulador de carga con y sin seguimiento de punto de máxima potencia.

Obtención de los datos de irradiación

Mediante la herramienta online PVGIS obtenemos la tabla de datos de irradiación global media mensual para los diferentes meses de utilización con diferentes grados de inclinación (desde 0º hasta 70º) para un emplazamiento en las coordenadas 41.139, -3.811.

Emplazamiento: Provincia de Segovia
Latitud / Longitud: 41.139, -3.811
Base de datos: PVGIS-SARAH2 / Año 2020

MES	0º	10º	20º	30º	40º	50º	60º	70º	INCLINACIÓN
				Irradiación global media mensual (kWh/m^2 mes)					
Enero	63,89	79,34	93,04	104,55	113,47	119,53	122,50	122,28	
Febrero	95,10	113,17	128,61	140,89	149,60	154,44	155,21	151,87	
Marzo	116,32	126,41	133,95	138,65	140,31	138,81	134,15	126,44	
Abril	114,99	118,60	120,09	119,36	116,43	111,37	104,27	95,28	
Mayo	197,10	200,70	200,03	194,93	185,58	173,02	156,52	136,59	
Junio	198,06	197,98	194,50	186,89	175,72	161,71	144,42	124,05	
Julio	237,60	240,59	238,52	230,77	218,22	200,76	178,90	152,69	
Agosto	201,50	209,72	213,24	211,83	205,90	194,97	179,74	160,21	
Septiembre	148,87	161,28	170,18	175,18	176,08	172,76	165,26	153,73	
Octubre	100,31	114,20	125,68	134,34	139,88	142,05	140,75	135,99	
Noviembre	67,88	82,99	96,27	107,27	115,62	121,03	123,31	122,38	
Diciembre	47,28	57,25	66,05	73,41	79,06	82,83	84,57	84,23	

A partir del n.º de días del mes podemos obtener los datos de irradiación media diaria.

Emplazamiento: Provincia de Segovia
Latitud / Longitud: 41.139, -3.811
Base de datos: PVGIS-SARAH2 / Año 2020

MES	0º	10º	20º	30º	40º	50º	60º	70º	INCLINACIÓN	DÍAS/MES
				Irradiación global media diaria (kWh/m^2 día)						
Enero	2,06	2,56	3,00	3,37	3,66	3,86	3,95	3,94		31
Febrero	3,40	4,04	4,59	5,03	5,34	5,52	5,54	5,42		28
Marzo	3,75	4,08	4,32	4,47	4,53	4,48	4,33	4,08		31
Abril	3,83	3,95	4,00	3,98	3,88	3,71	3,48	3,18		30
Mayo	6,36	6,47	6,45	6,29	5,99	5,58	5,05	4,41		31
Junio	6,60	6,60	6,48	6,23	5,86	5,39	4,81	4,14		30
Julio	7,66	7,76	7,69	7,44	7,04	6,48	5,77	4,93		31
Agosto	6,50	6,77	6,88	6,83	6,64	6,29	5,80	5,17		31
Septiembre	4,96	5,38	5,67	5,84	5,87	5,76	5,51	5,12		30
Octubre	3,24	3,68	4,05	4,33	4,51	4,58	4,54	4,39		31
Noviembre	2,26	2,77	3,21	3,58	3,85	4,03	4,11	4,08		30
Diciembre	1,53	1,85	2,13	2,37	2,55	2,67	2,73	2,72		31

Obtención del consumo medio diario total

A partir de los datos de consumo medio diario de las distintas cargas de corriente alterna y continua y del número de horas de funcionamiento estimado por día obtenemos el dato de consumo medio diario total de corriente alterna ($L_{MD,CA}$) y continua ($L_{MD,CC}$):

Consumos en corriente alterna (230 V)				
Consumo	Unidades	Consumo (Wh)	Horas/día	Consumo total (Wh)
Lavadora	1	1500	1	1500
Frigorífico	1	240	2,5	600
Televisión	1	220	3	660
Lavavajillas	1	1200	1	1200
Potencia total (W)		3160		3960
Consumos en corriente continua (24 V)				
Consumo	Unidades	Consumo (Wh)	Horas/día	Consumo total (Wh)
Iluminación salón	3	35	3	315
Iluminación cocina	2	35	3	210
Iluminación habitaciones	4	25	2	200
Iluminación cuarto de baño	1	30	2	60
Iluminación distribuidores	3	25	1	75
Iluminación exterior	3	35	1	105
Potencia total (W)		485		965

El consumo medio diario total ($C_{total,D}$) vendrá dado por la fórmula:

$$C_{total,D} = \frac{L_{MD,CC} + \dfrac{L_{MD,CC2}}{\eta_{CV}} + \dfrac{L_{MD,CA}}{\eta_{INV}}}{\eta_{BAT} \times \eta_C}$$

Donde:

$L_{MD,CC}$ es el consumo medio diario de corriente continua, igual a 965 Wh

$L_{MD,CA}$ es el consumo medio diario de corriente alterna, igual a 3.960 Wh

$L_{MD,CC2}$ y η_{CV} son el consumo medio diario de corriente continua a una tensión diferente a 24 V y el rendimiento del conversor. En la instalación no se cuenta con consumos a una tensión diferente a la nominal, por lo que estos valores será cero

μ_{INV} es el rendimiento del inversor que tomaremos igual a 0,9

μ_{BAT} es el rendimiento de la batería, que tomaremos igual a 0,85

μ_C es el rendimiento de los conductores, representando las pérdidas por efecto Joule, que tomaremos igual a 0,98

Sustituyendo los valores en la ecuación obtenemos el valor de consumo medio diario total ($C_{total,D}$)

$$C_{total,D} = \frac{L_{MD,CC} + \dfrac{L_{MD,CC2}}{\eta_{CV}} + \dfrac{L_{MD,CA}}{\eta_{INV}}}{\eta_{BAT} \times \eta_C} = \frac{9,65 + 0 + \dfrac{3.960}{0,9}}{0,85 \times 0,98} =$$

$$= \frac{965 + 4.400}{0,833} = \frac{5.365}{0,833} = 6.441 \, Wh$$

Consumo medio diario total ($C_{total,D}$) = 6.441 Wh día = 6,441 kWh día

Determinación del mes crítico y ángulo de inclinación

Partiendo del dato de consumo medio diario obtenido (6,441 kWh día) y de la tabla de irradiación media diaria del emplazamiento obtenemos la tabla con la relación consumo / irradiación para todos los meses y ángulos.

Emplazamiento:	Provincia de Segovia		Consumo medio diario (kWh)		6,441			
Latitud / Longitud:	41.139, -3.811							
Base de datos:	PVGIS-SARAH2 / Año 2020							
			Consumo/Irradiación global media diaria					
MES	0º	10º	20º	30º	40º	50º	60º	70º
Enero	3,13	2,52	2,15	1,91	1,76	1,67	1,63	1,63
Febrero	1,90	1,59	1,40	1,28	1,21	1,17	1,16	1,19
Marzo	1,72	1,58	1,49	1,44	1,42	1,44	1,49	1,58
Abril	1,68	1,63	1,61	1,62	1,66	1,74	1,85	2,03
Mayo	1,01	0,99	1,00	1,02	1,08	1,15	1,28	1,46
Junio	0,98	0,98	0,99	1,03	1,10	1,19	1,34	1,56
Julio	0,84	0,83	0,84	0,87	0,91	0,99	1,12	1,31
Agosto	0,99	0,95	0,94	0,94	0,97	1,02	1,11	1,25
Septiembre	1,30	1,20	1,14	1,10	1,10	1,12	1,17	1,26
Octubre	1,99	1,75	1,59	1,49	1,43	1,41	1,42	1,47
Noviembre	2,85	2,33	2,01	1,80	1,67	1,60	1,57	1,58
Diciembre	4,22	3,49	3,02	2,72	2,53	2,41	2,36	2,37

Para todos los ángulos indicados, el mes de diciembre es al cual le corresponden relaciones consumo/ irradiación, mayores, indicándonos que será el mes crítico. Dentro del mes crítico, el grado de inclinación que tiene un valor menor es el correspondiente a un ángulo de 60°, por lo que tomaremos esta inclinación para el módulo fotovoltaico.

Dimensionado del generador fotovoltaico

La potencia fotovoltaica instalada deberá ser capaz de satisfacer el consumo medio diario de la instalación en el mes crítico (diciembre) con el grado de inclinación seleccionado (60°). Las horas solar pico correspondientes al mes de diciembre con ese ángulo de inclinación ($HSP_{(0,60)}$) serán 2,73 h según se recoge en la tabla (valor de kWh/m²día para ese mes y ángulo):

1. Regulador de carga CON seguimiento de punto de máxima potencia

La energía eléctrica diaria suministrada por un módulo fotovoltaico en estas condiciones (E_{MF}) vendrá dada por la fórmula:

$$E_{MF} = P_{MPP,STC} \times HSP_{(0,60)} \times PR$$

En donde:

$P_{MPP,STC}$ es la potencia máxima nominal del módulo fotovoltaico, igual a 370 Wp

$HSP_{(0,60)}$ son las horas solar pico para el mes de diciembre con un azimut 0° y un ángulo de inclinación (β) de 60°, igual a 2,73 h

PR es el coeficiente de rendimiento, que consideramos igual al 90 %

Sustituyendo en la fórmula, la energía diaria suministrada por el módulo fotovoltaico será igual a:

$$E_{MF} = P_{MPP,STC} \times HSP_{(0,60)} \times PR = 370 \times 2,73 \times 0,9 = 909,09 \text{ Wh}$$

El número de módulos (N_T) vendrá dado por el cociente entre el consumo medio diario y la energía diaria proporcionada por un módulo:

$$N_T = \frac{6.441}{909,09} \approx 7$$

El número de módulos en serie se obtiene dividiendo la tensión nominal de la instalación entre la tensión de un módulo en circuito abierto:

$$N_S = \frac{24}{44,5} = 0,54 \approx 1$$

El número de ramas en paralelo del generador fotovoltaico será:

$$N_P = \frac{N_T}{N_S} = \frac{7}{1} = 7$$

Finalmente, el generador fotovoltaico estará compuesto por **siete módulos fotovoltaicos conectados en paralelo**.

2. Regulador de carga SIN seguimiento de punto de máxima potencia

Obtenemos el consumo medio diario en Ah (Q_{MDC}) dividiendo el consumo medio diario total ($C_{total,D}$) obtenido de 6.441 Wh entre el valor de tensión nominal (24 V):

$$Q_{MDC} = \frac{C_{total,D}}{V_N} = \frac{6.441}{24} = 268,37 \text{ Ah}$$

Tomando el coeficiente de eficiencia PR del 90 %, la energía suministrada por un modulo solar fotovoltaico en el mes crítico será igual a:

$$Q_{DMF} = I_{MPP} \times HSP_{(0,60)} \times PR = 9,9 \times 2,73 \times 0,9 = 24,32 \text{ Ah}$$

Dividiendo la energía media diaria necesaria entre la energía media diaria suministrada por un módulo obtenemos el valor de ramas en paralelo (N_p):

$$N_P = \frac{Q_{MDC}}{Q_{DMF}} = \frac{268,37}{24,32} = 11$$

El número de módulos en serie se obtiene dividiendo la tensión nominal de la instalación entre la tensión proporcionada por un módulo fotovoltaico:

$$N_S = \frac{24}{44,5} = 0,54 \approx 1$$

En el caso de que el regulador de carga no incorpore seguimiento de punto de máxima potencia el generador fotovoltaico estará compuesto por **once módulos fotovoltaicos conectados en paralelo**.

A efectos prácticos, consideraremos como solución óptima incorporar un regulador de carga con seguimiento de punto de máxima potencia, estando el generador fotovoltaico configurado con siete módulos fotovoltaicos conectados en paralelo.

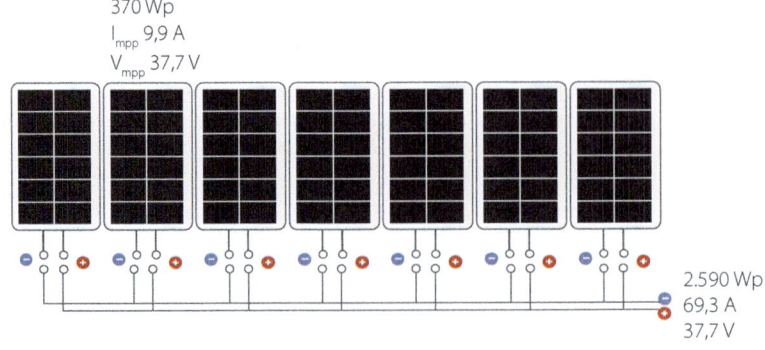

Dimensionado del sistema de acumulación

La capacidad nominal del sistema de baterías (C_D) es función de la profundidad máxima de descarga diaria permitida (P_{DD}). Esta se sitúa entre el 15 y el 20 % habitualmente; tomaremos el 20 % en este caso.

$$C_D = \frac{C_{total,D}}{P_{DD} \times V_N} = \frac{6.441}{0,2 \times 24} = \frac{6.441}{4,8} = 1.342 \text{ Ah}$$

La capacidad nominal en función de la descarga estacional se calcula en base a los días de autonomía (D_{AUT}) considerados y de la profundidad de descarga máxima estacionaria (P_{DE}). Se considera una instalación doméstica con días variables en invierno, por lo que se establecerán 4 días de autonomía. En cuanto a la profundidad de descarga máxima estacionaria se establecerá en un 70 %.

$$C_E = \frac{C_{total,D} \times D_{AUT}}{P_{DE} \times V_N} = \frac{6.441 \times 4}{0,7 \times 24} = \frac{25.764}{16,8} = 1.534 \text{ Ah}$$

Tomamos el valor máximo de C_D y C_E como la capacidad mínima de la batería (1.534 Ah). La capacidad nominal debe ser superior a la máxima de las dos obtenidas, por tanto, superior a 1.534 Ah.

De cara a garantizar una adecuada recarga de la batería, la capacidad nominal no excederá en 25 veces la corriente de cortocircuito del generador fotovoltaico en condiciones estándar de medida. La corriente de cortocircuito del generador fotovoltaico, considerando que cuenta con seis ramas en paralelo de dos módulos cada una será:

$$I_{SC,GF,STC} = 10,4 \times 7 = 72,8 \text{ A}$$

Multiplicando por 25 este valor, se obtiene la capacidad máxima para asegurar una adecuada recarga de la batería:

$$C_N \leq 25 \times I_{SC,GF,STC} - 72,8 \times 25 = 1.820 \text{ Ah}$$

La capacidad mínima del sistema de baterías será de 1.534 Ah y la máxima de 1.820 Ah con una tensión de 24 V.

Se opta por una batería de 1.750 Ah (C100) compuesta por 12 elementos de 2 V Epzs.

Dimensionado del regulador de carga

El regulador de carga se instala entre el generador fotovoltaico y la batería, controlando el flujo de energía eléctrica entre ambos.

La corriente máxima de entrada al regulador se corresponde con la corriente máxima de salida del generador fotovoltaico añadiendo un coeficiente del 20-25 % que contempla posibles variaciones de irradiancia solar y de temperatura en las células fotovoltaicas con respecto a los ensayos en condiciones estándar. La corriente máxima de salida del generador fotovoltaico será la corriente de cortocircuito de un módulo fotovoltaico ($I_{MOD,SC}$) por el número de ramas en paralelo (N_p).

$$I_{ENTRADA} = 1{,}25 \times I_{MOD,SC} \times N_P = 1{,}25 \times 10{,}4 \times 7 = 91 \text{ A}$$

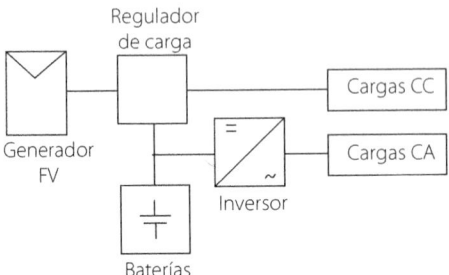

Consideramos una configuración de instalación con el inversor conectado a la batería. En este caso la intensidad máxima de salida del regulador de carga (I_C) deberá dimensionarse para que pueda soportar los consumos de las cargas de corriente continua de la instalación. Para ello se considera la suma total de las cargas de corriente continua alimentadas a la tensión nominal (P_{CC}):

Consumos en corriente continua (24 V)		
Consumo	Unidades	Consumo (Wh)
Iluminación salón	3	35
Iluminación cocina	2	35
Iluminación habitaciones	4	25
Iluminación cuarto de baño	1	30
Iluminación distribuidores	3	25
Iluminación exterior	3	35
	Potencia total (W)	485

Aplicando la fórmula, y considerando que en la instalación no hay cargas de corriente continua conectadas a una tensión diferente a 24 V y aplicando un coeficiente de seguridad del 25 %, obtenemos el valor de intensidad máxima de salida del regulador de carga:

$$I_C = 1{,}25 \times \frac{P_{CC} + \dfrac{P'_{CC}}{\eta_{CV}}}{V_N} = 1{,}25 \times \frac{485}{24} = 25{,}26 \text{ A}$$

La tensión máxima de entrada al regulador de carga se corresponderá con la máxima del generador fotovoltaico en circuito abierto. El número de módulos fotovoltaicos conectados en serie (N_S) es 1.

$$V_{OC,GF,STC} = N_S \times V_{MOD,CR} = 1 \times 44{,}5 = 44{,}5 \text{ V}$$

Optamos por un regulador de carga con seguimiento de punto de máxima potencia (M_{PPT}) con una corriente de carga nominal de 100 A, una potencia nominal de 2.900 Wp para 24 V y una tensión máxima en circuito abierto de 245 V.

Dimensionado del inversor

La tensión de entrada al inversor se corresponde con la tensión nominal de trabajo de la instalación en continua (24 V) y la de salida con los 230 V 50 Hz nominales de los consumos de alterna.

Para el dimensionado del inversor se considerará que su potencia nominal será un 20 % superior a la potencia aparente calculada para los consumos.

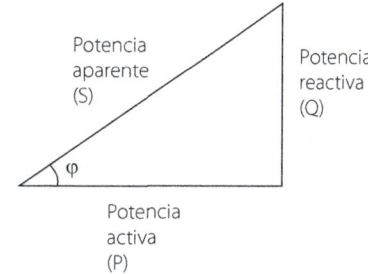

Para obtener la potencia aparente (S) partimos de los valores de potencia activa (P) y reactiva (Q). Recordemos el triángulo de potencias, en el cual el factor de potencia es igual a cos φ.

En la tabla adjunta se recogen los distintos consumos de corriente alterna incluyendo su factor de potencia (cos φ):

Consumos en corriente alterna (230 V)			
Consumo	Unidades	Potencia (W)	Factor de potencia
Lavadora	1	1.500	0,85
Frigorífico	1	240	0,8
Televisión	1	220	0,88
Lavavajillas	1	1.200	0,9
Potencia total (W)		3.160	

La potencia activa total (P) será la suma de todas las potencias activas, igual a 3.160 W.

La potencia reactiva total (Q) será la suma de las potencias reactivas:

$$Q = 1.500 \times \tan\left[\arccos\left(0,85\right)\right] + 240 \times \tan\left[\arccos\left(0,8\right)\right] + 220 \times \left[\arccos\left(0,88\right)\right] + 1.200 \times \left[\arccos\left(0,9\right)\right] = 1.810 \text{ VAr}$$

La potencia aparente total (S) se obtendrá a partir de la expresión siguiente:

$$S = \sqrt{P^2 + Q^2} = \sqrt{3.160^2 + 1.810^2} = 3.641 \text{ VA}$$

La potencia nominal del inversor se obtendrá sobredimensionando un 20 % la potencia aparente total obtenida:

$$S_{INV} = 1,2 \times S = 1,2 \times 3.641 = 4.369 \text{ VA}$$

Se selecciona un inversor de las características siguientes:

- Potencia de salida: 5.000 VA
- Voltaje de salida: 180…280 V, 50…60 Hz
- Intensidad máxima de salida: 22,8 A
- Eficiencia: 97 %
- Potencia máxima de entrada: 7.500 Wp
- Voltaje máximo de entrada: 600 V

Cálculo de pérdidas por orientación

En el dimensionado del generador fotovoltaico se ha definido una composición de 7 módulos fotovoltaicos de 370 Wp con una inclinación (β) de 60° conectados en paralelo. La potencia máxima resultante del generador es de 2.590 Wp.

Considerando que se incorpora un seguimiento de punto de máxima potencia, la energía diaria suministrada por el generador fotovoltaico en estas condiciones vendrá dada por la expresión:

$$E_{GF} = P_{GF,MPP,STC} = HSP_{(0,80)} \times PR$$

En donde

$P_{GF,MPP,STC}$ es la potencia del generador igual a 2.590 Wp

P_R es el coeficiente de rendimiento, que hemos considerado igual al 90 %

A partir de los datos tabulados de horas solar pico, HSP(0,60), podemos obtener la energía eléctrica suministrada por el generador fotovoltaico en estas condiciones (azimut 0°) tanto diaria como mensual y total anual.

MES	$HSP_{(0,60)}$ media diaria	$HSP_{(0,60)}$ media mensual	MES	E_{GF} (kWh.día) media diaria	E_{GF} (kWh.mes) media mensual	
Enero	3,95	122,50	Enero	9,21	285,55	
Febrero	5,54	155,21	Febrero	12,92	361,79	
Marzo	4,33	134,15	Marzo	10,09	312,70	
Abril	3,48	104,27	Abril	8,10	243,05	
Mayo	5,05	156,52	Mayo	11,77	364,85	
Junio	4,81	144,42	Junio	11,22	336,64	
Julio	5,77	178,90	Julio	13,45	417,02	
Agosto	5,80	179,74	Agosto	13,52	418,97	
Septiembre	5,51	165,26	Septiembre	12,84	385,22	
Octubre	4,54	140,75	Octubre	10,58	328,09	
Noviembre	4,11	123,31	Noviembre	9,58	287,44	
Diciembre	2,73	84,57	Diciembre	6,36	197,13	
			Total		3.938,46	kWh

La energía calculada se obtiene partiendo del supuesto que la orientación de los módulos solares tiene una orientación sur (azimut 0°) La orientación real será función de los condicionantes del emplazamiento. A efectos prácticos se supone que la situación del generador fotovoltaico en el emplazamiento elegido obliga a orientarlos con un ángulo de +50° (SO).

Determinaremos las pérdidas por orientación a partir del gráfico adjunto, obteniendo para una inclinación de 60° y un azimut de +50° unas pérdidas del 10% (90% de la energía captada respecto a la incidente):

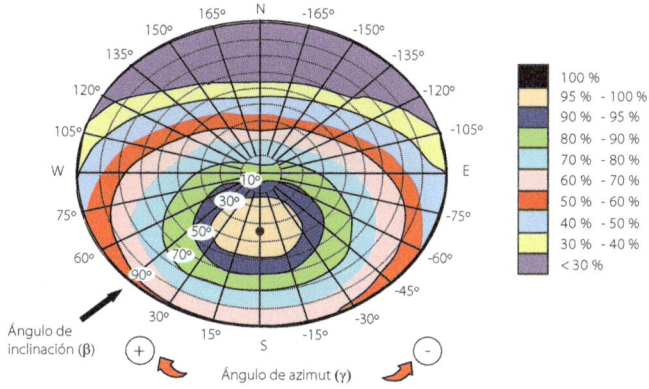

	100 %
	95 % - 100 %
	90 % - 95 %
	80 % - 90 %
	70 % - 80 %
	60 % - 70 %
	50 % - 60 %
	40 % - 50 %
	30 % - 40 %
	< 30 %

Gráfico de pérdidas por orientación

Aplicamos este factor reductor de pérdidas por orientación obteniendo los valores tabulados indicados a en la tabla adjunta.

Dimensionado del sistema de apoyo

Se opta por la incorporación en la instalación de un aerogenerador de apoyo para garantizar el suministro eléctrico en aquellos casos en que el generador fotovoltaico no sea capaz de abastecer la energía demandada por los consumos debido a falta de radiación solar.

	Azimut +50°	
	E_{GF} (kWh.día)	E_{GF} (kWh.mes)
MES	media diaria	media mensual
Enero	8,29	256,99
Febrero	11,63	325,62
Marzo	9,08	281,43
Abril	7,29	218,75
Mayo	10,59	328,36
Junio	10,10	302,98
Julio	12,11	375,31
Agosto	12,16	377,08
Septiembre	11,56	346,70
Octubre	9,53	295,28
Noviembre	8,62	258,69
Diciembre	5,72	177,42
	Total	3.544,61 kWh

Se opta por un aerogenerador de eje horizontal de las características técnicas siguientes:

Número de hélices	2
Diámetro	2,65 m
Material	Fibra de vidrio/carbono
Dirección de rotación	En sentido contrario a las agujas del reloj
Sistema de control	1) Regulador electrónico 2) Pasivo por inclinación
Características eléctricas	
Alternador	Trifásico de imanes permanentes
Imanes	Neodimio
Potencia nominal	1000 W
Voltaje nominal	220 Vac
RPM .	@ 450
Controladores	**Regulador MPPT Wind+**
	Multitensión: 12, 24, 48 Vdc *Intensidad:* Max. 125 Amp *Tipo de batería:* Inundada, AGM, Gel Lithio
	Interface Wind +
	Bombeo directo de agua AC o DC. Telecom. Conexión a red

Velocidad de viento

Rango de funcionamiento	2 -30 m/s
Para arranque	3 m/s
Para potencia nominal	12 m/s
Para frenado automático	14 m/s
Máxima velocidad de viento	60 m/s

Características físicas

Peso aerogenerador	41 kg
Peso regulador	30 kg
Peso interface	20 kg
Embalaje Dimensiones - peso	50 x 77 x 57 cm - 79 kg 153 x 27 x 7 cm - 7 kg
Total	0,22 m³ - 86 Kg
Garantía	3 años

Curva de potencia

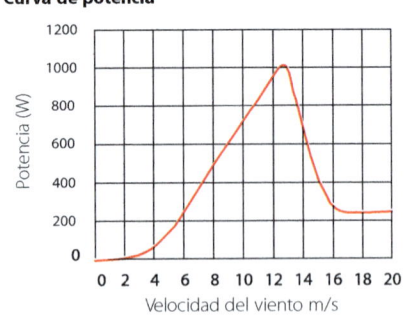

A través del mapa eólico ibérico (plataforma online desarrollada por CENER), con las coordenadas del emplazamiento obtenemos los datos de la rosa de los vientos, así como la distribución de velocidades de viento (modelo Weibull):

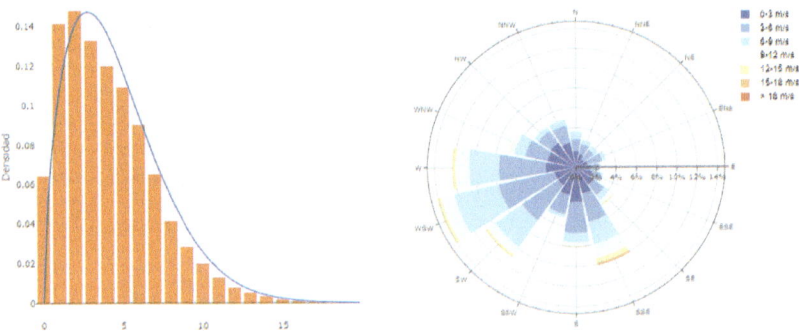

Velocidad del viento, en m/s (izquierda) y Rosa del viento a la altura seleccionada (derecha)

A partir del gráfico de distribución de velocidades obtenemos los datos tabulados en el que podemos ver las horas/día para cada rango de velocidad de viento en m/s.

Emplazamiento: Provincia de Segovia
Latitud / Longitud: 41.139, -3.811
Base de datos: Mapa Eólico Ibérico

Rango	Velocidad mín. m/s	Velocidad máx. m/s	Velocidad media m/s	Distribución	Horas/día h
1	0	0,5	0,25	0,00646752	0,16
2	0,5	1,5	1	0,1417283	3,40
3	1,5	2,5	2	0,1482855	3,56
4	2,5	3,5	3	0,1332534	3,20
5	3,5	4,5	4	0,12029995	2,89
6	4,5	5,5	5	0,1094789	2,63
7	5,5	6,5	6	0,09048503	2,17
8	6,5	7,5	7	0,06554751	1,57
9	7,5	8,5	8	0,0416767	1,00
10	8,5	9,5	9	0,02875664	0,69
11	9,5	10,5	10	0,02028716	0,49
12	10,5	11,5	11	0,01324828	0,32
13	11,5	12,5	12	0,008180506	0,20
14	12,5	13,5	13	0,005674267	0,14
15	13,5	14,5	14	0,00376025	0,09
16	14,5	15,5	15	0,00211737	0,05
17	15,5	16,5	16	0,00125228	0,03
18	16,5	17,5	17	0,000813413	0,02
				0,94	22,59

Partiendo del gráfico de potencia del aerogenerador añadimos en la tabla la potencia generada para cada velocidad media.

El producto de las horas/día por la potencia para una velocidad determinada nos dará la energía generada.

Rango	Velocidad mín. m/s	Velocidad máx. m/s	Velocidad media m/s	Distribución	Horas/día h	Potencia W	Energía generada Wh
1	0	0,5	0,25	0,00646752	0,16	0	0,00
2	0,5	1,5	1	0,1417283	3,40	0	0,00
3	1,5	2,5	2	0,1482855	3,56	0	0,00
4	2,5	3,5	3	0,1332534	3,20	20	63,96
5	3,5	4,5	4	0,12029995	2,89	70	202,10
6	4,5	5,5	5	0,1094789	2,63	100	262,75
7	5,5	6,5	6	0,09048503	2,17	220	477,76
8	6,5	7,5	7	0,06554751	1,57	400	629,26
9	7,5	8,5	8	0,0416767	1,00	500	500,12
10	8,5	9,5	9	0,02875664	0,69	600	414,10
11	9,5	10,5	10	0,02028716	0,49	700	340,82
12	10,5	11,5	11	0,01324828	0,32	850	270,26
13	11,5	12,5	12	0,008180506	0,20	950	186,52
14	12,5	13,5	13	0,005674267	0,14	1000	136,18
15	13,5	14,5	14	0,00376025	0,09	700	63,17
16	14,5	15,5	15	0,00211737	0,05	400	20,33
17	15,5	16,5	16	0,00125228	0,03	300	9,02
18	16,5	17,5	17	0,000813413	0,02	250	4,88
				0,94	22,59		3581,23

Vemos que el aerogenerador seleccionado, con una potencia nominal de 1.000 W, es capaz de suministrar una energía diaria de 3581 Wh, frente al consumo estimado de 6.441 Wh, que se considera suficiente como sistema de apoyo. Una relación práctica entre potencia eólica y fotovoltaica en una instalación híbrida puede ser de alrededor de 1:3 (en nuestro caso la potencia del generador fotovoltaico es 2.590 Wp y la del aerogenerador de 1.000 W).

Se incorpora un regulador de carga eólico con seguimiento de punto de máxima potencia y las características siguientes:

Entrada aerogenerador

Tipo de entrada	Trifásica CA
Conectores	MC4
Rango de voltaje operativo	80 - 480 Vac
Voltaje máximo admisible	510 Vac
Potencia máxima	3000 W
Resistencia de frenado	5000 W
Protección entrada	Varistores

Salida

Tipo de salida	CC
Conectores	2 x M10
Tensión de salida	12 / 24 / 48 Vdc
Protección	Salida protegida mediante fusible 125 Amp.

A continuación se adjunta esquemas de la instalación.

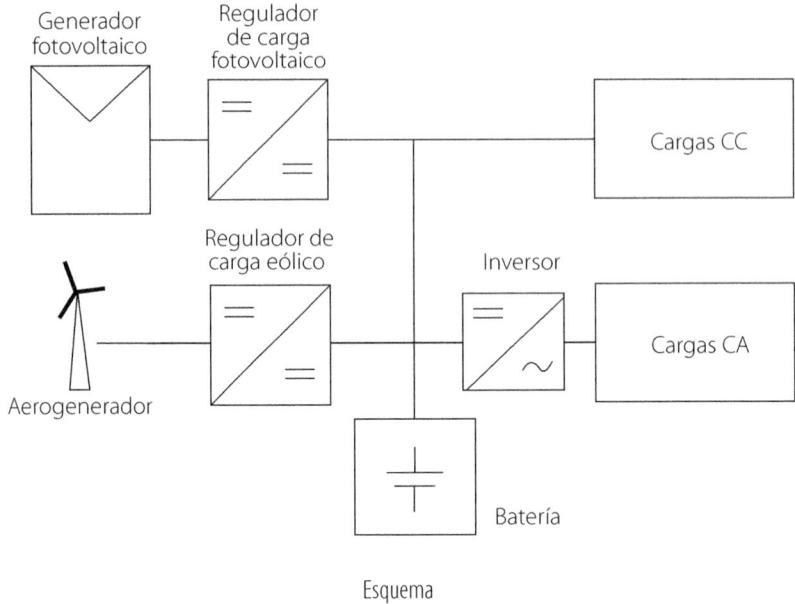

Esquema

Ejemplo 2. Cálculo de una instalación conectada a red

Calcular y dimensionar los componentes de una instalación solar fotovoltaica conectada a red ubicada en el emplazamiento de coordenadas 41.498, 2.317 en la cual se han determinado unos consumos constantes a lo largo de todo el año de corriente alterna según tabla adjunta y para la cual se pretende un uso anual con un nivel de autoconsumo mínimo del 40 %.

Consumos en corriente alterna (230 V)			
Consumo	Unidades	Consumo (Wh)	Horas/día
Lavadora	1	1500	1
Frigorífico	1	235	3
Televisión	1	220	3
Lavavajillas	1	1400	1
Ordenador	1	60	3
Iluminación 1	5	30	2
Iluminación 2	6	25	2

Para la composición del generador fotovoltaico se selecciona un módulo solar fotovoltaico de alta eficiencia de silicio monocristalino y tecnología de célula partida. **Las características técnicas principales facilitadas por el fabricante son las mismas que las del ejemplo anterior.**

Considerar en el cálculo la posibilidad de incorporar un regulador de carga con seguimiento de punto de máxima potencia.

Inclinación óptima. Obtención de los datos de irradiación

Considerando que se trata de una instalación con un uso anual, igual para todos los meses del año, y en la cual los módulos fotovoltaicos tendrán una inclinación fija, determinaremos la inclinación óptima (β_{opt}) que será igual a la latitud del lugar menos 10°. Para una latitud 41°, consideraremos una inclinación de los módulos de 30°.

Mediante la herramienta online PVGIS obtenemos la tabla de datos de irradiación global media mensual para los diferentes meses de utilización con un grado de inclinación de 30° para un emplazamiento en las coordenadas 41.498, 2.317.

Emplazamiento:	Provincia de Barcelona		
Latitud / Longitud:	41.498, 2.317		
Base de datos:	PVGIS-SARAH2 / Año 2020		
	Irradiación global media mensual (kWh/m^2 mes)		
MES	0°	30°	INCLINACION
Enero	65,16	111,47	
Febrero	93,18	140,13	
Marzo	121,56	151,62	
Abril	154,83	171,14	
Mayo	209,98	211,14	
Junio	204,75	198,15	
Julio	219,95	217,95	
Agosto	196,12	209,80	
Septiembre	140,98	169,02	
Octubre	105,78	146,42	
Noviembre	65,13	102,33	
Diciembre	56,86	98,62	

A partir del número de días del mes podemos obtener los datos de irradiación media diaria. Los datos obtenidos se corresponden con las Hora Solar Pico para la inclinación indicada ($HSP_{(0,30)}$).

Emplazamiento:	Provincia de Barcelona			
Latitud / Longitud:	41.498, 2.317			
Base de datos:	PVGIS-SARAH2 / Año 2020			
	Irradiación global media diaria (kWh/m² día)			
MES	0º	30º	INCLINACION	DÍAS/MES
Enero	2,10	3,60		31
Febrero	3,33	5,00		28
Marzo	3,92	4,89		31
Abril	5,16	5,70		30
Mayo	6,77	6,81		31
Junio	6,83	6,61		30
Julio	7,10	7,03		31
Agosto	6,33	6,77		31
Septiembre	4,70	5,63		30
Octubre	3,41	4,72		31
Noviembre	2,17	3,41		30
Diciembre	1,83	3,18		31

Obtención del consumo medio diario total

A partir de los datos de consumo medio diario de las distintas cargas de corriente alterna y continua y del número de horas de funcionamiento estimado por día obtenemos el dato de consumo medio teórico diario de corriente alterna ($C_{teórico,D}$):

Consumos en corriente alterna (230 V)				
Consumo	Unidades	Consumo (Wh)	Horas/día	Consumo total (Wh)
Lavadora	1	1.500	1	1.500
Frigorífico	1	235	3	705
Televisión	1	220	3	660
Lavavajillas	1	1.400	1	1.400
Ordenador	1	60	3	180
Iluminación 1	5	30	2	300
Iluminación 2	6	25	2	300
	Potencia total (W)	3.715		5.045

El consumo medio diario total ($C_{total,D}$) será función del rendimiento de la instalación ($\mu_{instalación}$) que podemos calcular mediante la expresión:

$$\mu_{instalación} = \left(1 - K_B - K_C - K_V\right) \times \left(1 - \frac{K_A \times N}{P_D}\right)$$

En la cual los factores vendrán determinados según:

K_B es el factor de pérdidas en el conjunto de baterías y regulador = 0,1

K_C es el factor de pérdidas del inversor = 0,1

K_V es el factor de pérdidas varias (caídas de tensión, efecto Joule, entre otras) = 0,1

N es el número de días de autonomía = 3 a 9

P_D es la profundidad de descarga de las baterías

Sustituyendo los valores en la ecuación y haciendo cero aquellos relativos a la batería, inexistente en la instalación, obtenemos:

$$M_{instalación} = \left(1 - \cancel{K_B}^{0} - K_C - K_V\right) \times \left(1 - \frac{\cancel{K_A}^{0} \times \cancel{N}^{0}}{\cancel{P_D}^{0}}\right) = 1 - 0,1 - 0,1 = 0,8$$

El consumo diario total ($C_{total,D}$) será:

$$C_{total,D} = \frac{C_{teórico,D}}{M_{instalación}} = \frac{5.045}{0,8} = 6.306 \text{ Wh}$$

Dimensionado del generador fotovoltaico

La potencia fotovoltaica instalada deberá ser capaz de satisfacer un porcentaje de autoconsumo mínimo del 40 % sobre un consumo medio diario total de la instalación de 6.306 Wh.

La energía eléctrica diaria suministrada por un módulo fotovoltaico en estas condiciones (E_{MF}), considerando una orientación sur (azimut 0°) vendrá dada por la fórmula:

$$E_{MF} = P_{MPP,STC} \times HSP_{(0,30)} \times PR$$

En donde:

$P_{MPP,STC}$ es la potencia máxima nominal del módulo fotovoltaico, igual a 370 Wp

$HSP_{(0,30)}$ son las horas solar pico para el mes de diciembre con un azimut 0° y una inclinación de 30°. A efectos prácticos se consideran un número de horas solar pico media diaria promedio a lo largo de todo el año, resultando 5,28 h

PR es el coeficiente de rendimiento, que consideramos igual al 90 %

Sustituyendo en la fórmula, la energía diaria suministrada por el módulo fotovoltaico será igual a:

$$E_{MF} = P_{MPP,STC} \times HSP_{(0,30)} \times PR = 370 \times 5,28 \times 0,9 = 1.758 \text{ Wh día}$$

El generador fotovoltaico deberá suministrar al menos un 40 % del consumo medio diario estimado:

$$C_{total,D} = 6.306 \text{ Wh día} \rightarrow 6.306 \times 0,4 = 2.522 \text{ Wh día}$$

El número de módulos fotovoltaicos necesarios (N_T) se obtendrá dividiendo la energía eléctrica necesaria por la aportada en promedio por la energía suministrada por un módulo. Se consideran 2 módulos solares de cara a garantizar una cobertura solar fotovoltaica superior al 40 % y compensar las posibles pérdidas por orientación y sombras que pudieran derivarse de la instalación definitiva.

$$N_T = \frac{2.522}{1.758} = 1,43 \approx 2$$

A partir de los datos tabulados de horas solar pico podemos determinar la energía producida por el generador fotovoltaico compuesto de 2 módulos para cada mes. En base al consumo previsto, determinamos la cobertura mensual y promedio, previo a restar posibles pérdidas. Vemos en meses de baja radiación, como diciembre, el nivel de autoconsumo se sitúa en un 33,6 %, mientras que en meses de elevada radiación pueden alcanzarse niveles de cobertura del 74 %. La cobertura promedio estimada se sitúa en el 55,76 %, superior al 40 % marcado como mínimo.

Emplazamiento: Provincia de Barcelona
Latitud / Longitud: 41.498, 2.317
Base de datos: PVGIS-SARAH2 / Año 2020

MES	$HSP_{(0,30)}$ media diaria	$HSP_{(0,30)}$ media mensual	E_{GF} (Wh.día) media diaria	E_{GF} (Wh.mes) media mensual	Consumo (Wh) media diaria	Consumo (Wh) media mensual	Cobertura (%)
Enero	3,60	111,47	2.394,81	74.239	6.306	195.486	37,98
Febrero	5,00	140,13	3.333,09	93.327	6.306	176.568	52,86
Marzo	4,89	151,62	3.257,38	100.979	6.306	195.486	51,66
Abril	5,70	171,14	3.799,31	113.979	6.306	189.180	60,25
Mayo	6,81	211,14	4.536,10	140.619	6.306	195.486	71,93
Junio	6,61	198,15	4.398,93	131.968	6.306	189.180	69,76
Julio	7,03	217,95	4.682,41	145.155	6.306	195.486	74,25
Agosto	6,77	209,80	4.507,32	139.727	6.306	195.486	71,48
Septiembre	5,63	169,02	3.752,24	112.567	6.306	189.180	59,50
Octubre	4,72	146,42	3.145,67	97.516	6.306	195.486	49,88
Noviembre	3,41	102,33	2.271,73	68.152	6.306	189.180	36,02
Diciembre	3,18	98,62	2.118,74	65.681	6.306	195.486	33,60
			Total	1.283.908 Wh		Total	55,76 %

Azimut 0º

370 Wp I_{mpp} 9,9 A V_{mpp} 37,7 V

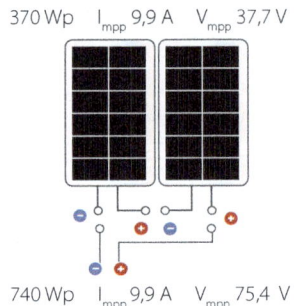

Efectuaremos una conexión en serie de los dos módulos fotovoltaicos al objeto de disminuir pérdidas.

740 Wp I_{mpp} 9,9 A V_{mpp} 75,4 V

Cálculo de pérdidas por orientación

La energía calculada se obtiene partiendo del supuesto que la orientación de los módulos solares tiene una orientación sur (azimut 0º) La orientación real será función de los condicionantes del emplazamiento. A efectos prácticos se supone que la situación del generador fotovoltaico en el emplazamiento elegido obliga a orientarlos con un ángulo de -60º (SE).

Determinaremos las pérdidas por orientación a partir del gráfico de pérdidas por orientación (adjunto en el ejemplo anterior), obteniendo para una inclinación de 30º y un azimut de -60º, unas pérdidas del 5 % (95 % de la energía captada respecto a la incidente).

Aplicamos este factor reductor de pérdidas por orientación obteniendo los valores tabulados indicados a continuación. El porcentaje de autoconsumo promedio resultante es de casi el 53 %.

MES	Azimut -60° E_{GF} (Wh.día) media diaria	E_{GF} (Wh.mes) media mensual		Consumo (Wh) media diaria	media mensual	Cobertura (%)
Enero	2.275,07	70.527		6.306	195.486	36,08
Febrero	3.166,44	88.660		6.306	176.568	50,21
Marzo	3.094,52	95.930		6.306	195.486	49,07
Abril	3.609,34	108.280		6.306	189.180	57,24
Mayo	4.309,30	133.588		6.306	195.486	68,34
Junio	4.178,98	125.370		6.306	189.180	66,27
Julio	4.448,29	137.897		6.306	195.486	70,54
Agosto	4.281,95	132.740		6.306	195.486	67,90
Septiembre	3.564,63	106.939		6.306	189.180	56,53
Octubre	2.988,38	92.640		6.306	195.486	47,39
Noviembre	2.158,14	64.744		6.306	189.180	34,22
Diciembre	2.012,80	62.397		6.306	195.486	31,92
	Total	1.219.713	Wh		Total	52,98 %

Dimensionado del inversor

La tensión de entrada al inversor se corresponde con la tensión nominal de trabajo de la instalación en continua (24 V) y la de salida con los 230 V 50 Hz nominales de los consumos de alterna.

Para el dimensionado del inversor se considerará que su potencia nominal será un 20 % superior a la potencia aparente calculada para los consumos.

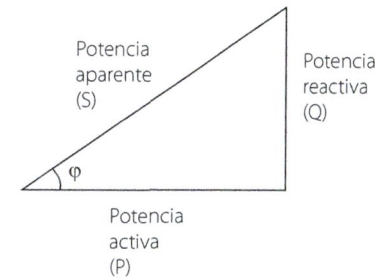

Para obtener la potencia aparente (S) partimos de los valores de potencia activa (P) y reactiva (Q). Recordemos el triángulo de potencias, en el cual el factor de potencia es igual a cos φ.

En la tabla adjunta se recogen los distintos consumos de corriente alterna incluyendo su factor de potencia (cos φ).

Consumos en corriente alterna (230 V)			
Consumo	Unidades	Potencia (W)	Factor de potencia
Lavadora	1	1.500	0,85
Frigorífico	1	235	0,8
Televisión	1	220	0,88
Lavavajillas	1	1.400	0,9
Ordenador	1	60	0,88
Iluminación 1	5	30	0,9
Iluminación 2	6	25	0,9
	Potencia total (W)	3.715	

La potencia activa total (P) será la suma de todas las potencias activas, igual a 3715 W.

La potencia reactiva total (Q) será la suma de las potencias reactivas:

$$Q = 1.500 \times \tan\left[\arccos(0,85)\right] + 235 \times \tan\left[\arccos(0,8)\right] + 220 \times \tan\left[\arccos(0,88)\right] +$$
$$+ 1.400 \times \tan\left[\arccos(0,9)\right] + 60 \times \tan\left[\arccos(0,88)\right] + 5 \times 30 \times \tan\left[\arccos(0,9)\right] +$$
$$+ 6 \times 25 \times \tan\left[\arccos(0,9)\right] = 2.080 \text{ VAr}$$

La potencia aparente total (S) se obtendrá a partir de la expresión siguiente:

$$S = \sqrt{P^2 + Q^2} = \sqrt{3.715^2 + 2.080^2} = 4.201 \text{ VA}$$

La potencia nominal del inversor se obtendrá sobredimensionando un 20 % la potencia aparente total obtenida:

$$S_{INV} = 1,2 \times S = 1,2 \times 4.201 = 5.041 \text{ VA}$$

Se selecciona un inversor de las características siguientes:

- Potencia de salida: 5.000 VA
- Voltaje de salida: 180…280 V, 50…60 Hz
- Intensidad máxima de salida: 22,8 A
- Eficiencia: 97 %
- Potencia máxima de entrada: 7.500 Wp
- Voltaje máximo de entrada: 600 V

Contador bidireccional

Se incorpora un contador de energía eléctrica bidireccional monofásico para la contabilización en ambos sentidos.

Se indican a continuación las características técnicas del contador incorporado a la instalación:

- I máx 60 A
- I mín 250 mA
- I ref 5 A
- Rango de temperatura desde -25 °C hasta +70 °C
- Grado de protección IP 53
- Certificado para 230 V

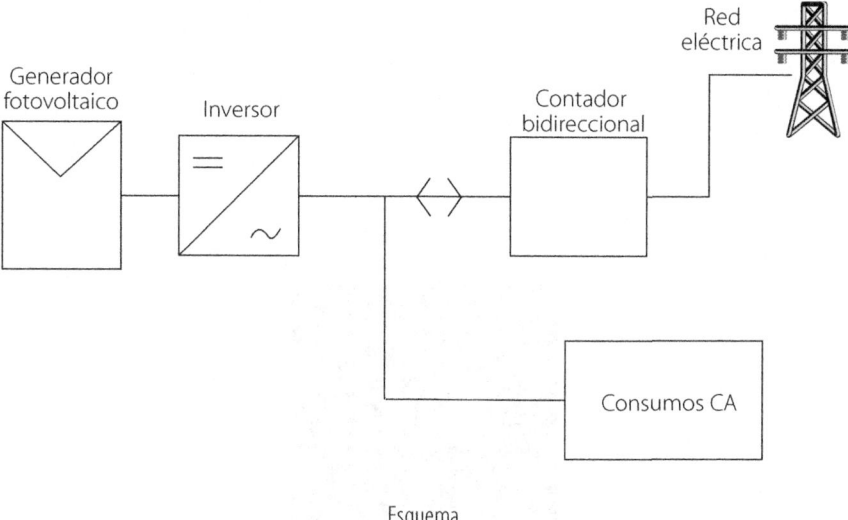

Esquema

Anexo 2. Documentación

En el QR adjunto se describen los trámites administrativos necesarios a realizar ante la Administración correspondiente y la compañía distribuidora para la legalización de instalaciones de autoconsumo en sus diferentes modalidades.

Referencias bibliográficas

Atlas de Radiación Solar en España utilizando datos del SAF de Clima de EUMETSAT. (2012). AEMET.

Castillo, I. C., Cenzano, J. M., Esteve, E., & Madrid, A. (2020). *Energía solar fotovoltaica y térmica. Manual técnico.* AMV Ediciones.

Energía solar térmica. (2021). Cano Pina.

Guía de Integración Solar Fotovoltaica. (2009). Fundación de la Energía de la Comunidad de Madrid.

García Martí, P. F. (2021). *Energía solar fotovoltaica para todos.* Marcombo.

Instalaciones de Energía Solar Fotovoltaica. Pliego de Condiciones Técnicas de Instalaciones Aisladas de Red. (2002, octubre). Instituto para la Diversificación y Ahorro de la Energía (IDAE).

Ibáñez, M., Rossell Polo, J. R., & Rossell Urrutia, J. I. (2005). *Tecnología solar.* Ediciones Mundi-Prensa.

Mascarós Mateo, V. (2015). *Instalaciones generadoras fotovoltaicas.* Paraninfo.

Tobajas, M. C. (2016). *Replanteo de instalaciones solares térmicas.* Cano Pina.

Torrescusa, Á. (2010). *Conocimientos básicos de instalaciones térmicas en edificios.* Cano Pina.

Trashorras Montecelos, J. (2021). *Replanteo y funcionamiento de las instalaciones solares fotovoltaicas.* Paraninfo.

cano‖pina es una editorial
dedicada al
libro técnico y formativo

www.canonopina.com

ediciones@canopina.com

 @canopina_editor    Cano Pina    canal canopina

**¿Quieres que te vayamos informando
de nuestras novedades?**

 suscríbete
ya